O universo autoconsciente

Dedicado a meu irmão,
o filósofo Nripendra Chandra Goswami.

Como a consciência cria o mundo material

AMIT GOSWAMI

O universo autoconsciente

TRADUÇÃO:
RUY JUNGMANN

4ª EDIÇÃO

goya

O UNIVERSO AUTOCONSCIENTE

TÍTULO ORIGINAL:
The Self-Aware Universe

REVISÃO:
Hebe Ester Lucas

REVISÃO TÉCNICA:
Adilson da Silva

EDITORAÇÃO:
Join Bureau

CAPA:
Giovanna Cianelli

MONTAGEM DE CAPA:
Pedro Fracchetta

PROJETO GRÁFICO:
Neide Siqueira
Desenho Editorial

ADAPTAÇÃO DE MIOLO:
Desenho Editorial

DADOS INTERNACIONAIS DE CATALOGAÇÃO NA PUBLICAÇÃO (CIP)
DE ACORDO COM ISBD

G682u
Goswami, Amit
O universo autoconsciente: como a consciência cria o mundo material. / Amit Goswami ; traduzido por Ruy Jungmann. - 4. ed. - São Paulo : Goya, 2021. 368 p. ; 16cm x 23cm.

Tradução de: The self-aware universe
Inclui índice e bibliografia.
ISBN: 978-65-86064-49-0

1. Teoria quântica. 2. Física. 3. Ciência. 4. Filosofia. 5. Religião. 6. Física quântica. I. Jungmann, Ruy. II. Título.

2021-770   CDD 530.12
                            CDU 530.145

ELABORADO POR VAGNER RODOLFO DA SILVA - CRB-8/9410

ÍNDICES PARA CATÁLOGO SISTEMÁTICO:
1. Teoria quântica 530.12
2. Teoria quântica 530.145

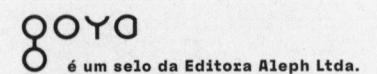

é um selo da Editora Aleph Ltda.

Rua Bento Freitas, 306, cj. 71
01220-000 – São Paulo – SP – Brasil
Tel.: 11 3743-3202

WWW.EDITORAGOYA.COM.BR

 @editoragoya

sumário

Prefácio 7

Introdução 11

PARTE 1 – A INTEGRAÇÃO ENTRE CIÊNCIA
           E ESPIRITUALIDADE 17

1. O abismo e a ponte 19
2. A velha física e seu legado filosófico 31
3. A física quântica e o fim do realismo materialista 43
4. A filosofia do idealismo monista 69

PARTE 2 – O IDEALISMO E A SOLUÇÃO DOS
           PARADOXOS QUÂNTICOS 85

5. Objetos simultaneamente em dois lugares e efeitos
    que precedem suas causas 87
6. As nove vidas do gato de Schrödinger 102
7. Escolho, logo existo 131
8. O paradoxo Einstein-Podolsky-Rosen 140
9. A reconciliação entre realismo e idealismo 167

PARTE 3 – REFERÊNCIA AO *SELF*: COMO O UNO
TORNA-SE MUITOS 179

10. Análise do problema mente-corpo 181
11. Em busca da mente quântica 194
12. Paradoxos e hierarquias entrelaçadas 211
13. O "eu" da consciência 224
14. Integrando as psicologias 236

PARTE 4 – O REENCANTAMENTO DO SER HUMANO 251

15. Guerra e paz 257
16. Criatividade exterior e interior 265
17. O despertar de *buddhi* 279
18. Uma teoria idealista da ética 301
19. Alegria espiritual 316

Glossário 323

Notas 335

Bibliografia 343

Índice remissivo 353

prefácio

Ao tempo em que fazia curso de graduação e estudava mecânica quântica, eu e meus colegas passávamos horas discutindo assuntos esotéricos do tipo: poderá um elétron estar realmente em dois lugares ao mesmo tempo? Eu conseguia aceitar que um elétron pudesse estar em dois lugares ao mesmo tempo; a mensagem da matemática quântica, embora cheia de sutilezas, é inequívoca a esse respeito. Mas um objeto comum — digamos, uma cadeira ou uma mesa, objetos que denominamos "reais" — comporta-se também como um elétron? Será que se transforma em ondas e começa a espalhar-se à maneira inexorável das ondas, em todas as ocasiões em que não o estamos observando?

Objetos que vemos na experiência do dia-a-dia não nos parecem comportar-se das maneiras estranhas comuns à mecânica quântica. Subconscientemente para nós é fácil sermos levados acriticamente a pensar que a matéria macroscópica difere de partículas microscópicas — que seu comportamento convencional é regulado pelas leis newtonianas, que formam a chamada física clássica. Na verdade, numerosos físicos deixam de quebrar a cabeça com os paradoxos da física quântica e sucumbem à solução newtoniana. Dividem o mundo em objetos quânticos e clássicos — o que me acontecia também, embora eu não me desse conta do que fazia.

Se queremos fazer uma carreira bem-sucedida em física, não podemos nos preocupar demais com questões recalcitrantes ao entendimento, como os quebra-cabeças quânticos. A maneira certa de trabalhar com a física quântica, segundo me disseram, consiste em aprender a calcular. Em vista disso, aceitei um meio-termo, e as questões instigantes de minha juventude passaram gradualmente para o segundo plano.

Mas não desapareceram. Mudaram as circunstâncias em que eu vivia e — após um sem-número de crises de ressentido estresse, que caracterizaram a minha carreira competitiva na física — comecei a lembrar-me da alegria que a física outrora me dera. Compreendi que devia haver uma maneira alegre de abordar o assunto, mas que precisava restabelecer meu espírito de indagação sobre o significado do universo e abandonar as acomodações mentais que fizera por motivo de carreira. Foi muito útil neste particular um livro do filósofo Thomas Kuhn, que estabelece uma distinção entre pesquisa de paradigma e revoluções científicas, que mudam paradigmas. Eu fizera a minha parte em pesquisa de paradigmas; era tempo de chegar à fronteira da física e pensar em uma mudança de paradigma.

Mais ou menos na ocasião em que cheguei a essa encruzilhada pessoal, saiu *O tao da física*, de Fritjof Capra. Embora minha reação inicial tenha sido de ciúme e rejeição, o livro me tocou profundamente. Após algum tempo, observei que o livro menciona um problema que não estuda em profundidade. Capra sonda os paralelos entre a visão mística do mundo e a da física quântica, mas não investiga a razão desses paralelos: serão eles mais do que mera coincidência? Finalmente, eu encontrara o foco de minha indagação sobre a natureza da realidade.

A forma de Capra abordar as questões sobre a realidade passava pela física das partículas elementares. Ocorreu-me a intuição, porém, de que as questões fundamentais seriam enfrentadas de forma mais direta no problema de como interpretar a física quântica. E foi isso o que me propus investigar. Mas não previ inicialmente que esse trabalho seria um projeto interdisciplinar de grande magnitude.

Eu estava na ocasião ministrando um curso sobre a física da ficção científica (sempre tive predileção por ficção científica), e um estudante comentou: "O senhor fala igualzinho à minha professora de psicologia, Carolin Keutzer!" Seguiu-se uma colaboração com Keutzer que, embora não me levasse a qualquer grande *insight*, deu-me conhecimento de uma grande massa de literatura psicológica relevante para o assunto que me interessava. Acabei por conhecer bem a obra de Mike Posner e de seu grupo de psicologia cognitiva na Universidade de Oregon, que deveriam desempenhar um papel decisivo em minha pesquisa.

Além da psicologia, meu tema de pesquisa exigia conhecimentos consideráveis de neurofisiologia — a ciência do cérebro. Conheci meu professor de neurofisiologia por intermédio de John Lilly, o famoso especialista em golfinhos. Lilly tivera a bondade de me convidar para participar do seminário, de uma semana de duração, que estava ministrando em Esalen. Frank Barr, médico, participava também. Se minha paixão era mecânica quântica, a de Frank era a teoria do cérebro. Consegui aprender com ele praticamente tudo de que necessitava para iniciar o aspecto cérebro-mente deste livro.

Outro ingrediente de importância crucial para que minhas ideias ganhassem consistência foram as teorias sobre inteligência artificial. Neste particular, igualmente, tive muita sorte. Um dos expoentes da teoria da inteligência artificial, Doug Hofstadter, iniciou a carreira como físico, obtendo o grau de doutor na Escola de Pós-graduação da Universidade de Oregon, a cujo corpo docente ora pertenço. Naturalmente, a publicação de seu livro despertou em mim um interesse todo especial e colhi algumas de minhas ideias principais na pesquisa de Doug.

Coincidências significativas continuaram a ocorrer. Fui iniciado nas pesquisas em psicologia por meio de numerosas discussões com outro colega, Ray Hyman, um cético de mente muito aberta. A última, mas não a menor, de uma série de importantes coincidências tomou a forma do encontro que tive com três místicos, em Lone Pine, Califórnia, no verão de 1984: Franklin Merrell-Wolff, Richard Moss e Joel Morwood.

Em certo sentido, desde que meu pai era um guru brâmane na Índia, cresci imerso em misticismo. Na escola, contudo, iniciei um longo desvio por intermédio da educação convencional e da prática como cientista, que trabalhava com uma especialidade separada. Essa direção afastou-me das simpatias da infância e, como resultado, levou-me a acreditar que a realidade objetiva definida pela física convencional era a única realidade — e que o que era subjetivo se devia a uma dança complexa de átomos, à espera para ser decifrada por nós.

Em contraste, os místicos de Lone Pine falavam sobre consciência como sendo "o original, o completo em si, e constitutivo de todas as coisas". No início, essas ideias provocaram em mim uma grande dissonância cognitiva, embora, no fim, eu compreendesse que podemos ainda praticar ciência mesmo que aceitemos a primazia da consciência, e não da matéria. Esta maneira de praticar ciência eliminava não só os paradoxos quânticos dos enigmas de minha adolescência, mas também os novos da psicologia, do cérebro e da inteligência artificial.

Este livro é o produto final de uma jornada pessoal cheia de rodeios. Precisei de 15 anos para superar o preconceito em favor da física clássica e para pesquisar e escrever este livro. Tomara que o fruto desse esforço valha o tempo que você, leitor, vai lhe dedicar. Ou, parafraseando Rabindranath Tagore,

> *Eu escutei*
> *E olhei*
> *Com olhos bem abertos.*
> *Verti alma*
> *No mundo*
> *Procurando o desconhecido*
> *No conhecido.*
> *E canto em altos brados*
> *Em meu assombro!*

Obviamente, muitas outras pessoas, além das mencionadas acima, contribuíram para este livro: Jean Burns, Paul Ray, David Clark, John David Garcia, Suprokash Mukherjee, o falecido Fred Attneave, Jacobo Grinberg, Ram Dass, Ian Stuart, Henry Stapp, Kim McCarthy, Robert Tompkins, Eddie Oshins, Shawn Boles, Fred Wolf e Mark Mitchell — para mencionar apenas alguns. Foram importantes o estímulo e o apoio emocional de amigos, notadamente de Susanne Parker Barnett, Kate Wilhelm, Damon Knight, Andrea Pucci, Dean Kisling, Fleetwood Bernstein, Sherry Anderson, Manoj e Dipti Pal, Geraldine Moreno-Black e Ed Black, meu falecido colega Mike Moravcsik e, especialmente, nossa falecida e querida amiga Frederica Leigh.

Agradecimentos especiais são devidos a Richard Reed, que me convenceu a submeter o original deste livro a uma editora e que o levou a Jeremy Tarcher. Além disso, Richard deu importante apoio, críticas e ajuda no trabalho de revisão. Claro, minha esposa, Maggie, contribuiu tanto para o desenvolvimento das ideias e para a linguagem em que elas foram vazadas que este livro teria sido literalmente impossível sem ela. Os editores de textos fornecidos pela J. P. Tarcher, Inc. — Aidan Kelly, Daniel Malvin e, especialmente, Bob Shepherd — tornaram-se credores de agradecimentos profundos, como também acontece com o próprio Jeremy Tarcher, por ter acreditado neste projeto. Agradeço a todos vocês.

introdução

Há não muito tempo nós, físicos, acreditávamos que havíamos chegado finalmente ao fim de todas as nossas buscas: tínhamos alcançado o fim da estrada e descoberto que o universo mecânico era perfeito em todo o seu esplendor. As coisas comportam-se da maneira como acontece porque são o que eram no passado. Elas serão o que virão a ser porque são o que são, e assim por diante. Tudo se encaixava em um pequenino e elegante pacote de pensamento newtoniano-maxwelliano. Havia equações matemáticas que, de fato, explicavam o comportamento da natureza. Observava-se uma correspondência perfeita entre um símbolo na página de um trabalho científico e o movimento do menor ao mais denso objeto no espaço e no tempo.

Corria o fim do século, o século 19, para sermos exatos, e o renomado A. A. Michelson, falando sobre o futuro da física, disse que o mesmo consistiria em "adicionar algumas casas decimais aos resultados já obtidos". Para sermos justos, Michelson acreditava estar, ao fazer essa observação, citando o famoso Lord Kelvin. Na verdade foi Kelvin quem disse que, de fato, tudo estava perfeito na paisagem da física, com exceção de duas nuvens escuras que toldavam o horizonte.

Essas duas nuvens negras, como se viu depois, não apenas ocultavam a luz do sol na paisagem turneresca, newtoniana, mas a transformavam numa desnorteante visão abstrata, tipo Jackson Pollock, cheia de pontos, manchas e ondas. Essas nuvens eram as precursoras da agora famosa teoria quântica de tudo que existe.

E aqui estamos nós, ao fim de um século, desta vez o século 20, para sermos exatos, e, mais uma vez, mais nuvens se reúnem para obscurecer a paisagem, até mesmo do mundo quântico da física. Da mesma forma que antes, a paisagem newtoniana tinha e ainda tem seus admiradores. Ela ainda funciona para explicar uma faixa vasta de fenômenos mecânicos, de naves espaciais a automóveis, de satélites a abridores de lata; mas, ainda assim, da mesma maneira que a pintura abstrata quântica acabou por demonstrar que essa paisagem newtoniana era composta de pontos aparentemente aleatórios (quanta), são muitos aqueles entre nós que acreditam que, em última análise, há algum tipo de ordem mecânica objetiva subjacente a tudo, até mesmo aos pontos quânticos.

A ciência, entenda-se, desenvolve-se de acordo com uma suposição absolutamente fundamental sobre a maneira como as coisas são ou têm de ser. Essa suposição é exatamente aquilo que Amit Goswami, com a colaboração de Richard E. Reed e Maggie Goswami, questiona no livro que você está prestes a ler. Isso porque essa suposição, tal como suas nebulosas predecessoras do século anterior, parece indicar não só o fim de um século, mas o fim da ciência, como a conhecemos. A suposição é que existe, "lá fora", uma realidade real, objetiva.

Essa realidade objetiva seria algo sólido, constituído de coisas que possuem atributos, tais como massa, carga elétrica, *momentum*, *momentum* angular, *spin*, posição no espaço e existência contínua através do tempo, expressa como inércia, energia e, descendo ainda mais fundo no micromundo, atributos tais como estranheza, encanto e cor. Mas, ainda assim, nuvens ainda se acumulam. Isso porque, a despeito de tudo que sabemos sobre o mundo objetivo, mesmo com as voltas e dobras de espaço que se transforma em tempo, que se transforma em matéria, e as nuvens negras denominadas buracos negros, com todas as nossas mentes racionais funcionando a pleno vapor, resta-nos ainda em mãos um grande número de mistérios, paradoxos e peças de quebra-cabeça que simplesmente não se encaixam.

Nós, físicos, porém, somos um grupo obstinado e tememos a proverbial perda de lançarmos o bebê fora juntamente com a água do banho. Ainda ensaboamos e raspamos o rosto, observando atentos enquanto usamos a navalha de Occam, para termos certeza de que cortamos todas as "suposições cabeludas" supérfluas. O que são essas nuvens que obscurecem a forma de arte abstrata de fins do século 20? Elas se resumem em uma única sentença: aparentemente, o universo não existe sem algo que lhe perceba a existência.

Ora, em algum nível, essa frase certamente tem sentido. Até mesmo a palavra "universo" é um constructo humano. Faria, portanto, algum tipo de sentido que aquilo que denominamos universo dependesse de nossa capacidade, como seres humanos, de cunhar palavras. Mas esta observação seria mais profunda em alguma coisa do que uma mera questão semântica? Antes de haver seres humanos, por exemplo, havia um universo? Aparentemente, havia. Antes de descobrirmos a natureza atômica da matéria, havia átomos por aí? Mais uma vez, a lógica determina que as leis, as forças e causas na natureza etc., mesmo que nada soubéssemos sobre coisas tais como átomos e partículas subatômicas, certamente tinham de existir.

Mas são justamente essas suposições sobre a realidade objetiva que foram postas em dúvida pelo nosso entendimento corrente da física. Vejam, por exemplo, uma partícula simples, o elétron. Será um pontinho de matéria? Acontece que supor que seja tal coisa, que se comporte invariavelmente como tal, é evidentemente errado. Isso porque, em certa ocasião, ele parece uma nuvem composta de um nível infinito de possíveis elétrons, que "parecem" uma única partícula quando e apenas quando a observamos. Além disso, nas ocasiões em que não é uma partícula única, ela parece uma nuvem, ondulando como uma onda, que é capaz de mover-se em velocidades superiores à velocidade da luz, desmentindo redondamente o postulado de Einstein, de que nada material poderia ultrapassá-la. A preocupação de Einstein, porém, é aliviada, porque quando ela se move dessa maneira não é, efetivamente, uma peça de matéria.

Vejamos outro exemplo, a interação entre dois elétrons. De acordo com a física quântica, mesmo que os dois estejam separados por imensas distâncias, os resultados de observações feitas sobre eles indicam que deve forçosamente haver alguma conexão entre eles que permita que a comunicação se mova mais rápido do que a luz. Ainda assim, antes dessas observações, antes que um observador consciente chegasse a uma conclusão, até a forma da conexão era inteiramente indeterminada. E como terceiro exemplo: um sistema quântico como um elétron em um estado físico fechado parece estar em um estado indeterminado, mas, ainda assim, a indeterminação pode ser analisada e decomposta em certezas dos componentes que, de alguma maneira, aumentam a incerteza original. Mas então chega um observador que, como se fosse um Alexandre gigantesco cortando o nó górdio, transforma a incerteza em um estado único, definido, embora imprevisível, simplesmente ao observar o elétron.

Não só isso, mas o golpe da espada poderia ocorrer no futuro, determinando em que estado o elétron está agora. Isso porque temos agora até a possibilidade de que observações realizadas no presente determinem legitimamente o que possamos dizer que era o passado.

Chegamos mais uma vez, portanto, ao fim da estrada. Há estranheza quântica demais por aí, um número grande demais de experimentos a demonstrar que o mundo objetivo — um mundo que corre para a frente no tempo como um relógio, um mundo que diz que ação a distância, especialmente ação instantânea a distância, não é possível, que diz que uma coisa não pode estar em dois ou mais locais ao mesmo tempo — é uma ilusão de nosso pensamento.

Se assim é, o que nos resta a fazer? Este livro talvez contenha a resposta. O autor propõe uma hipótese tão estranha à nossa mente ocidental que se pode ignorá-la automaticamente, como delírios de um místico oriental. Diz o autor que todos os paradoxos acima são explicáveis, e compreensíveis, se abrirmos mão daquela suposição preciosa de que há uma realidade objetiva "lá fora", independente da consciência. E diz ainda mais: que o universo é "autoconsciente" e que é a própria consciência que cria o mundo físico.

Da maneira como usa a palavra "consciência", Goswami deixa implícito algo talvez mais profundo do que você ou eu aceitaríamos como implícito. Nos seus termos, consciência é algo transcendental — fora do espaço-tempo, não local, e que está em tudo. Embora seja a única realidade, só podemos vislumbrá-la pela ação que cria os aspectos material e mental de nossos processos de observação.

Por que é tão difícil para nós aceitar essa tese? Talvez eu esteja presumindo demais ao dizer que é difícil que você, leitor, a aceite. Você, quem sabe, pode achar axiomática essa hipótese. Às vezes, eu me sinto à vontade com ela, mas, em seguida, dou uma canelada numa cadeira e machuco a perna. Essa velha realidade penetra e eu "me vejo" diferente da cadeira, enquanto espinafro sua posição no espaço, tão arrogantemente separada da minha. Goswami aborda admiravelmente essa questão e fornece vários e, amiúde, divertidos exemplos, para ilustrar a tese de que eu e a cadeira surgimos da consciência.

O livro de Goswami é uma tentativa de lançar uma ponte sobre o antiquíssimo abismo entre ciência e espiritualidade, o que, acredita ele, sua hipótese consegue. Ele tem muito a dizer sobre idealismo monista e como só ele soluciona os paradoxos da física quântica. Em seguida, examina a velhíssima questão da mente e corpo, ou mente e cérebro, e mostra como sua ambiciosa hipótese, de que a consciência é tudo, elimina a cisão cartesiana — e, em particular, caso você esteja se perguntando, até como uma única consciência parece ser tantas consciências separadas. Por último, na parte final do livro, ele acende uma pequenina luz de esperança, enquanto tateamos nosso caminho entre as nuvens, a caminho do século 21, ao explicar como sua hipótese conseguirá produzir o reencantamento do homem com o ambiente, algo que certamente precisamos com urgência. Explica ele como vivenciou sua própria teoria ao compreender a verdade mística de que "nada, exceto a consciência, tem de ser experienciada, a fim de ser realmente compreendida".

Lendo este livro, comecei a me sentir também dessa maneira. Supondo que a hipótese seja verdadeira, segue-se que você, também, terá essa experiência.

Fred Alan Wolf, Ph.D.
La Conner, Washington

PARTE 1

A INTEGRAÇÃO ENTRE CIÊNCIA E ESPIRITUALIDADE

Um nível crítico de confusão satura o mundo contemporâneo. Nossa fé nos componentes espirituais da vida — na realidade vital da consciência, dos valores e de Deus — está sendo corroída sob o ataque implacável do materialismo científico. Por um lado, recebemos de braços abertos os benefícios gerados por uma ciência que assume a visão de mundo materialista. Por outro, essa visão de mundo predominante não consegue corresponder às nossas intuições sobre o significado da vida.

Nos últimos 400 anos, adotamos gradualmente a crença de que a ciência só pode ser construída sobre a ideia de que tudo é feito de matéria — os denominados átomos, em um espaço vazio. Viemos a aceitar o materialismo como dogma, a despeito de sua incapacidade de explicar as experiências mais simples de nossa vida diária. Em suma, temos uma visão de mundo incoerente. As tribulações em que vivemos alimentaram a exigência de um novo paradigma — uma visão unificadora do mundo que integre mente e espírito na ciência. Nenhum novo paradigma, contudo, emergiu até agora.

Este livro propõe um paradigma desse tipo e mostra que podemos construir uma ciência que abranja as religiões do mundo, trabalhando em cooperação com elas para compreender a condição humana em sua totalidade. O núcleo desse novo paradigma é o reconhecimento de que a ciência moderna confirma uma ideia antiga — a ideia de que consciência, e não matéria, é o substrato de tudo que existe.

A primeira parte deste livro apresenta a nova física e uma versão moderna da filosofia do idealismo monista. Sobre esses dois pilares, tentarei construir o prometido novo paradigma, uma ponte sobre o abismo entre ciência e religião. Que haja contato entre ambas.

capítulo 1

o abismo e a ponte

Vejo uma caricatura estranha, despedaçada, de homem acenando para mim. O que é que ele está fazendo aqui? Como é que ele pode existir em um estado tão fragmentado? Que nome lhe darei?

Como se estivesse lendo minha mente, a mutilada figura começa a falar:

— Em meu estado, que diferença faz um nome? Chama-me de Guernica. Estou à procura de minha consciência. Não tenho direito à consciência?

Reconheci o nome. *Guernica* é a obra-prima de Pablo Picasso, pintada em protesto contra o bombardeio fascista da pequena cidade espanhola do mesmo nome.

— Bem — respondi, procurando tranquilizá-lo —, se você me disser exatamente o que precisa, talvez eu possa ajudá-lo.

— Você acha, mesmo? — Os olhos dele se iluminaram. — Você, quem sabe, defenderá minha causa?

E me lançou um olhar ansioso.

— Perante quem? Onde? — perguntei, intrigado.

— Lá dentro. Eles estão se divertindo numa festinha, enquanto eu estou abandonado aqui, inconsciente. Talvez, se encontrar minha consciência, eu volte a ser inteiro novamente.

— Quem são eles? — perguntei.

— Os cientistas, os que decidem o que é real.

— Oh? Neste caso a situação não pode ser tão ruim assim. Eu sou cientista. Cientistas formam um grupo de mente aberta. Vou conversar com eles.

* * *

O pessoal da festinha dividia-se em três grupos separados, como as ilhas do triângulo das Bermudas. Hesitei por um momento e, em seguida, em passos largos, dirigi-me a um deles — em terra de sapos, de cócoras com eles, e tudo mais. A discussão estava acalorada. O grupo conversava sobre física quântica.

— A física quântica faz prognósticos sobre fatos que observamos experimentalmente, nada mais — disse um cavalheiro de aparência distinta, com uns poucos fios grisalhos nos cabelos. — Por que fazer suposições sem base sobre a realidade, quando a conversa é sobre objetos quânticos?

— O senhor não está um pouco cansado desse disco? Uma geração inteira de físicos parece ter sofrido lavagem cerebral e sido levada a acreditar que uma filosofia convincente da física quântica foi formulada há 60 anos.[1] Isso simplesmente não aconteceu. Ninguém entende a mecânica quântica — disse outro, cuja postura melancólica era óbvia.

Essas palavras mal foram notadas na discussão quando outro cavalheiro, exibindo uma barba desgrenhada, disse com arrogante autoridade:

— Escutem aqui, vamos corrigir o contexto. A física quântica diz que objetos são representados por ondas. Objetos são ondas. E ondas, como todos nós sabemos, podem estar em dois (ou mais) lugares na mesma ocasião. Mas, quando observamos um objeto quântico, nós o encontramos, todo ele, em um único lugar, aqui, e não ali, e, com certeza, não ambos aqui e ali ao mesmo tempo.

O senhor barbado agitava nervoso as mãos.

— O que é que isso significa, em termos simples? O senhor — disse, fitando-me —, o que é que o senhor pensa a respeito?

Por um momento, fiquei abalado com o desafio, mas recuperei-me rápido.

— Bem, parece que nossas observações, e portanto nós, produzem um efeito profundo sobre objetos quânticos.

— Não. Não. Não — trovejou meu inquisidor. — Quando observamos, nenhum paradoxo existe. Quando não observamos, volta o paradoxo de o objeto estar simultaneamente em dois lugares. Obviamente, a maneira de evitar o paradoxo é prometer jamais conversar, entre observações, sobre o paradeiro do objeto.

— Mas... e se nossa consciência produzir realmente um efeito profundo sobre objetos quânticos? — insisti.

Por alguma razão, parecia-me que a consciência de Guernica tinha alguma coisa a ver com essa especulação.

— Mas isso significa influência da mente sobre a matéria — exclamaram em uníssono os membros do grupo, olhando-me como se eu tivesse dito uma heresia.

— Mas, mas — gaguejei, recusando ser intimidado —, suponhamos que haja uma maneira de aceitar o poder da mente sobre a matéria.

Contei a eles a triste situação de Guernica.

— Escutem aqui, os senhores têm uma responsabilidade social neste particular. Os senhores sabem há 60 anos que a maneira convencional, objetiva, de estudar física não funciona no caso de objetos quânticos. Encontramos paradoxos. Ainda assim, os senhores fingem usar de objetividade e o resto da sociedade perde a oportunidade de reconhecer que nós — nossa consciência — estamos intimamente conectados com a realidade. Os senhores podem imaginar o impacto que produziriam sobre a visão de mundo das pessoas comuns se os físicos reconhecessem abertamente que nós não somos separados do mundo, mas, sim, somos o mundo, e que temos de assumir responsabilidade por isso? Talvez só então Guernica, ou melhor, todos nós possamos retornar à plenitude.

O cavalheiro de aparência distinta tomou a palavra:

— Reconhecerei, nas caladas da noite e quando não houver ninguém por perto, que tenho dúvidas. Talvez estejamos perdendo uma oportunidade. Mas, como minha mãe me ensinou, na dúvida, é muito melhor fingir ignorância. Não sabemos coisa alguma sobre consciência. A consciência é assunto que pertence à psicologia, àqueles caras ali — finalizou, apontando para um canto.

— Mas — insisti teimosamente — suponhamos que definimos consciência como o agente que afeta objetos quânticos para lhes tornar o comportamento apreensível pelos sentidos. Tenho certeza de que os psicólogos estudariam essa possibilidade, se os senhores se aliassem a mim. Vamos tentar mudar nossa visão separatista de mundo agora mesmo.

Eu tinha me convencido de que a possibilidade de Guernica obter uma consciência dependia de meu sucesso em atrair esses cavalheiros para o meu lado.

— Dizer que a consciência afeta causalmente os átomos é a mesma coisa que abrir a caixa de Pandora. Essa ideia viraria a física de cabeça para baixo. A física não seria independente e nós perderíamos nossa credibilidade.

Havia um tom de finalidade na voz que falava. Outra pessoa, com uma voz que eu ouvira antes, disse:

— Ninguém entende a mecânica quântica.

— Mas eu prometi a Guernica que defenderia a causa da devolução de sua consciência! Por favor, ouçam o resto do que eu tenho a dizer — protestei.

Mas ninguém me deu a menor atenção. Eu me tornei um zero nesse grupo — uma não consciência, igual a Guernica.

Resolvi tentar os psicólogos. Reconheci-os pelo grande número de gaiolas de ratos e computadores no canto que ocupavam na sala.

Uma mulher com aparência de pessoa competente explicava nesse momento alguma coisa a um rapaz:

— Ao supor que o cérebro-mente é um computador, temos esperança de transcender a briga de foice dos behavioristas. O cérebro é o *hardware* do computador. Nada há, realmente, senão o cérebro. Isso é que é o real. Não obstante, os estados do *hardware* do cérebro, com o passar do tempo, executam funções independentes, como o software do computador. E são esses estados do *harware* que chamamos de mente.

— Neste caso, a consciência é o quê? — quis saber o rapaz.

Puxa, que sincronização perfeita. Isso era exatamente o que me trouxera àquele canto — para saber o que os psicólogos pensam da consciência! Eles deviam ser os tais que exerciam controle sobre a consciência de Guernica.

— A consciência é semelhante à unidade central de processamento, o centro de comando do computador — respondeu pacientemente a mulher.

O rapaz, insatisfeito com a resposta, insistiu:

— Se pudermos explicar todo o nosso desempenho de entrada-saída em termos da atividade dos circuitos do computador, então, ao que parece, a consciência é inteiramente desnecessária.[2]

Não pude me conter:

— Por favor, não desistam ainda de discutir a consciência. Meu amigo Guernica precisa dela.

E lhes contei o problema de Guernica.

Parecendo até um eco de meu amigo físico momentos antes, um cavalheiro elegantemente vestido intrometeu-se casualmente na conversa:

— Mas a psicologia cognitiva não está pronta ainda para a consciência.[3] Nem mesmo sabemos como defini-la.

— Eu poderia lhe dar a definição do físico sobre consciência. Ela tem a ver com a física quântica.

Esta última palavra despertou-lhes a atenção. Inicialmente, expliquei que os objetos quânticos eram ondas que surgiam e se espalhavam por mais de um lugar e que a consciência poderia ser a agência que focaliza as ondas, de tal modo que podemos observá-las em um único lugar.

— E esta é a solução do problema dos senhores — sugeri. — Os senhores podem aceitar a definição de consciência dada pela física. E, em seguida, poderão ajudar Guernica.

— Mas o senhor não estaria misturando as coisas? Os físicos não dizem que tudo é feito de átomos — de objetos quânticos? Se a consciência é feita também de objetos quânticos, de que maneira pode ela atuar como fonte causal sobre eles? Pense, homem, pense.

Senti uma pequena sensação de pânico. Se esses psicólogos sabiam do que estavam falando, até minha consciência era uma ilusão, quanto mais a de Guernica. Mas eles estariam certos apenas se todas as coisas, incluindo a consciência, fossem realmente feitas de átomos. De repente, outra possibilidade relampejou em minha mente! E eu disse impetuosamente:

— Os senhores estão fazendo as coisas da maneira errada! Não podem ter certeza de que todas as coisas são feitas de átomos... Isso é uma suposição. Vamos supor, em vez disso, que todas as coisas, incluindo átomos, sejam feitas de consciência!

Meus ouvintes pareceram atordoados.

— Escute, há alguns psicólogos que pensam assim. Reconheço que a possibilidade a que você se refere é interessante. Mas não é científica. Se queremos elevar a psicologia ao *status* de ciência, temos de nos manter longe da consciência — especialmente da ideia de que a consciência possa ser a realidade primária. Sinto muito, moço.

A mulher que havia falado parecia realmente penalizada.

Eu não havia ainda conseguido fazer progresso algum para trazer de volta a consciência de Guernica. Em desespero, voltei-me para o último grupo — o terceiro ápice do triângulo. Descobri que eles eram neurofisiologistas (cientistas do cérebro). Talvez eles fossem os árbitros que realmente importavam.

Os neurocirurgiões discutiam também nesse momento a consciência e minhas expectativas subiram muito.

— A consciência é uma entidade causal que dá significado à existência, admito isso — disse um deles, dirigindo-se a um senhor mais velho e esquelético. — Mas tem de ser um fenômeno emergente do cérebro, não separado dele. Afinal de contas, tudo é feito de matéria. Isso é tudo o que há.[4]

O tipo magrelo, falando com um sotaque britânico, objetou:

— De que maneira algo feito de alguma outra coisa pode agir causalmente sobre aquilo de que é constituído? Isso seria equivalente a um comercial de televisão repetindo-se ao agir sobre os circuitos eletrônicos do monitor. Deus nos livre disso! Não, a consciência tem de ser uma entidade diferente do cérebro, a fim de produzir um efeito causal sobre ele. Ela pertence a um mundo separado, fora do mundo material.[5]

— Nesse caso, como é que os dois mundos interagem? Um fantasma não pode atuar sobre uma máquina.

Interrompendo-os rudemente, um terceiro, usando rabo-de-cavalo, soltou uma risada e disse:

— Vocês dois estão dizendo tolices. Todo o problema de vocês surge da tentativa de encontrar significado em um mundo material inerentemente sem sentido. Olhem aqui, os físicos têm razão quando dizem que não há significado, não há livre-arbítrio, e que tudo é uma ciranda aleatória de átomos.

O defensor britânico de um mundo separado para a consciência, sarcástico nesse momento, retrucou:

— E você pensa que o que diz faz sentido! Você, você mesmo, é o jogo de movimentos aleatórios, sem sentido, de átomos.

Ainda assim, formula teorias e pensa que suas teorias significam alguma coisa.

Insinuei-me em meio ao debate:

— Conheço uma maneira de obter significado, mesmo no jogo dos átomos. Suponhamos que tudo, em vez de ser feito de átomos, que tudo fosse feito de consciência. O que aconteceria, neste caso?

— Onde foi que você arranjou essa ideia? — perguntaram, em tom de desafio.

— Na física quântica.

— Mas não há física quântica no macronível do cérebro! — exclamaram todos eles, com a autoridade de quem sabe, unificados na objeção comum. — A física quântica é para o micro, para os átomos. Átomos formam moléculas, moléculas formam células e células formam o cérebro. Nós trabalhamos diariamente com o cérebro. Não há necessidade de invocar a mecânica quântica dos átomos para explicar o comportamento do cérebro no nível denso.

— Mas os senhores não alegam que compreendem inteiramente o cérebro? O cérebro não é tão simples assim! Não houve alguém que disse que se o cérebro fosse tão simples que pudéssemos entendê-lo nós seríamos criaturas tão simples que não o entenderíamos?

— Seja isso como for — concederam eles —, de que maneira a ideia da física quântica ajudaria, no caso da consciência?

Expliquei-lhes como a consciência afetava a onda quântica.

— Olhem aqui, isso é um paradoxo, se a consciência é constituída de átomos. Mas se viramos pelo avesso nossa ideia sobre como o mundo é constituído, o paradoxo é resolvido de forma muito satisfatória. Garanto aos senhores que o mundo é feito de consciência.

Não posso esconder minha emoção e até mesmo orgulho — se esta ideia é suficientemente forte. Apelei para que seguissem meu raciocínio.

— O triste em tudo isso — continuei — é que se as pessoas comuns realmente soubessem que consciência, e não matéria, é o elo que nos liga uns aos outros e ao mundo, as opiniões delas sobre guerra e paz, poluição ambiental, justiça social, valores religiosos e todas as demais atividades humanas mudariam radicalmente.

— Isso que o senhor está dizendo parece interessante e simpatizo com a ideia, pode acreditar. Mas a ideia parece também alguma coisa tirada da Bíblia. De que modo podemos adotar ideias religiosas como ciência e ainda merecer credibilidade?

Meu interlocutor dava a impressão de que falava consigo mesmo.

— Estou pedindo aos senhores que concedam à consciência o que lhe pertence — respondi. — Meu amigo Guernica precisa de consciência para tornar-se novamente uma pessoa completa. E pelo que ouvi nesta festa, ele não é o único. Se assim é, como os senhores podem ainda debater se a consciência de fato existe? Mas chega disso! A existência da consciência não é em absoluto assunto debatível, e os senhores sabem disso.

— Entendo — disse o jovem de rabo-de-cavalo, sacudindo a cabeça. — Meu amigo, há aqui um mal-entendido. Todos nós resolvemos ser Guernica. E você terá de fazer o mesmo, se quiser fazer ciência. Temos de supor que todos nós somos feitos de átomos. Nossa consciência tem de ser um fenômeno secundário — um epifenômeno — da dança dos átomos. A objetividade fundamental da ciência assim o exige.

Voltei ao meu amigo Guernica e, triste, contei-lhe a experiência.

— Como disse certa vez Abraham Maslow: "Se a única ferramenta que você tem é um martelo, comece a tratar todas as coisas como se elas fossem pregos". Essas pessoas estão acostumadas a considerar o mundo como feito de átomos e separado de si mesmas. Consideram a consciência como um epifenômeno ilusório. Não podem lhe conceder consciência.

— Mas, e o senhor? — perguntou Guernica, fitando-me. — O senhor vai esconder-se por trás da objetividade científica ou vai fazer alguma coisa para me ajudar a recuperar a plenitude?

Nesse momento, ele tremia.

A emoção com que falava despertou-me do sonho. Lentamente, nasceu a decisão de escrever este livro.

* * *

Enfrentamos hoje na física um grande dilema. Na física quântica — a nova física — descobrimos um marco teórico que funciona. Explica um sem-número de experimentos de laboratório, e muito mais. A física quântica deu origem a tecnologias de imensa utilidade, tais como as de transistores, *lasers* e supercondutores. Ainda assim, não conseguimos extrair sentido da matemática da física quântica sem sugerir uma interpretação dos resultados experimentais que numerosos indivíduos só podem considerar como paradoxal, ou mesmo inaceitável. Vejamos, como exemplo, as propriedades quânticas seguintes:

- Um objeto quântico (como um elétron) pode estar, no mesmo instante, em mais de um lugar (*a propriedade da onda*).
- Não podemos dizer que um objeto quântico se manifeste na realidade comum espaço-tempo até que o observemos como uma partícula (*o colapso da onda*).
- Um objeto quântico deixa de existir aqui e simultaneamente passa a existir ali, e não podemos dizer que ele passou através do espaço interveniente (*o salto quântico*).
- A manifestação de um objeto quântico, ocasionada por nossa observação, influencia simultaneamente seu objeto gêmeo correlato — pouco importando a distância que os separa (*ação quântica a distância*).

Não podemos ligar a física quântica a dados experimentais sem utilizar alguns esquemas de interpretação, e a interpretação depende da filosofia com que encaramos os dados. A filosofia que há séculos domina a ciência (o materialismo físico, ou material) supõe que só a matéria — que consiste de átomos ou, em última análise, de partículas elementares — é real. Tudo mais são fenômenos secundários da matéria, apenas uma dança dos átomos constituintes. Essa visão de mundo é denominada realismo porque se presume que os objetos sejam reais e independentes dos sujeitos, nós, ou da maneira como os observamos. A ideia, contudo, de que todas as coisas são constituídas de átomos é uma suposição não provada. Não se baseia em prova direta no tocante a todas as coisas. Quando a nova física nos desafia com uma situação que parece paradoxal, quando vista da perspectiva do realismo materialista, tendemos a ignorar a possibilidade de que os paradoxos possam estar surgindo por causa da falsidade de nossa suposição não comprovada. (Tendemos a esquecer que uma suposição mantida por longo tempo não se transforma, por isso, em verdade, e, não raro, não gostamos que nos lembrem disso.)

Atualmente, numerosos físicos desconfiam que há alguma coisa de errado no realismo materialista, mas têm medo de sacudir o barco que lhes serviu tão bem, por tanto tempo. Não se dão conta de que o bote está à deriva e precisa de novo rumo, sob uma nova visão de mundo.

Há por acaso uma alternativa ao realismo materialista? Essa tese esforça-se, sem sucesso, a despeito de seus modelos de computador, para explicar a existência da mente, em especial o fenômeno de uma consciência do *self* causalmente potente. "O que é consciência?" O realista materialista tenta ignorar a pergunta com um encolher de ombros e com a resposta arrogante de que ela nenhuma importância tem. Se, contudo, estudamos, por menor que seja a seriedade, todas as teorias de que a mente consciente constrói (incluindo os que a negam), então a consciência tem, de fato, importância.

Desde o dia em que René Descartes dividiu a realidade em dois reinos separados — mente e matéria —, numerosas pessoas têm-se esforçado para racionalizar a potência causal da mente consciente dentro do dualismo cartesiano. A ciência, contudo, oferece razões irresistíveis para que se ponha em dúvida que seja sustentável uma filosofia dualista: para que haja interação entre os mundos da mente e da matéria, terá de haver intercâmbio de energia. Ora, sabemos que no mundo material a energia permanece constante. Certamente, portanto, só há uma realidade. Aí é que surge o problema: se a única realidade é a realidade material, a consciência não pode existir, exceto como um epifenômeno anômalo.

A pergunta, portanto, consiste no seguinte: há uma alternativa monística ao realismo materialista, caso em que mente e matéria são partes integrais de uma mesma realidade, mas uma realidade que não se baseia na matéria? Estou convencido de que há. A alternativa que proponho neste livro é o idealismo monístico. Esta filosofia é monística, em oposição à dualística, e é idealismo porque ideias (não confundir com ideais) e a consciência da existência das mesmas são consideradas como os elementos básicos da realidade; a matéria é julgada secundária. Em outras palavras, em vez de postular que tudo (incluindo a consciência) é constituído de matéria, esta filosofia postula que tudo (incluindo a matéria) existe na consciência e é por ela manipulado. Notem que a filosofia não diz que a matéria é não real, mas que a realidade da matéria é secundária à da consciência, que é em si o fundamento de todo ser — incluindo a matéria. Em outras palavras, em resposta à pergunta "O que é a matéria?", o idealista monístico jamais responderia: "Esqueça!"

Este livro mostra que a filosofia do idealismo monístico proporciona uma interpretação, isenta de paradoxo, da física quântica, e que é lógica, coerente e satisfatória. Além disso, fenômenos mentais — tais como consciência do *self*, livre-arbítrio, criatividade, até mesmo percepção extrassensorial — encontram explicações simples e aceitáveis quando o problema mente-corpo é reformulado em um contexto abrangente de idealismo monístico e teoria quântica. Este quadro reformulado do cérebro-mente permite-nos compreender todo nosso *self*, em total harmonia com aquilo que as grandes tradições espirituais mantiveram durante milênios.

A influência negativa do realismo materialista sobre a qualidade da moderna vida humana tem sido assombrosa. O realismo materialista postula um universo sem qualquer significado espiritual: mecânico, vazio e solitário. Para nós — os habitantes do cosmo — este é talvez o aspecto mais inquietante porque, em um grau assustador, a sabedoria convencional sustenta que o realismo materialista predomina sobre teologias que propõem um componente espiritual da realidade, em acréscimo ao componente material.

Os fatos provam o contrário. A ciência prova a superioridade de uma filosofia monística sobre o dualismo — sobre o espírito separado da matéria. Este livro fornece uma argumentação convincente, fundamentada em dados existentes, de que a filosofia monística necessária agora no mundo não é o materialismo, mas o idealismo.

Na filosofia idealista, a consciência é fundamental e, nessa conformidade, nossas experiências espirituais são reconhecidas e validadas como significativas. Esta filosofia aceita muitas das interpretações da experiência espiritual humana que deflagraram o nascimento das várias religiões mundiais. Desse ponto de observação, vemos que alguns dos conceitos das várias tradições religiosas tornam-se tão lógicos, elegantes e satisfatórios quanto a interpretação dos experimentos da física quântica.

Conhece-te a ti mesmo. Este foi o conselho dado através das eras por filósofos inteiramente cientes de que nosso *self* é o que organiza o mundo e lhe dá significado, e compreender o *self* juntamente com a natureza era o objetivo abrangente a que visavam. A aceitação do realismo materialista pela ciência moderna mudou tudo isso. Em vez de unidade com a natureza, a consciência afastou-se dela, dando origem a uma psicologia separada da física. Conforme observa Morris Berman, esta visão de mundo realista materialista exilou-nos do mundo encantado em que vivíamos no passado e condenou-nos a um mundo alienígena.[6] Atualmente, vivemos como exilados nesta terra estranha. Quem, senão um exilado, arriscar-se-ia a destruir esta bela terra com a guerra nuclear e a poluição ambiental? Sentirmo-nos como exilados solapa nosso incentivo para mudar a perspectiva. Condicionaram-nos a acreditar que somos máquinas — que todas as nossas ações são determinadas pelos estímulos que recebemos e por nosso condicionamento anterior. Como exilados, não temos responsabilidade nem escolha. E o livre-arbítrio é uma miragem.

Este é o motivo por que se tornou tão importante para cada um de nós analisarmos em profundidade nossa visão de mundo. Por que estou sendo ameaçado de aniquilação nuclear? Por que a guerra continua a ser um meio bárbaro para resolver litígios mundiais? Por que há fome endêmica na África, quando nós, só nos Estados Unidos, podemos tirar da terra alimento suficiente para saciar o mundo? Como foi que adquiri uma visão de mundo (mais importante ainda, estou engasgado com ela?) que determina tanta separação entre mim e meus semelhantes, quando todos nós compartilhamos de dotes genéticos, mentais e espirituais semelhantes? Se repudiamos a visão de mundo ultrapassada, que se baseia no realismo materialista e investigamos a nova/velha visão que a física quântica parece exigir, poderemos, o mundo e eu, ser integrados mais uma vez?

Precisamos nos conhecer; precisamos saber se podemos mudar nossas perspectivas — se nossa constituição mental permite isso. Poderão a nova física e a filosofia idealista da consciência dar-nos novos contextos para a mudança?

capítulo 2

a velha física e seu
legado filosófico

Há várias décadas o psicólogo americano Abraham Maslow formulou a ideia de uma hierarquia de necessidades. Após atender às necessidades básicas de sobrevivência, o ser humano adquire condições de lutar para satisfazer necessidades de nível mais alto. Na opinião de Maslow, a mais importante dessas necessidades é de natureza espiritual: o desejo de autoindividuação, de conhecimento de si mesmo no nível mais profundo possível.[1] Uma vez que numerosos americanos, e na verdade grande número de ocidentais, já deixaram para trás os degraus mais baixos da escada de necessidades de que falava Maslow, seria de esperar vê-los galgando entusiasticamente os degraus superiores da auto-individuação ou da realização espiritual. Não fazemos nada disso. O que é que há de errado com o argumento de Maslow? Como disse Madre Teresa ao visitar os Estados Unidos na década de 1980, os americanos, embora materialmente ricos, são pobres de espírito. Por que deveria acontecer tal coisa?

Maslow esqueceu de levar em conta as consequências do materialismo incontestável, dominante, na atual cultura ocidental. A maioria dos ocidentais aceita como verdade científica que vivemos em um mundo materialista — um mundo em que tudo é feito de matéria, que constituiria a realidade fundamental. Nesse mundo, proliferam as necessidades materiais, com o resultado de desejarmos não progresso espiritual, mas, sim, mais coisas, maiores e melhores: carros maiores, casas melhores, as últimas modas, formas espantosas de entretenimento e uma estonteante farra de bens tecnológicos, já existentes e futuros. Em um mundo assim, necessidades espirituais passam frequentemente despercebidas, ou são sublimadas, se afloram à superfície. Se só a matéria é real, como o materialismo nos ensinou a acreditar, então posses materiais constituem o único alicerce razoável para a felicidade e a boa vida.

Claro que as religiões, os mestres espirituais e as tradições artísticas e literárias nos ensinam que isso não é verdade. Pelo contrário, pregam que o materialismo leva, na melhor das hipóteses, a uma saciedade doentia e, na pior, ao crime, à doença e a outros males.

A maioria dos ocidentais aceita essas crenças conflitantes e vive em um estado de ambivalência, participando da cultura consumista vorazmente materialista, mas, ainda assim, desprezando secretamente a si mesmos por tal atitude. Aqueles entre nós que ainda se consideram religiosos não conseguem ignorar inteiramente o fato de que, embora em palavras e pensamentos ainda cultuemos a religião, com uma frequência grande demais, o que fazemos desmente nossos propósitos: não conseguimos internalizar realmente até os ensinamentos mais básicos das religiões, tal como o amor ao próximo. Outros resolvem sua dissonância cognitiva adotando o fundamentalismo religioso ou um cientificismo igualmente fundamentalista.

Em resumo, vivemos em crise — não tanto uma crise de fé, mas uma crise de confusão. Como foi que chegamos a esse deplorável estado? Quando aceitamos o materialismo como a denominada visão científica do mundo. Convencidos de que devemos ser científicos, somos iguais ao dono da loja de objetos curiosos na história seguinte: um freguês, descobrindo um instrumento que não conhecia, levou-o ao lojista e lhe perguntou para que servia.

— Oh, isso é um barômetro — respondeu o dono. — Informa se vai chover.

— Como é que funciona? — perguntou o cliente.

O lojista, na verdade, não sabia como funcionava um barômetro, mas reconhecer esse fato implicaria arriscar-se a perder a venda. Em vista disso, respondeu:

— O senhor coloca-o do lado de fora da janela e o traz de volta. Se o barômetro volta molhado, o senhor sabe que está chovendo.

— Mas eu posso fazer isso com a mão. Por que, então, usar um barômetro? — protestou o homem.

— Mas isso não seria científico, meu amigo — respondeu o lojista.

Sugiro que na aceitação do materialismo parecemos com o lojista. Queremos ser científicos. Pensamos que estamos sendo, mas isso não acontece. Para sermos realmente científicos, temos de lembrar que a ciência sempre mudou, na medida em que descobria novas coisas. Será o materialismo a visão de mundo científica correta? Acredito que a resposta é demonstravelmente negativa, embora os próprios cientistas se sintam confusos diante dessa questão.

A confusão do cientista é devida a uma ressaca causada por um consumo visivelmente exagerado de uma bebida de 400 anos de idade chamada física clássica, destilada por Isaac Newton por volta de 1665. As teorias de Newton lançaram-nos em um curso que desembocou no materialismo que ora domina a cultura ocidental. A filosofia do materialismo, concebida pelo filósofo grego Demócrito (c. 460-c. 370 a.C.), corresponde à visão de mundo da física clássica, e é descrita variadamente como realismo materialista, físico ou científico. Embora uma nova disciplina científica denominada física quântica tenha substituído formalmente a física clássica neste século, a velha filosofia da física clássica — a do realismo materialista — continua a ser amplamente aceita.

A física clássica e o realismo materialista

Ao visitar o Palácio de Versalhes, René Descartes, matemático e filósofo francês do século 17, ficou encantado com a imensa coleção de autômatos reunida nos jardins. Acionados por mecanismos ocultos, água corria, música tocava, ninfas faziam cabriolas no mar e o majestoso Netuno erguia-se das profundezas de um tanque. Enquanto observava o espetáculo, Descartes concebeu a ideia de que o mundo poderia ser um autômato — uma máquina mundial.

Mais tarde, ele propôs uma versão bastante modificada dessa imagem de mundo como máquina. A famosa filosofia do dualismo dividiu o mundo em uma esfera objetiva de matéria (o domínio da ciência) e outra, subjetiva, da mente (o domínio da religião). Dessa maneira, libertava ele a investigação científica da ortodoxia de uma Igreja poderosa. Descartes tomou emprestada de Aristóteles a ideia de objetividade. A ideia básica era que objetos são independentes e separados da mente (ou consciência). Mais tarde vamos nos referir a essa ideia como o princípio da *objetividade forte*.

Descartes deu também contribuições às leis da física, que erigiriam em culto científico sua ideia de mundo como máquina. Coube, no entanto, a Newton, e a seus herdeiros através do século 18, plantar firmemente no solo o materialismo e seu corolário: o princípio do *determinismo causal*, ou a ideia de que todo movimento pode ser exatamente previsto, dadas as leis do movimento e as condições iniciais em que se encontravam os objetos (onde estão e com que velocidade se deslocam).

Se o leitor quer compreender a visão cartesiano-newtoniana do mundo, pense no universo como um grande número de bolas de bilhar — grandes e pequenas — em uma mesa de bilhar tridimensional, que chamamos de espaço. Se conhecemos, em todas as ocasiões, todas as forças que agem sobre cada uma dessas bolas, então, simplesmente conhecer as condições iniciais — suas posições e velocidades em algum tempo inicial — permite-nos calcular o lugar onde cada um desses corpos estará em todas as ocasiões futuras (ou, por falar nisso, onde estiveram em qualquer ocasião anterior).

A importância filosófica do determinismo foi sumariada melhor do que ninguém por Pierre-Simon de Laplace, matemático do século 18: "Uma inteligência que, em qualquer dado momento, conhecesse todas as forças através das quais a natureza é animada e o estado dos corpos dos quais ela é composta, abrangeria — se ela fosse vasta o suficiente para submeter os dados à análise — na mesma fórmula os movimentos dos grandes corpos do universo e os dos átomos mais leves: nada seria duvidoso para essa inteligência e o futuro, tal como o passado, seria o presente aos seus olhos".[2]

Laplace escreveu também um livro muito popular sobre mecânica celeste que o tornou famoso, tão famoso que o imperador Napoleão convocou-o a ir ao palácio.

— Monsieur Laplace — disse Napoleão —, o senhor não mencionou Deus, nem uma única vez, em seu livro. Por quê? (Nesses dias, o costume exigia que Deus fosse citado algumas vezes em todos os livros importantes, o que explica a curiosidade de Napoleão. Que tipo atrevido era esse Laplace, para romper com um costume tão venerável?) A suposta resposta de Laplace é um clássico:

— Majestade, eu não precisei dessa hipótese particular.

Laplace compreendia corretamente a implicação da física clássica e de sua estrutura matemática, causalmente determinista. Em um universo newtoniano, não há a menor necessidade de Deus!

Aprendemos até agora dois princípios fundamentais da física clássica: a objetividade forte e o determinismo. O terceiro foi descoberto por Albert Einstein. A teoria da relatividade de Einstein, uma extensão da física clássica a corpos que se movem em alta velocidade, exigia que a velocidade mais alta nas estradas da natureza fosse a velocidade da luz. Essa velocidade é enorme — 300 mil quilômetros por segundo — mas, mesmo assim, limitada. A implicação desse limite de velocidade é que todas as influências entre objetos materiais que se fazem sentir no espaço-tempo devem ser locais: eles têm de viajar através do espaço um pouco de cada vez, com uma velocidade finita. Este é o denominado princípio de *localidade*.

Ao dividir o mundo em matéria e mente, a intenção de Descartes era estabelecer um acordo tácito: não atacaria a religião, que reinaria suprema em questões relativas à mente, em troca da supremacia da ciência sobre a matéria. Durante mais de 200 anos o acordo foi observado. No fim, o sucesso da ciência em prognosticar e controlar o meio ambiente levou cientistas a questionar a validade de todo e qualquer ensinamento religioso. Em especial, eles começaram a contestar o lado da mente, ou espírito, do dualismo cartesiano. O princípio do *monismo materialista* foi assim acrescentado à lista de postulados do realismo materialista: todas as coisas existentes no mundo, incluindo a mente e a consciência, são feitas de matéria (e de generalizações da matéria, como energia e campos de força). Nosso mundo é material, de cima a baixo.

Claro, ninguém sabe ainda como extrair mente e consciência de matéria, e portanto mais um postulado foi adicionado: o princípio do *epifenomenalismo*. De acordo com este princípio, todos os fenômenos mentais podem ser explicados como sendo epifenômenos, ou seja, fenômenos secundários, da matéria, por meio de uma redução apropriada a condições físicas prévias. A ideia básica é que o que denominamos consciência constitui simplesmente uma propriedade (ou grupo de propriedades) do cérebro, quando este é considerado em um certo nível.

Os cinco princípios seguintes, portanto, enfeixam a filosofia do realismo materialista:

1. Objetividade forte
2. Determinismo causal
3. Localidade
4. Monismo físico, ou materialista
5. Epifenomenalismo

Essa filosofia recebe também o nome de realismo científico, o que implica que o realismo materialista é essencial à ciência. A maioria dos cientistas, pelo menos inconscientemente, ainda acredita que isso acontece, mesmo diante de dados solidamente comprovados que desmentem os cinco princípios.

É importante compreender desde o início que os princípios do realismo materialista são postulados metafísicos, ou seja, suposições sobre a natureza do ser, e não conclusões calcadas em experimentos. Se forem descobertos dados experimentais que refutem qualquer um desses postulados, o postulado em causa terá de ser sacrificado. Analogamente, se argumentação racional revelar a debilidade de um dado postulado, sua validade terá de ser questionada.

Uma grande fraqueza do realismo materialista é que a filosofia parece excluir inteiramente os fenômenos subjetivos. Se mantemos firmemente um postulado de objetividade forte, muitos dos impressionantes experimentos realizados no laboratório cognitivo não são admissíveis como dados. Realistas materialistas estão bem cientes dessa deficiência. Por isso mesmo, em anos recentes, grande atenção foi dada à questão de se, ou não, os fenômenos mentais (incluindo a consciência do *self*) podem ser compreendidos na base dos modelos materialistas — notadamente os modelos de computador. Vamos examinar agora a ideia básica que dá lastro a esses modelos: a ideia da máquina mental.

Poderemos construir um computador consciente?

Depois de Newton, o desafio enfrentado pela ciência, claro, consistiu em tentar aproximar-se tanto quanto possível da inteligência que tudo sabia, postulada por Laplace. Comprovou-se que eram sumamente poderosos os *insights* da física clássica newtoniana e passos importantes foram dados para chegar a essa aproximação. Aos poucos, cientistas desvelaram, pelo menos em parte, alguns dos denominados mistérios eternos — como surgira nosso planeta, como as estrelas conseguem a energia que queimam, como fora criado o universo e como a vida se reproduz.

Por fim, os sucessores de Laplace aceitaram o desafio de explicar a mente humana, a consciência do *self*, e tudo mais. Adotando um *insight* determinista, nenhuma dúvida tiveram de que a mente humana era também uma máquina newtoniana clássica, tal como a máquina mundial de que ela fazia parte.

Um dos crentes na mente-como-máquina, Ivan Pavlov, sentiu grande prazer quando cães lhe confirmaram a crença. Quando tocava uma campainha, os cães salivavam, mesmo que nenhum alimento fosse oferecido. Os cães haviam sido condicionados a esperar alimento em todas as ocasiões em que soava a campainha, explicou Pavlov. Na verdade, era muito simples. Aplicava-se um estímulo, observava-se a reação e, se esta era o que se queria, ela era reforçada com uma recompensa.

Dessa maneira, nasceu a ideia de que a mente humana era uma simples máquina, com declarações simples de entrada-saída em uma correspondência tipo um com o outro, que funciona na base estímulo-resposta-recompensa. A ideia recebeu numerosas críticas, alegando seus adversários que uma máquina behaviorista desse tipo não poderia desincumbir-se de processos mentais, como pensar.

Vocês querem pensamento, e o conseguiram, responderam os espertos mecânicos defensores da tese clássica, que conceberam a ideia de uma máquina complexa, dotada de estados internos. Vejam só o comportamento de um simples móbile, disseram. É divertido observar um móbile porque suas reações às maneiras como sopra o vento são infinitamente variadas. Por quê? Porque cada reação depende, literalmente, de numerosas justaposições de vários estados internos dos ramos do móbile, além do acréscimo do estímulo específico. No caso do cérebro, esses estados internos eram sinônimos de pensamento, sentimento, e assim por diante, que seriam epifenômenos de estados internos da máquina complexa que é o cérebro humano.

As vozes da oposição, no entanto, continuaram a protestar: o que dizer do livre-arbítrio? Seres humanos têm liberdade de escolha. Os mecanicistas responderam que o livre-arbítrio é simplesmente uma ilusão. E acrescentaram o interessante argumento de que havia um possível modelo físico do ilusório livre-arbítrio. A engenhosidade dos pesquisadores da máquina-pensante é realmente admirável. Circula agora a ideia de que, embora os sistemas clássicos sejam, em última análise, deterministas, exibindo um comportamento basicamente determinista, podemos ter também o caos: ocasionalmente, mudanças pequeníssimas nas condições iniciais podem produzir grandes diferenças no resultado final para um sistema.[3] Essa situação gera incerteza (a incerteza dos sistemas atmosféricos constitui um exemplo desse comportamento caótico), e a incerteza do prognóstico pode ser interpretada como livre-arbítrio. Uma vez que o caos é, em última análise, caos determinado, prossegue o argumento, esta é uma ilusão de livre-arbítrio. Se assim é, nosso livre-arbítrio é uma ilusão?

Um argumento ainda mais convincente em favor da descrição mecânica do homem coube a Alan Turing, matemático britânico. Algum dia, declarou ele, construiremos uma máquina que seguirá as leis deterministas clássicas — um computador de silício que manterá uma conversa com qualquer ser humano, que será capaz do denominado livre-arbítrio. Dizia ainda ele, em tom de desafio, que observadores imparciais não poderiam diferenciar a conversa do computador da conversa de um ser humano.[4] (Proponho que esta ideia seja aceita como credo de uma nova sociedade, OIIHA, a Organização pela Igualdade da Inteligência Humana e Artificial.)

Embora eu seja grande admirador do progresso obtido na área da inteligência artificial, não estou convencido de que minha consciência é um epifenômeno e meu livre-arbítrio, uma miragem. Não reconheço como meus limites os limites que a localidade e a causalidade impõem à máquina clássica. Não acredito que eles sejam limites autênticos a qualquer ser humano e me preocupa que pensar dessa maneira possa transformar-se em uma profecia auto-realizável.

— Somos os espelhos do mundo em que vivemos — disse Charles Singer, historiador da ciência. A questão é: podemos ser um espelho de que tamanho? Encontramos reflexos do céu em pequenas poças d'água e no majestoso oceano. Qual é o maior reflexo?

Mas nós fizemos progressos enormes para criar uma máquina Turing inteligente, protestam os proponentes da máquina-pensante. Nossas máquinas já podem ser aprovadas no teste Turing, juntamente com um ocasional ser humano que de nada desconfie. Indubitavelmente, com mais alimentação e desenvolvimento, elas terão mentes iguais às dos seres humanos. Elas compreenderão, aprenderão e se comportarão como nós.

Se pudermos construir máquinas Turing que se comportem como seres humanos, de todas as maneiras conhecidas, continuam em voz confiante os defensores da máquina pensante, isso não será prova de que nossa própria mente nada mais é do que um conjunto de programas clássicos de computador, inteiramente determinados? Uma vez que determinado não é a mesma coisa que previsível, a imprevisibilidade do ser humano não constitui obstáculo a essa opinião. Esse argumento é convincente até o ponto em que se aplica. Se computadores podem simular o comportamento humano, ótimo. Este fato tornará mais fácil a comunicação entre nós e as máquinas. Se, ao estudar o funcionamento de programas de computador, que simulam alguma parte de nosso comportamento, pudermos aprender alguma coisa sobre nós mesmos, ainda melhor. Simular nosso comportamento em computadores, contudo, é uma coisa muito diferente de provar que somos feitos dos programas que comandam as simulações.

Claro, até mesmo um único exemplo de um programa que possuímos, que um computador clássico jamais poderá duplicar, destruirá o mito da mente como máquina. O matemático Roger Penrose argumenta que o raciocínio algorítmico, semelhante ao que faz o computador, não basta para permitir a descoberta de teoremas e axiomas matemáticos. (O algoritmo é um procedimento sistemático para solucionar problemas: um enfoque rigorosamente lógico, baseado em regras.) Se assim é, pergunta Penrose, de onde vem a matemática, se operamos como se fôssemos um computador? "A verdade matemática *não* é algo que comprovamos usando meramente um algoritmo. Acredito, ainda, que a *consciência* é um ingrediente vital na compreensão da verdade matemática. Temos de 'ver' a verdade de um argumento matemático para convencermo-nos de sua validade. Esse 'ato de ver' constitui a própria essência da consciência. Ela tem de estar presente *em todos os casos* em que percebemos diretamente a verdade matemática."[5] Em outras palavras, nossa consciência tem de existir antes de nossa capacidade algorítmica de computador.

Um argumento ainda mais forte contra a tese da mente como máquina foi apresentado por um laureado Nobel, o físico Richard Feynman.[6] Um computador clássico, observa Feynman, jamais poderá simular a não localidade (expressão técnica que significa transferência de informação ou influência sem sinais locais; essas influências são do tipo ação-a-distância e instantâneas). Dessa maneira, se seres humanos são capazes de processamento de informação não local, este será um de nossos programas não algorítmicos que o computador jamais conseguirá simular.

Temos capacidade de processar informação não local? Podemos construir um argumento muito poderoso para a não localidade se aceitarmos nossa espiritualidade. Outro argumento controverso em apoio à não localidade é a alegação de experiências paranormais. Através dos séculos, o homem proclama ter capacidade de comunicação por telepatia, ou transmissão mente a mente de informação sem necessidade de sinais locais, e atualmente parece haver alguma prova científica de que isso efetivamente acontece.[7]

O próprio Alan Turing compreendeu que a telepatia é uma maneira segura de um inquisidor diferenciar um ser humano de uma máquina computadora de silício, em um dos testes que levam o nome dele: "Vamos fazer o jogo de imitação, usando como testemunhas um homem que é competente como recebedor telepático e um computador digital. O interrogador pode fazer perguntas como: 'A que naipe pertence a carta que tenho na mão?' Por meios telepáticos ou clarividentes, o homem acerta 130 em 400 cartas. A máquina só pode dar palpites aleatórios, talvez consiga acertar 104, e o examinador conseguirá fazer a identificação correta."[8]

A percepção extrassensorial (PES), assunto que continua a ser reconhecidamente controverso, é apenas um dos argumentos contra a capacidade do computador clássico. Outra capacidade importante da mente humana, que parece estar além do alcance de um computador de silício, é a criatividade. Se ela implica descontinuidade, desvios abruptos de antigas estradas batidas do pensamento, então a capacidade do computador de ser criativo torna-se certamente suspeita, uma vez que ele opera na base da continuidade.[9]

Em última análise, porém, o ponto crucial é a consciência. Se os proponentes da máquina mental puderem construir um computador clássico que seja consciente no mesmo sentido em que você e eu somos, o jogo passará a ser outro, a despeito de todas as considerações circunstanciais acima. Mas, poderão eles fazer isso? Como poderemos saber? Suponhamos que equipemos uma máquina Turing com um número infindável de programas que simulem perfeitamente nosso comportamento. A máquina, neste caso, tornar-se-ia consciente?

Certamente, o comportamento dela (supondo que a máquina fosse construída para ser mulher) demonstraria todas as complexidades da mente humana e, como uma máquina Turing, seria uma simulação impecável de um ser humano (exceto por algumas características distintivamente humanas, como a PES e a criatividade matemática, que os defensores da máquina mental, de qualquer modo, considerariam duvidosas), mas seria ela realmente consciente?

Quando eu estava na faculdade, na década de 1950, tomei conhecimento da ideia do computador consciente ao ler um romance de ficção científica de Robert Heinlein, *The Moon Is a Harsh Mistress*. Heinlein transmitia a ideia de que a consciência de um computador é uma questão de tamanho e complexidade. Logo que a máquina do romance ultrapassava um patamar de tamanho e complexidade, ela se tornava consciente. Essa ideia parece ser muito popular entre os numerosos pesquisadores que participam do jogo computador-mente.

Quanto a mim, acho que a questão de consciência de computador nada tem a ver com complexidade. Admito que um alto nível de complexidade possa garantir que as respostas do computador, sob um dado estímulo, não serão mais facilmente previsíveis do que as de um ser humano, mas não significa mais do que isso. Se pudermos remontar os desempenhos de entrada-saída do computador às atividades de seus circuitos internos, sem qualquer ambiguidade, sem perder o caminho (e isso, pelo menos em princípio, deve ser sempre possível a um computador clássico), que necessidade haveria de uma consciência? Aparentemente, ela não teria função. Acho que constituirá uma maneira de evitar o problema para os proponentes da inteligência artificial dizer que a consciência é apenas um epifenômeno, ou uma ilusão. John Eccles, o neurofisiologista laureado com o Prêmio Nobel, parece concordar comigo. Pergunta ele: "Por que temos, absolutamente, de ser conscientes? Podemos, em princípio, explicar todos os nossos desempenhos de entrada-saída em termos da atividade dos circuitos neuronais e, como consequência, a consciência parece ser absolutamente desnecessária."[10]

Nem tudo que é desnecessário é proibido na natureza, mas não é provável que ocorra. A consciência pode parecer desnecessária a uma máquina de Turing clássica, e isso já é motivo suficiente para duvidar que essas máquinas, por mais sofisticadas que sejam, tornem-se conscientes um dia. O fato de termos consciência sugere apenas que nossos desempenhos de entrada-saída não são determinados somente pelos algoritmos dos programas da computação clássica.

Os defensores da mente como máquina formulam ocasionalmente outro argumento: atribuímos livremente consciência a outros seres humanos porque nos dizem que eles têm experiências mentais — pensamentos, sentimentos — semelhantes às nossas. Se um andróide fosse programado para comunicar pensamentos e sentimentos semelhantes aos nossos, poderíamos lhe diferenciar a consciência da consciência de um amigo? Afinal de contas, não podemos experienciar mais o que se passa dentro da cabeça de nosso amigo humano do que podemos experimentar o que se passa na cabeça do andróide. Dessa maneira, no final das contas, jamais poderemos saber com certeza!

Essa possibilidade lembra-me um episódio da série de televisão *Jornada nas Estrelas*. Um vigarista recebe um castigo incomum que, aparentemente, nem castigo é. Ele é banido para uma colônia, onde será o único ser humano e viverá cercado de andróides a seu serviço — muitos deles sob a forma de belas donzelas.

Você, leitor, pode imaginar tão bem como eu por que isso foi um castigo. A razão de eu não viver em um universo solipsístico (só eu sou real) não é que outros iguais a mim me convençam de sua humanidade, mas que eu tenha uma conexão interior com eles. Eu jamais poderia ter a mesma conexão com um andróide.

Submeto à apreciação a ideia de que o senso que temos de uma conexão interior com outros seres humanos é devido a uma conexão especial do espírito. Acredito que computadores clássicos jamais poderão ser conscientes como nós, porque eles carecem dessa conexão espiritual.

Etimologicamente, a palavra *consciência* deriva das palavras *scire* (conhecer) e *cum* (com). Consciência é "conhecer com". Para mim, a palavra implica conhecimento não local. Não podemos conhecer alguém sem compartilhar de uma conexão não local com essa pessoa.

Não deve ser motivo de desalento se não podemos construir um modelo de nós mesmos baseado na física clássica e usar o método algorítmico de um computador de silício. Sabemos desde princípios deste século que a física clássica é física incompleta. Não espanta que ela nos dê uma visão de mundo incompleta. Passemos agora a estudar a nova física, nascida no alvorecer do século 20, e vejamos, de nosso ponto de observação, à medida que o século se aproxima do fim, que liberdade nos traz a visão de mundo que ela nos oferece.

capítulo 3

a física quântica e o fim do realismo materialista

Há quase um século, uma série de descobertas na física exigiu uma mudança em nossa visão de mundo. Começaram a surgir, nas palavras do filósofo Thomas Kuhn, anomalias que a física clássica não conseguia explicar.[1] Essas anomalias abriram a porta para uma revolução no pensamento científico.

Imagine, leitor, que você é um físico no início do século 20. Uma das anomalias que você e seus colegas querem compreender é como corpos quentes emitem radiação. Como físico da safra newtoniana, você acredita que o universo é uma máquina clássica, composta de partes que funcionam de acordo com leis newtonianas, quase todas elas inteiramente conhecidas. Você acredita ainda que logo que reunir todas as informações sobre as partes e tiver identificado alguns pequenos problemas restantes nas leis poderá prever para sempre o futuro do universo. Ainda assim, esses probleminhas são irritantes. Você não está em condições de responder a perguntas como a seguinte: qual é a lei da emissão de radiação por corpos quentes?

Imagine, enquanto se intriga com a pergunta, que sua amada está confortavelmente sentada a seu lado, diante de uma lareira acesa e brilhante.

VOCÊ (*sussurrando*): Eu simplesmente não consigo compreender isso.

AMADA: Passe as castanhas, amor.

VOCÊ (*enquanto passa as castanhas*): Eu simplesmente não consigo compreender por que não estamos pegando um bom bronzeado agora mesmo.

AMADA (*rindo*): Ora, isso seria legal. A gente poderia mesmo ter um motivo para usar a lareira no verão.

VOCÊ: Entenda, a teoria diz que a radiação emitida pela lareira deveria ser tão rica em raios ultravioleta de alta frequência como a luz solar. Mas o que é que torna a luz solar, e não a lareira, rica nessas frequências? Por que é que não estamos, neste momento, ficando bronzeados em um banho de ultravioleta?

AMADA: Espere aí, por favor. Se vou ter mesmo de escutar o que você está dizendo, você vai ter de maneirar um pouco e explicar. O que é frequência? E o que é ultravioleta?

VOCÊ: Desculpe. Frequência é o número de ciclos por segundo. É a medida da rapidez com que uma onda se move. No caso da luz, isso significa cor. A luz branca é constituída de luz de várias frequências, ou cores. O vermelho é uma luz de baixa frequência e a violeta, de alta. Se a frequência for ainda mais alta, temos luz negra, invisível, que denominamos ultravioleta.

AMADA: Tudo bem. Então, a luz de madeira queimando e a do sol devem emitir um bocado de ultravioleta. Infelizmente, o sol segue sua teoria, mas não a madeira. Talvez haja alguma coisa especial na madeira que...

VOCÊ: Para dizer a verdade, é ainda pior do que isso. Todas as fontes de luz, e não apenas o sol ou a madeira em chamas, deveriam emitir grandes volumes de ultravioleta.

AMADA: Ah, o enredo se complica. A inflação de ultravioleta é onipresente. Mas toda inflação não é seguida de recessão? Não há uma musiquinha que diz que tudo que sobe tem de descer? (*Sua amada começa a cantarolar a tal musiquinha.*)

VOCÊ (*em desespero*): Mas como?

AMADA (*estendendo a tigela de castanhas*): Castanha, queridinho?

(Fim da conversa.)

Planck dá o primeiro salto quântico

Em fins do século 19, numerosos físicos se sentiam frustrados, até que um deles rompeu as fileiras: Max Planck, alemão. Em 1900,

Planck deu um ousado salto conceitual e disse que o que a velha teoria precisava era de um salto quântico. (Ele tomou emprestada do latim a palavra *quantum*, que significa "quantidade".) O que emitia a luz de um corpo incandescente — madeira em chamas, por exemplo, ou o sol — eram minúsculas cargas balouçantes, os elétrons. Os elétrons absorvem energia de um ambiente quente, como uma lareira, e em seguida a emitem de volta, sob a forma de radiação. Embora esta parte da velha física estivesse correta, ela prognosticava também que a radiação emitida deveria ser rica em ultravioleta, o que as observações desmentiam. Planck declarou (com grande coragem) que se supuséssemos que os elétrons emitem ou absorvem energia apenas em certas quantidades específicas, descontinuamente separadas — o que ele denominou "quanta" de energia — poderia ser solucionado o problema da emissão de graus variáveis de ultravioleta.

Para compreendermos melhor o significado do *quantum* de energia, vejamos uma analogia. Compare o caso de uma bola em uma escada com outra bola em uma rampa (Figura 1). A bola na rampa pode assumir qualquer posição e a posição pode mudar em qualquer valor. Ela é, por conseguinte, um modelo de continuidade e representa a maneira como pensamos na física clássica. Em contraste, a bola na escada só pode ficar neste ou naquele degrau. Sua posição (e sua energia, que se relaciona com a posição) é "quantizada".

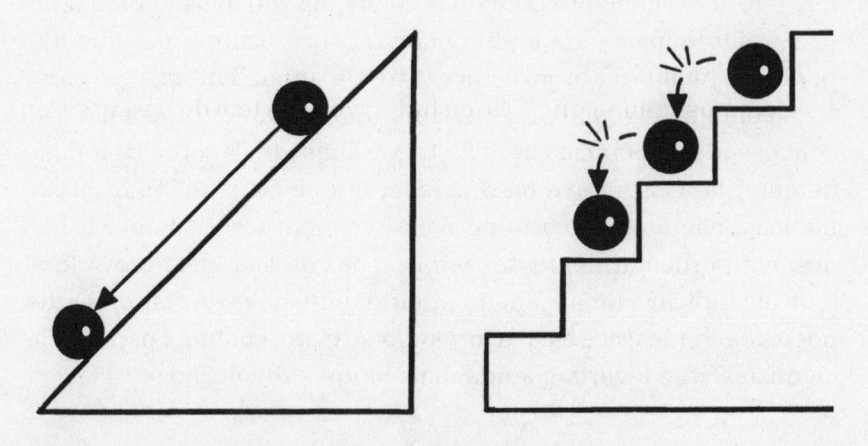

Figura 1   O salto quântico. Na rampa, o movimento clássico da bola é contínuo; na escada, o movimento quântico ocorre em etapas descontínuas (salto quântico).

Você pode objetar: o que é que acontece quando a bola cai de um degrau para o outro? Ela não estará, na queda, assumindo uma posição intermediária? Neste ponto é que surge a estranheza da teoria quântica: no caso da bola numa escada, a resposta é obviamente sim, mas, no de uma bola quântica (um átomo ou um elétron), a teoria de Planck responde que não. A bola quântica jamais será encontrada em qualquer lugar intermediário entre dois degraus: ela ou está neste ou naquele. Isso é o que se denomina descontinuidade quântica.

Em vista disso, por que não conseguimos pegar um bronzeado com a madeira que queima na lareira? Imagine um pêndulo ao vento. Habitualmente, o pêndulo balança em uma situação como essa, mesmo que não haja vento forte. Suponhamos, contudo, que se permita que o pêndulo absorva energia apenas em etapas separadas de altos valores. Em outras palavras, trata-se de um pêndulo quântico. O que acontece, então? Evidentemente, a menos que o vento possa fornecer o necessário alto aumento de energia em uma única etapa, o pêndulo não se moverá. Aceitar a energia em pequenos valores não lhe dará meios de acumulá-la o suficiente para cruzar um limiar. O mesmo acontece com os elétrons balouçantes na lareira. A radiação de baixa frequência surge de pequenos saltos quânticos, ao passo que a de alta frequência exige grandes saltos. Um grande salto quântico precisa ser alimentado por um grande volume de energia no ambiente do elétron. A energia existente em uma lareira que queima madeira simplesmente não é forte o suficiente para criar condições até mesmo para a luz azul, quanto mais para a ultravioleta. Esta é a razão por que não podemos pegar um bronzeado em frente a uma lareira.

Pelo que dizem, Planck era um tipo bastante tradicional e só com grande relutância é que divulgou suas ideias sobre os *quanta* de energia. Costumava mesmo fazer em pé seus trabalhos matemáticos, como era o costume na Alemanha nesse tempo. E não gostava particularmente das implicações de sua ideia inovadora. Que ela indicava uma maneira inteiramente nova de compreender nossa realidade física estava tornando-se claro, contudo, para outros cientistas, que levariam ainda mais longe a revolução.

Os fótons de Einstein e o átomo de Bohr

Um desses revolucionários, Einstein, trabalhava como escriturário em um escritório de patentes em Zurique na ocasião em que publicou seu primeiro trabalho de pesquisa sobre a teoria quântica (1905). Contestando a crença, então popular, de que a luz é um fenômeno ondulatório, Einstein sugeriu que a luz existe como um *quantum* — um pacote separado de energia —, que ora denominamos fóton. Quanto maior a frequência da luz, mais energia em cada pacote.

Ainda mais revolucionário, Niels Bohr, físico dinamarquês, utilizou em 1913 a ideia de *quanta* de luz para sugerir que, em todo o mundo do átomo, ocorre um sem-número de saltos quânticos. Todos nós aprendemos na escola que o átomo assemelha-se a um minúsculo sistema solar, que elétrons giram em torno de um núcleo, de forma muito parecida com o que acontece com os planetas em volta do sol. Talvez seja uma surpresa para o leitor saber que esse modelo, criado em 1911 pelo físico inglês Ernest Rutherford, contém um defeito fundamental, que o trabalho de Bohr solucionou.

Pense no enxame de satélites que são postos em órbita com grande regularidade por nossas espaçonaves. Esses satélites não duram para sempre. Devido a colisões com a atmosfera da Terra, perdem energia e velocidade. As órbitas encolhem e, no fim, eles caem (Figura 2). De acordo com a física clássica, os elétrons que enxameiam em volta do núcleo atômico perdem igualmente energia, emitindo luz continuamente e, no fim, caem dentro do núcleo. O átomo tipo sistema solar, portanto, não é estável. Bohr (que ao que se diz viu esse tipo de átomo em um sonho), no entanto, criou um modelo estável do átomo ao aplicar o conceito do salto quântico.

Suponhamos, disse Bohr, que as órbitas descritas pelos elétrons são separadas, tais como os *quanta* de energia sugeridos por Planck. Neste caso, podemos considerar as órbitas como formando uma escada de energia (Figura 3). Elas são estacionárias — isto é, não mudam em seu valor de energia. Os elétrons, enquanto estão nessas órbitas estacionárias quantizadas, não emitem luz. Só quando salta de uma órbita de energia mais alta para outra de energia mais baixa (de um nível mais alto na escada de energia para um nível mais baixo) é que o elétron emite luz como um *quantum*. Dessa maneira, se está em sua órbita de energia mais baixa, não há para o elétron um nível mais baixo para onde possa saltar. Essa configuração de elétron ao nível mais rasteiro é estável e não há probabilidade de ele chocar-se com o núcleo. Físicos em toda parte do mundo receberam com um suspiro de alívio o modelo de átomo proposto por Bohr.

Figura 2   As órbitas de satélites que giram em torno da Terra são instáveis. As órbitas dos elétrons de Rutherford comportam-se da mesma maneira.

Bohr cortara a cabeça da Hidra da instabilidade, mas outra nasceu em seu lugar. O elétron, segundo Bohr, jamais poderá ocupar qualquer posição entre órbitas. Dessa maneira, quando salta, deve, de alguma forma, transferir-se diretamente para outra órbita. Não se trata de um salto comum através do espaço, mas algo radicalmente novo. Embora o leitor possa sentir-se tentado a imaginar o salto do elétron como um salto de um para outro degrau de uma escada, o elétron dá o salto sem jamais passar pelo espaço entre eles. Em vez disso, parece que desaparece em um degrau e reaparece no outro — de forma inteiramente descontínua. E há mais: não

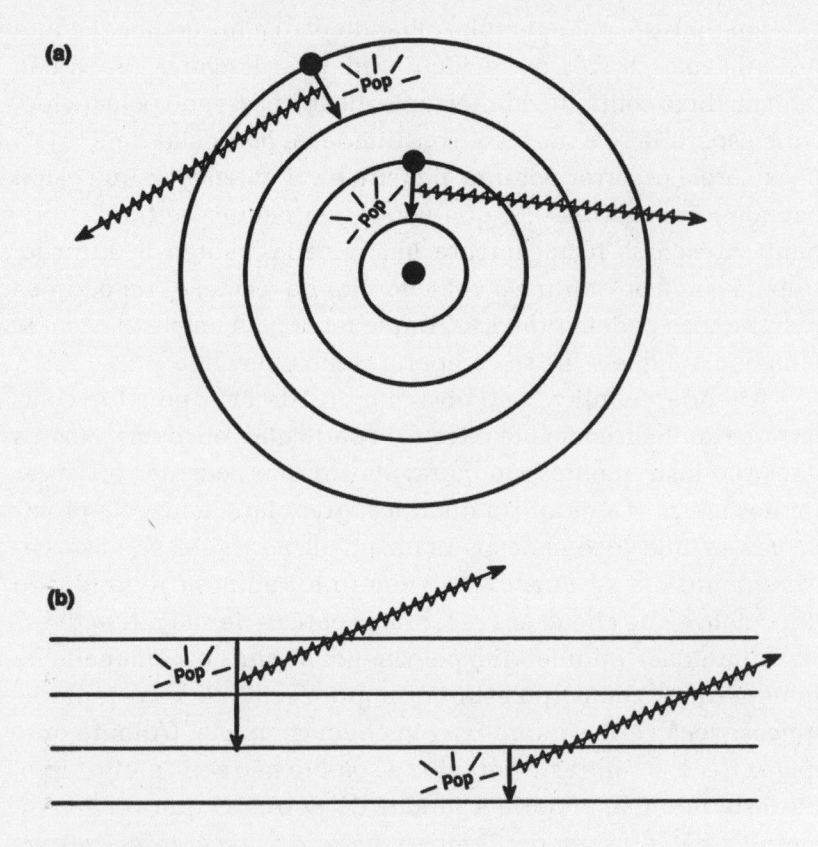

Figura 3   A órbita de Bohr e o salto quântico. a) As órbitas quantizadas de Bohr. Átomos emitem luz quando os elétrons saltam de órbitas. b) Para dar o salto quântico na escada de energia, não é necessário passar pelo espaço entre degraus.

há como saber quando um dado elétron vai saltar, nem para onde vai saltar, se há mais de um degrau inferior que possa escolher. Só podemos falar em probabilidades.

A dualidade onda-partícula

O leitor talvez tenha notado algo de estranho na concepção quântica da luz. Dizer que a luz existe como *quanta*, como fótons, é o mesmo que dizer que ela é composta de partículas — pequenos grãos de areia. Esta declaração, no entanto, contradiz numerosas experiências comuns que temos com a luz.

Imagine-se, por exemplo, olhando para a luz de um distante poste de rua, através do tecido de um guarda-chuva. Você não verá um fluxo contínuo, ininterrupto, de luz passando pelo tecido, o que esperaria se a luz fosse constituída de partículas diminutas. (Deixe areia escorrer por uma peneira e vai entender o que estou dizendo.) Em vez disso, o que verá é um padrão de franjas brilhantes e escuras, tecnicamente denominadas padrão de difração. A luz se curva ao entrar e à volta dos fios do tecido, e cria padrões que só ondas podem provocar. Desse modo, até uma experiência banal mostra que a luz se comporta como uma onda.

A teoria quântica, não obstante, insiste em que a luz comporta-se também como um pacote de partículas, ou fótons. Nossos olhos são instrumentos tão maravilhosos que podemos observar por nós mesmos a natureza quântica, granular, da luz. Na próxima vez em que você se despedir da amada ao anoitecer, observe-a enquanto ela se afasta. Se a energia luminosa refletida do corpo dela e que chega aos receptores ópticos de sua retina tivesse continuidade ondulatória, pelo menos alguma luz emanada de qualquer parte do corpo estaria sempre excitando os receptores ópticos: você veria sempre uma imagem completa. (Admito que, em luz fraca, o contraste entre luz e sombra não seria muito claro, mas este fato não afetaria a nitidez do perfil.) O que você verá, contudo, não será um perfil nítido, porque os receptores de seus olhos respondem a fótons individuais. A luz fraca tem menos fótons do que a luz forte. Dessa maneira, nesse hipotético cenário crepuscular, só alguns de seus receptores seriam estimulados em qualquer dado tempo, em número pequeno demais para definir o perfil ou a forma de um corpo fracamente iluminado. Em consequência, você veria uma imagem fragmentária.

Mas outra pergunta talvez o esteja incomodando: por que os receptores não podem armazenar indefinidamente seus dados, até que o cérebro disponha de informações suficientes para reunir em uma única todas as imagens fragmentárias? Por sorte, para o físico quântico, que necessita sempre desesperadamente de exemplos na vida diária de fenômenos quânticos, os receptores ópticos só podem armazenar informações por uma minúscula fração de segundo. Em luz mortiça, o número necessário de receptores para criar uma imagem completa não será acionado em qualquer dado tempo. Na próxima vez em que fizer um aceno de adeus à figura nebulosa da bem-amada que se afasta no crepúsculo, não se esqueça de pensar na natureza quântica da luz. Essa cautela certamente aliviará a dor da separação.

Quando é vista como onda, a luz parece capaz de estar em dois (ou mais) lugares ao mesmo tempo, como quando passa através de buracos no guarda-chuva e produz um padrão de difração. Quando a captamos em um filme fotográfico, porém, ela se mostra separada, ponto por ponto, como um feixe de partículas. A luz, portanto, tem de ser simultaneamente onda e partícula. Paradoxal, não? Em jogo está um dos esteios da velha física: a descrição inequívoca em palavras. Em risco está também a ideia de objetividade: será que a natureza da luz — o que a luz é — depende da maneira como a observamos?

Como se esses paradoxos sobre a luz não fossem suficientemente provocantes, inevitavelmente surge outra pergunta: pode um objeto material, como um elétron, ser simultaneamente onda e partícula? Poderá ter uma dualidade como a da luz? O primeiro físico a fazer esta pergunta, e a sugerir uma resposta pela afirmativa que abalou a profissão, foi um príncipe da aristocracia francesa, Luis-Victor de Broglie.

Ondas de matéria

Ao tempo em que preparava sua tese de Ph.D., por volta de 1924, De Broglie estabeleceu uma associação entre a separação das órbitas estacionárias do átomo de Bohr e as de ondas sonoras produzidas por um violão. Uma conexão muito frutífera, como veremos.

Imagine uma onda de som viajando através de um meio qualquer (Figura 4). O deslocamento vertical das partículas do meio varia de zero a um máximo (pico), volta a zero, a um máximo negativo (fossa), e retorna a zero, repetidamente, à medida que aumenta a distância. O deslocamento vertical máximo em uma única direção (pico, ou fossa, para zero) é denominado amplitude. As partículas individuais do meio movem-se de um lado para o outro em volta de sua posição estável. A onda que passa pelo meio, contudo, propaga-se: a onda é uma perturbação que se propaga. O número de picos que passa por um dado ponto em um segundo é denominado frequência da onda. A distância de um pico a outro é chamada de comprimento de onda.

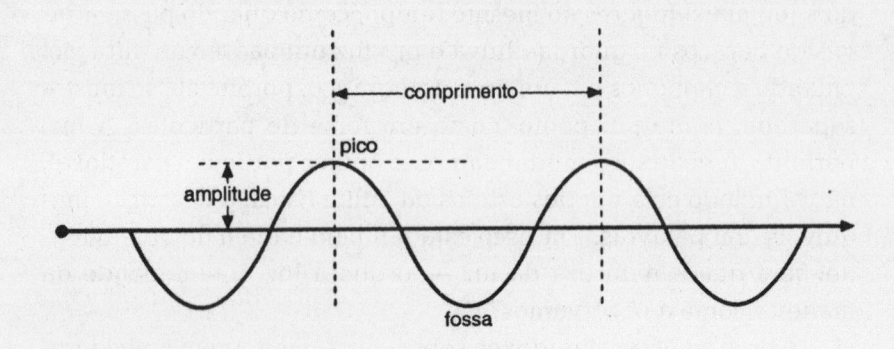

Figura 4   Representação gráfica de uma onda.

Dedilhar um violão coloca-o em movimento, embora as vibrações resultantes sejam denominadas estacionárias, porque não viajam além da corda. Em qualquer dado lugar na corda, o deslocamento das partículas muda com o tempo: há um padrão ondulatório, mas as ondas não se propagam no espaço (Figura 5). As ondas que se propagam e que ouvimos são as que foram postas em movimento pelas ondas estacionárias das cordas que vibram.

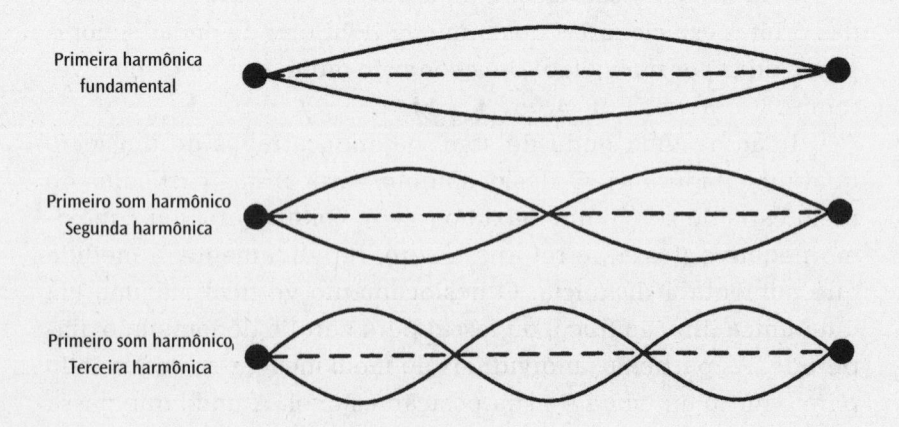

Figura 5   As primeiras harmônicas de uma onda imóvel ou estacionária em uma corda de violão.

Uma nota musical emitida por um violão consiste de uma série inteira de sons — um espectro de frequências. O interessante para Broglie foi que as ondas estacionárias ao longo da corda do violão criam um espectro distinto de frequências, denominado harmônicas. O som de frequência mais baixa é denominado primeira harmônica, que determina o timbre que ouvimos. As harmônicas mais altas — os sons musicais na nota, que lhe conferem uma qualidade característica — têm frequências que são representadas como múltiplos inteiros daquele da primeira harmônica.

Permanecer estacionárias é uma propriedade das ondas em um espaço fechado. Essas ondas são facilmente criadas em uma xícara de chá. De Broglie fez a si mesmo uma pergunta: os elétrons atômicos serão acaso ondas confinadas? Se assim é, produzem elas padrões ondulatórios estacionários separados? Exemplo: talvez a órbita atômica mais baixa seja aquela em que um elétron cria uma onda estacionária da frequência mais baixa — a primeira harmônica — e as órbitas mais altas correspondem a ondas de elétrons estacionários das harmônicas mais altas (Figura 6).

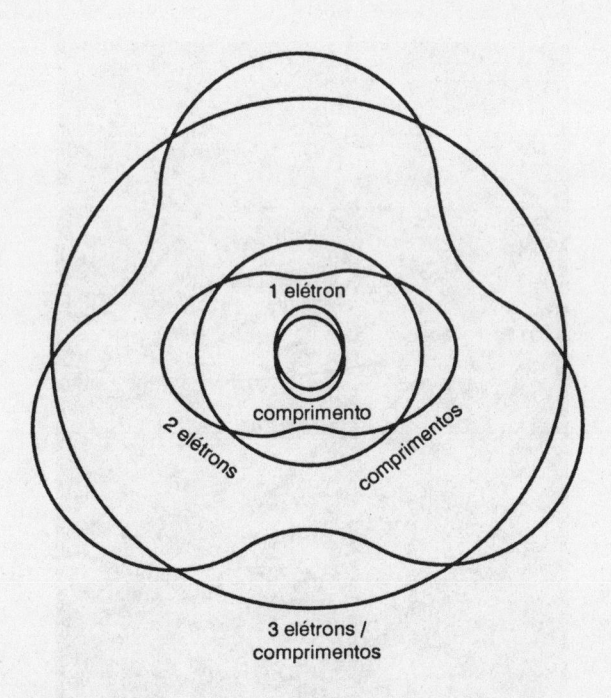

Figura 6   A visão de De Broglie: poderiam os elétrons ser ondas estacionárias no confinamento do átomo?

Claro que De Broglie fundamentou sua tese com argumentos muito mais sofisticados do que os acima expostos, mas, mesmo assim, enfrentou numerosas dificuldades para que seu trabalho fosse aceito. No fim, o trabalho acabou sendo enviado a Einstein, com pedido de opinião. Einstein, o primeiro a perceber a dualidade da luz, não teve dificuldade em observar que De Broglie poderia muito bem estar certo: a matéria poderia ser tão dual como a luz. De Broglie recebeu sua láurea quando Einstein devolveu a tese com um comentário: "A tese pode parecer uma loucura, mas é realmente lógica".

Em ciência, a experimentação é o árbitro final. A ideia de De Broglie sobre a natureza ondulatória do elétron foi brilhantemente demonstrada quando um feixe deles foi disparado através de um cristal (um "guarda-chuva" tridimensional apropriado para difratar elétrons) e fotografado. O resultado foi um padrão de difração (Figura 7).

Se a matéria é uma onda, gracejou um físico para outro ao fim de um seminário realizado em 1926 sobre as ondas de De Broglie,

Figura 7   Os anéis concêntricos de difração ondulatória dos elétrons (Cortesia: Stan Miklavzina.)

deve haver uma equação ondulatória para descrever uma matéria feita de ondas. Os físicos presentes imediatamente esqueceram o sarcasmo, mas um dos que o ouviram, Erwin Schrödinger, acabou por descobrir a equação ondulatória relativa à matéria, ora conhecida como equação de Schrödinger. Ela é a pedra fundamental da matemática que substituiu as leis de Newton na nova física. A equação de Schrödinger é usada para prognosticar todas as maravilhosas propriedades de objetos submicroscópicos revelados por nossos experimentos de laboratório. Werner Heisenberg descobrira a mesma equação ainda mais cedo, embora em forma matemática mais obscura. O formalismo matemático nascido do trabalho de Schrödinger e Heisenberg é denominado mecânica quântica.

A ideia de De Broglie e Schrödinger sobre a onda de matéria configura um quadro notável do átomo. Explica em termos simples as três propriedades mais importantes do átomo: estabilidade, identidade recíproca e capacidade de se regenerar. Já explicamos como surge a estabilidade — e esta foi a grande contribuição de Bohr. A identidade dos átomos de uma dada espécie é simplesmente consequência da identidade dos padrões ondulatórios em espaço fechado; a estrutura dos padrões estacionários é determinada pela maneira como os elétrons são confinados, e não por seu ambiente. A música do átomo, seu padrão ondulatório, é a mesma em qualquer lugar que o encontremos — na Terra ou em Andrômeda. Além disso, o padrão estacionário, dependendo tão-só das condições de seu confinamento, não deixa traço de história passada, nenhuma memória: regenera-se, repetindo o mesmo desempenho sempre e sempre.

Ondas de probabilidade

As ondas de elétrons diferem das ondas comuns. Mesmo em um experimento de difração, os elétrons individuais aparecem na placa fotográfica como eventos individuais localizados; só quando observamos o padrão criado por um pacote inteiro de elétrons é que descobrimos prova de sua natureza ondulatória — um padrão de difração. Ondas de elétrons são ondas de probabilidade, disse o físico Max Born. Elas nos falam de probabilidades: por exemplo, o local onde temos mais probabilidade de encontrar a partícula é aquele onde ocorrem maiores perturbações (ou amplitudes) ondulatórias. Se é pequena a probabilidade de encontrar a partícula, será fraca a amplitude da onda.

Imagine que está observando o tráfego a bordo de um helicóptero, sobre as ruas de Los Angeles. Se usássemos as ondas de Schrödinger para descrever as posições dos carros, diríamos que a onda é forte na localização dos engarrafamentos e que, entre eles, é fraca.

Além disso, elas são concebidas como *pacotes de ondas*. Utilizando a ideia de pacotes, podemos tornar grande a amplitude da onda em regiões específicas do espaço e pequenas em todas as demais localizações (Figura 8). Este fato é importante, porque a onda tem de representar uma partícula localizada. O pacote de ondas é um pacote de probabilidade e, como disse Born a respeito das ondas de elétrons, o quadrado da amplitude da onda — tecnicamente denominado função da onda — em um ponto no espaço fornece-nos a probabilidade de encontrar o elétron nesse ponto. Essa probabilidade pode ser representada sob a forma de uma curva campanular (Figura 9).

O princípio da incerteza de Heisenberg

Probabilidade gera incerteza. No caso de um elétron, ou de qualquer outro objeto quântico, só podemos falar na probabilidade de descobrir o objeto nesta ou naquela posição, ou no seu *momentum* (massa multiplicada por velocidade), mas essas probabilidades formam uma distribuição, como a que é representada pela curva

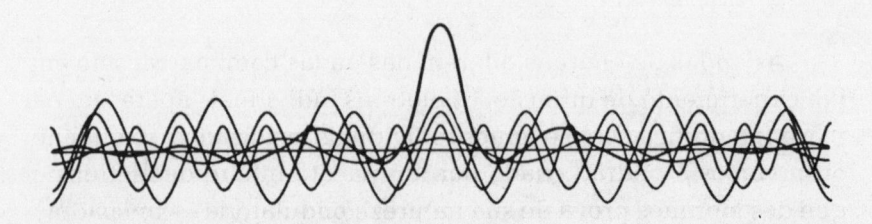

Figura 8   A superposição de ondas simples produz um pacote simples localizado de ondas. (Adaptado com permissão de P. W. Atkins, *Quanta: A Handbook of Concepts*. Oxford: Clarendon Press, 1974.)

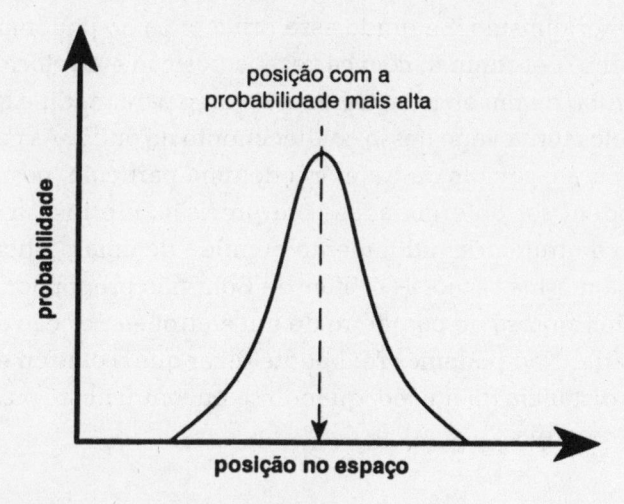

posição com a
probabilidade mais alta

probabilidade

posição no espaço

Figura 9   Uma distribuição típica de probabilidade.

campanular. A probabilidade será máxima para algum valor da posição e este será o local com maior probabilidade de encontrarmos o elétron. Mas haverá uma região inteira de locais onde será grande a probabilidade de localizá-lo. A largura dessa região representa o grau de incerteza da posição do elétron. O mesmo argumento permite-nos falar sobre a incerteza do *momentum*.

Baseando-se nessas considerações, Heisenberg provou matematicamente que o produto das incertezas da posição e do *momentum* é maior do que ou igual a um certo pequeno número denominado constante de Planck. Esse número, descoberto por Planck, estabelece a escala comparativa na qual os efeitos quânticos tornam-se bastante grandes. Se a constante de Planck não fosse pequena, os efeitos da incerteza quântica invadiriam até nossa macrorrealidade comum.

Na física clássica, todo movimento é determinado pelas forças que o governam. Uma vez que conheçamos as condições iniciais (a posição e a velocidade de um objeto em algum instante inicial do tempo), podemos calcular-lhe a trajetória precisa, usando as equações de movimento de Newton. A física clássica, dessa maneira, leva à filosofia do determinismo, à ideia de que é possível prognosticar inteiramente o movimento de todos os objetos materiais.

O princípio da incerteza joga um coquetel Molotov na filosofia do determinismo. Segundo esse princípio, não podemos simultaneamente determinar, com certeza, a posição e a velocidade (ou *momentum*) de um elétron; o menor esforço para medir exatamente um deles torna vago nosso conhecimento do outro. As condições iniciais para o cálculo da trajetória de uma partícula, portanto, jamais podem ser determinadas com precisão, e é insustentável o conceito de trajetória nitidamente definida de uma partícula.

Pela mesma razão, as órbitas de Bohr não proporcionam uma descrição rigorosa do paradeiro de um elétron: a posição da órbita real é vaga. Não podemos realmente dizer que o elétron está a tal ou qual distância do núcleo, quando se encontra neste ou naquele nível de energia.

Fantasias incertas

Consideremos alguns cenários de fantasia, nos quais seus autores desconheciam ou esqueceram a importância do princípio da incerteza.

No *Viagem Fantástica*, livro e filme de ficção científica, objetos eram miniaturizados por compressão. Você, leitor, jamais se perguntou se é possível espremer átomos? Afinal de contas, eles são principalmente espaço vazio. Será possível tal coisa? Decida por si mesmo, levando em conta a relação de incerteza. O tamanho de um átomo fornece uma estimativa aproximada do grau de incerteza a respeito da posição de seus elétrons. Comprimir o átomo localizará seus elétrons em um volume menor de espaço, reduzindo dessa maneira a incerteza sobre sua posição, mas, também, a incerteza sobre o *momentum* terá de aumentar. O aumento na incerteza do *momentum* do elétron implica aumento de sua velocidade. Dessa maneira, como resultado da compressão, a velocidade dos elétrons aumenta e eles terão melhores condições para escapar do átomo.

Em outro exemplo de ficção científica, o capitão Kirk (da série clássica de televisão *Jornada nas Estrelas*) diz: "Energizar". Uma alavanca é abaixada em um painel de instrumentos e, *voilà*, pessoas de pé em uma plataforma desaparecem e reaparecem em um destino que é supostamente um planeta inexplorado, mas que se parece um bocado com um cenário de Hollywood. Em um de seus romances baseados no *Jornada nas Estrelas*, James Blish tentou caracterizar como salto quântico esse processo de reaparecer. Da mesma forma que um elétron salta de uma órbita atômica para outra, sem jamais passar pelo espaço intermediário, o mesmo faria a tripulação da espaçonave *Enterprise*. Você, leitor, pode perceber o problema que isso acarretaria. A ocasião em que o elétron dá o salto, e para onde, é acausal e imprevisível, porque a probabilidade e a incerteza governam o salto quântico. Esse transporte quântico obrigaria os heróis da *Enterprise*, pelo menos ocasionalmente, a esperar muito tempo para chegar a algum lugar.

As fantasias quânticas podem ser divertidas, mas o objetivo final desta nova ciência, e deste livro, é sério. E é o de nos ajudar a lidar de forma mais eficiente com nossa realidade diária.

A dualidade onda-partícula e a mensuração quântica

A informação básica precedente contribui para explicar uma ou duas questões enigmáticas. A imagem quântica do elétron movendo-se em ondas em redor do núcleo atômico implica por acaso que a carga e a massa do elétron cobrem todo o átomo? Ou o fato de que um elétron livre se espalha, como deve fazer uma onda de acordo com a teoria de Schrödinger, significa que o elétron está em toda parte, com sua carga nesse momento cobrindo todo o espaço? Em outras palavras, como reconciliar a imagem ondulatória do elétron com o fato de que ele tem propriedades semelhantes às das partículas localizadas? As respostas são sutis.

Talvez pareça que, pelo menos no caso de pacotes de ondas, devemos ser capazes de confinar o elétron em um espaço pequeno. Infelizmente, as coisas não permanecem tão simples assim. Um pacote de ondas que satisfaz a equação de Schrödinger em um dado momento no tempo terá de se espalhar com a passagem do tempo.

Em algum momento inicial no tempo, podemos talvez localizar um elétron como um pontinho minúsculo, mas o pacote de elétrons se espalhará por toda a cidade em questão de segundos. Embora, inicialmente, a probabilidade de encontrar o elétron localizado como um minúsculo pontinho seja imensamente alta, bastam apenas segundos para que se torne considerável a probabilidade de que o elétron apareça em qualquer lugar na cidade. E se esperarmos por tempo suficiente, ele poderá aparecer em qualquer lugar do país, até mesmo de toda a galáxia.

Esse espalhamento do pacote de ondas é que dá origem, entre os conhecedores, a um sem-número de piadas sobre a estranheza quântica. A maneira mecânica quântica de materializar um peru no Dia de Ação de Graças, por exemplo, é a seguinte: prepare o forno e espere. Há uma probabilidade não zero de que o peru de uma pastelaria próxima se materialize no forno.

Infelizmente, para o indivíduo vidrado em peru, e no caso de objetos tão maciços como essa ave, o espalhamento é lento demais. Você poderia ter de esperar durante toda a vida do universo para materializar, dessa maneira, até mesmo um pedacinho do peru do Dia de Ação de Graças.

Mas o que dizer do elétron? De que modo podemos reconciliar o espalhamento do pacote ondulatório de elétrons por toda a cidade com a imagem de uma partícula localizada? A resposta é que temos de incluir o ato de observar em nossos cálculos.

Se queremos medir a carga do elétron, temos de interceptá-lo com alguma coisa como uma nuvem de vapor, como acontece em uma câmara de condensação. Como resultado dessa medição, temos de supor que a onda de elétrons desmancha-se, de modo que podemos ver a trajetória do elétron através da nuvem de vapor (Figura 10). Segundo Heisenberg: "A trajetória do elétron só aparece quando a observamos". Quando o medimos, podemos sempre encontrar o elétron, localizado, como partícula. Poderíamos dizer que nosso ato de medir reduz o elétron ondulatório ao estado de partícula.

Ao conceber sua equação da onda, Schrödinger e outros pensaram que talvez houvessem expurgado a física dos saltos quânticos — da descontinuidade —, uma vez que o movimento da onda é contínuo. A natureza de partícula dos objetos quânticos, contudo, tinha de ser reconciliada com sua natureza de onda. Foi, em vista disso, introduzido o conceito de pacotes de ondas. Finalmente, com o reconhecimento do espalhamento de pacotes de ondas e com a compreensão de que é o fato de observarmos que terá de provocar instantaneamente o desmanche do tamanho do pacote, chegamos à conclusão de que o colapso tem de ser descontínuo (uma vez que o colapso contínuo requereria tempo).

Pode parecer que não podemos ter mecânica quântica sem saltos quânticos. Certo dia, Schrödinger visitou Bohr em Copenha-

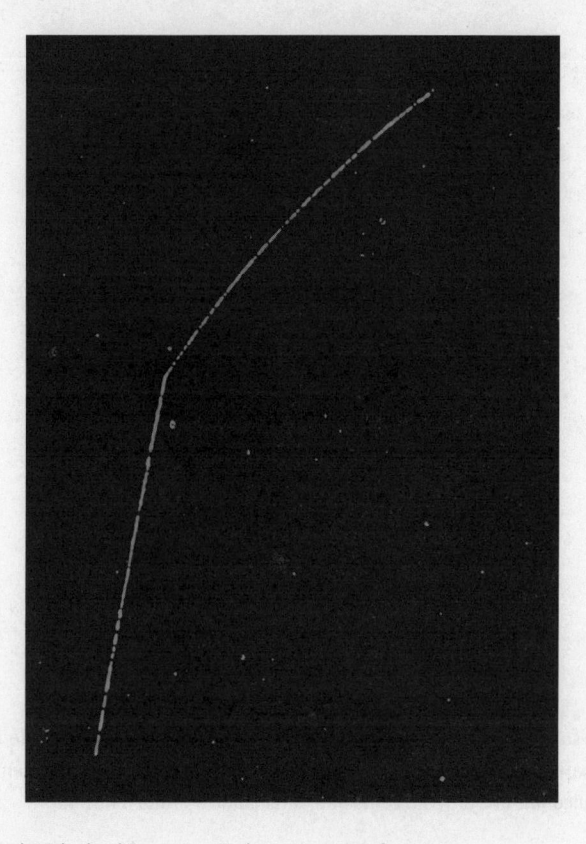

Figura 10   A trajetória do elétron através de uma nuvem de vapor.

gue, onde protestou durante dias contra os saltos quânticos. Finalmente, ao que se diz, admitiu a derrota com a seguinte explosão
emocional: "Se eu soubesse que teria de aceitar esse maldito salto
quântico, jamais teria me metido em mecânica quântica".

Voltando ao átomo, se medirmos a posição do elétron enquanto ele se encontra em um estado atômico estacionário, nós, mais
uma vez, provocaremos o colapso de sua nuvem de probabilidade
para encontrá-lo em uma posição particular, e não presente em
toda parte. Se fizermos um grande número de mensurações à procura do elétron, nós o encontraremos com mais frequência nos
locais onde a probabilidade de encontrá-lo é alta, conforme previsto pela equação de Schrödinger. Realmente, após um grande
número de mensurações, se plotarmos a distribuição das posições
medidas, ela se parecerá muito com a distribuição imprecisa de
órbita dada pela solução da equação de Schrödinger (Figura 11).

61

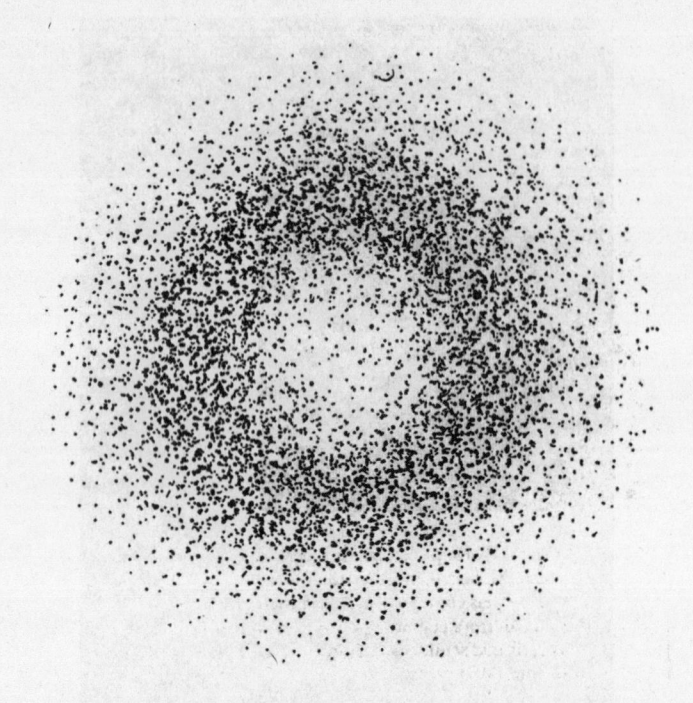

Figura 11   Resultados de mensurações repetidas da posição de um elétron de hidrogênio na órbita mais baixa. Obviamente, a onda do elétron entra em colapso nos casos em que a probabilidade de encontrá-lo é prevista como alta, originando a órbita indistinta.

Dessa perspectiva, de que maneira aparece um elétron em voo? Quando fazemos a observação inicial de qualquer projétil submicroscópico, nós o descobrimos localizado em um minúsculo pacote de ondas, como partícula. Após a observação, contudo, o pacote se espalha e esse espalhamento é a nuvem de nossa incerteza sobre o pacote. Se voltamos a observar, o pacote localiza-se mais uma vez, mas sempre se espalha entre as nossas observações.

Observar elétrons, disse o físico-filósofo Henry Margenau, é como observar vaga-lumes em uma noite de verão. Podemos ver um lampejo aqui e um piscar de luz ali, mas não temos ideia de onde o vaga-lume está entre as observações. Não podemos, com qualquer confiança, definir uma trajetória para ele. Mesmo no caso de um objeto macroscópico, como a Lua, a mecânica quântica prevê basicamente a mesma imagem — sendo a única diferença que o espalhamento do pacote de ondas é imperceptivelmente pequeno (mas não zero) entre observações.

Estamos chegando agora ao ponto fundamental da questão. Em qualquer ocasião em que o medimos, um objeto quântico aparece em algum único lugar como partícula. A distribuição de probabilidades identifica simplesmente esse lugar (ou lugares) onde é provável que seja encontrado, quando de fato o medirmos — e não mais do que isso. Quando não o estamos medindo, o objeto quântico espalha-se e existe em mais de um lugar na mesma ocasião, da mesma maneira que acontece com uma onda ou uma nuvem — e não menos do que isso.

A física quântica oferece uma nova e emocionante visão de mundo e contesta velhos conceitos, tais como trajetórias determinísticas de movimento e continuidade causal. Se as condições iniciais não determinam para sempre o movimento de um objeto, se, em vez disso, em cada ocasião em que o observamos, há um novo começo, então o mundo é criativo no nível básico.

Era uma vez um cossaco que via um rabino cruzando quase todos os dias a praça da cidade, mais ou menos na mesma hora. Certo dia, ele perguntou, curioso:

— Para onde o senhor está indo, rabino?

— Não sei com certeza — respondeu o rabino.

— O senhor passa por aqui todos os dias, a esta hora. Certamente o senhor sabe para onde está indo.

Quando o rabino insistiu que não sabia, o cossaco irritou-se e, em seguida, desconfiado, prendeu-o, levando-o para o xadrez. Exatamente no momento em que trancava a cela, o rabino virou-se para ele e disse suavemente:

— Como o senhor vê, eu não sabia.

Antes de o cossaco interrompê-lo, o rabino sabia para onde estava indo, mas, depois, não mais. A interrupção (podemos chamá-la de mensuração) abriu novas possibilidades. E essa é a mensagem da mecânica quântica. O mundo não é determinado por condições iniciais, de uma vez para sempre. Todo evento de mensuração é potencialmente criativo e pode desvendar novas possibilidades.

O princípio da complementaridade

Bohr descreveu uma maneira nova de estudar o paradoxo da dualidade onda-partícula. As naturezas de onda e partícula do elétron não são dualísticas, nem simplesmente polaridades opostas, disse Bohr. São propriedades complementares, que nos são reveladas em experimentos complementares. Quando tiramos uma foto de difração de um elétron, estamos revelando-lhe a natureza de onda; quando lhe seguimos a trajetória em uma câmara de condensação, observamos-lhe a natureza de partícula. Os elétrons não são ondas nem partículas. Poderíamos chamá-los de "ondículas", porquanto sua verdadeira natureza transcende ambas as descrições. Este é o princípio da complementaridade.

Uma vez que pensar que o mesmo objeto quântico tem atributos aparentemente tão contraditórios como ondulação e fixidez pode ser perigoso para nossa sanidade mental, a natureza nos forneceu um tampão. O princípio de complementaridade de Bohr assegura-nos que, embora os objetos quânticos possuam os atributos de onda e partícula, só podemos medir um único aspecto da ondícula com qualquer arranjo experimental, em qualquer dada ocasião. Pela mesma razão, escolhemos o aspecto particular da ondícula que queremos ver ao escolher o apropriado arranjo experimental.

O princípio da correspondência

Uma vez que tenhamos compreendido bem as ideias revolucionárias da nova física, cometeríamos um grande erro se pensássemos que a física newtoniana está inteiramente errada. A velha física continua a sobreviver no reino da maior parte (mas não toda) da matéria volumosa como um caso especial da nova física. Uma característica importante da ciência é que, quando uma nova ordem substitui outra, mais antiga, ela em geral amplia a arena à qual a velha ordem se aplica. Na velha arena, as equações matemáticas da velha ciência ainda mantêm seu valor (tendo sido confirmadas por dados experimentais). Dessa maneira, no domínio da física clássica, as deduções da mecânica quântica relativas ao movimento de objetos correspondem claramente às que são feitas usando a matemática newtoniana, como se fossem clássicos os corpos com que estamos lidando. É o chamado princípio da correspondência, formulado por Bohr.

Em alguns sentidos, a relação entre a física clássica e a quântica corresponde à ilusão de óptica "Minha esposa e minha sogra" (Figura 12). O que é que vemos nesse desenho? Inicialmente, ou a esposa ou a sogra. Eu sempre vejo a esposa em primeiro lugar. Talvez lhe custe um tempinho descobrir a outra imagem no desenho.

Figura 12   Minha Esposa e Minha Sogra. (Segundo W. E. Hill.)

De repente, se continuar a olhar, a outra imagem surge. A linha do queixo da esposa transforma-se no nariz da sogra; seu pescoço, no queixo da velha; e assim por diante. O que é que está acontecendo?, você talvez se pergunte. As linhas são as mesmas, mas, de repente, torna-se possível para você uma nova maneira de ver o desenho. Antes de muito tempo, você descobre que pode alternar de um lado para o outro entre os dois desenhos: a velha e a moça. Você ainda vê apenas uma das duas imagens de cada vez, mas sua consciência ampliou-se, de modo que está consciente da dualidade. Nessa percepção-consciente ampliada, a estranheza da física quântica começa a fazer sentido. E torna-se mesmo interessante. Parafraseando o comentário de Hamlet a Horácio, há mais coisas entre o céu e a terra do que sonhava a física clássica.

A mecânica quântica fornece-nos uma perspectiva mais ampla, um novo contexto, que nos amplia a percepção e leva-a a um novo domínio. Podemos ver a natureza como formas separadas — como ondas ou partículas — ou descobrir complementaridade: a ideia de que ondas e partículas são inerentemente a mesma coisa.

A interpretação de Copenhague

De acordo com a denominada interpretação de Copenhague da mecânica quântica, desenvolvida por Born, Heisenberg e Bohr, calculamos objetos quânticos como ondas, e as interpretamos probabilisticamente. Determinamos-lhes os atributos, tais como posição e *momentum*, com alguma incerteza e os compreendemos complementariamente. Além disso, a descontinuidade e os saltos quânticos — como o colapso de um pacote de ondas que se espalham quando sob observação — são considerados como aspectos fundamentais do comportamento do objeto quântico. Temos outro aspecto da mecânica quântica na inseparabilidade. Falar em objeto quântico sem falar sobre a maneira como o observamos é ambíguo, porque os dois são inseparáveis. Por último, nos casos de macrobjetos, os prognósticos mecânicos quânticos correspondem aos da física clássica. Esse fato enseja a supressão de efeitos quânticos tais como probabilidade e descontinuidade no macrodomínio da natureza, que percebemos diretamente com nossos sentidos. A correspondência clássica camufla a realidade quântica.

Cortando de um lado a outro o realismo material

Os princípios da teoria quântica tornam possível abandonar as suposições injustificadas do realismo material.

Suposição 1: Objetividade forte. A suposição básica feita pelo materialista é que há lá fora um universo material objetivo, um universo independente de nós. Essa suposição tem alguma validade operacional óbvia e frequentemente se presume que é necessária para praticar com seriedade a ciência. Mas será ela realmente válida? A lição da física quântica é que escolhemos que aspecto — onda ou partícula — um objeto quântico revelará em uma dada situação. Além disso, a observação faz com que entre em colapso o pacote quântico de ondas e se transforme em uma partícula localizada. Sujeito e objeto estão inextricavelmente misturados. Se sujeito e objeto se entrelaçam dessa maneira, de que modo podemos manter a suposição de objetividade forte?

Suposição 2: Determinismo causal. Outra suposição do cientista clássico, que empresta credibilidade ao realismo material, diz que o mundo é fundamentalmente determinista — que tudo que precisamos conhecer são as forças que atuam sobre cada objeto e as condições iniciais (a velocidade e a posição iniciais do objeto). O princípio da incerteza quântica, contudo, afirma que jamais poderemos determinar simultaneamente, com absoluta certeza, a velocidade e posição de um objeto. Haverá sempre erro em nosso conhecimento das condições iniciais, e o determinismo estrito não prevalece. A própria ideia de causalidade torna-se mesmo suspeita. Uma vez que o comportamento de objetos quânticos é probabilístico, torna-se impossível uma descrição rigorosa de causa e efeito do comportamento de um objeto isolado. Em vez disso, temos uma causa estatística e um efeito estatístico quando falamos sobre um grande grupo de partículas.

Suposição 3: Localidade. A suposição de localidade — que todas as interações entre objetos materiais são mediadas por meio de sinais locais — é fundamental para a ideia materialista de que eles existem basicamente independentes e separados uns dos outros. Se, contudo, ondas se espalham por enormes distâncias e, em seguida, instantaneamente desmoronam quando fazemos mensurações, então a influência da mensuração não viaja localmente. A localidade, portanto, é excluída. Este constituiu outro golpe fatal no realismo material.

Suposições 4 e 5: Materialismo e epifenomenalismo. O materialista sustenta que fenômenos mentais subjetivos são apenas epifenômenos da matéria. Podem ser reduzidos apenas à questão de cérebro material. Se queremos compreender o comportamento de objetos quânticos, contudo, parece que precisamos introduzir a consciência — nossa capacidade de escolher — de acordo com o princípio da complementaridade e a ideia da mistura sujeito-objeto. Além do mais, parece absurdo que um epifenômeno da matéria possa afetá-la: se a consciência é um epifenômeno, de que modo pode ela provocar o colapso de uma onda espalhada de objeto quântico e transformá-la em uma partícula localizada quando realizamos uma mensuração quântica?

Não obstante o princípio da correspondência, o novo paradigma da física — da física quântica — contradiz os preceitos do realismo materialista. Não há maneira de evitar tal conclusão. Não podemos dizer, citando a correspondência, que a física clássica se mantém no caso dos macrobjetos para todas as finalidades práticas e que, desde que vivemos em um macromundo, teremos de supor que a estranheza quântica se limita ao domínio submicroscópico da natureza. Ao contrário, a estranheza obceca-nos através do caminho todo até o macronível. Surgirão paradoxos quânticos sem solução se dividirmos o mundo em domínios da física clássica e quântica.

Na Índia, engenhosamente, caça-se macaco com um pote de grão-de-bico. O macaco enfia a mão no pote para agarrar um punhado de grãos. Infelizmente, com a mão fechada sobre o alimento, ele não pode mais tirá-la do vaso. A boca do jarro é pequena demais para o punho fechado. A armadilha funciona porque a cobiça do macaco impede-o de soltar os grãos. Os axiomas do realismo materialista — materialismo, determinismo, localidade, e assim por diante — serviram-nos bem no passado, época em que nossos conhecimentos eram mais limitados do que hoje, mas, agora, transformaram-se em nossa armadilha. Temos de soltar os grãos da certeza para poder saborear a liberdade existente fora da arena material.

Se o realismo materialista não é uma filosofia adequada para a física, que filosofia pode acomodar toda a estranheza da física quântica? A filosofia do idealismo monístico, que constitui a base de todas as religiões, em todo o mundo.

Tradicionalmente, só as religiões e as disciplinas humanísticas deram valor à vida humana, além da sobrevivência física — valor que transparece pelo nosso amor à estética, nossa criatividade na arte, música e pensamento, e nossa espiritualidade na intuição da unidade. As ciências, prisioneiras da física clássica e de sua bagagem filosófica de realismo materialista, têm sido as sereias tentadoras do ceticismo. Neste momento, a nova física clama por uma filosofia nova e libertadora — e que seja apropriada ao nosso nível atual de conhecimentos. Se o idealismo monístico satisfizer a necessidade, a ciência, as humanidades e a religião poderão, pela primeira vez desde Descartes, andar de braços dados em busca da verdade humana total.

capítulo 4

a filosofia do idealismo monista

A antítese do realismo materialista é o idealismo monista. Segundo esta filosofia, a consciência, e não a matéria, é fundamental. Tanto o mundo da matéria quanto o dos fenômenos mentais, como o pensamento, são criados pela consciência. Além das esferas material e mental (que, juntas, formam a realidade imanente, o mundo da manifestação), o idealismo postula um reino transcendente, arquetípico, de ideias, como origem dos fenômenos materiais e mentais. Importa reconhecer que o idealismo monista é, como o nome implica, uma filosofia unitária. Quaisquer subdivisões, como o imanente e o transcendente, situam-se na consciência. A consciência, portanto, é a realidade única e final.

No Ocidente, a filosofia do idealismo monista teve em Platão seu proponente mais conhecido. Platão, em *A República*, deu-nos a famosa alegoria da caverna.[1] Como aprenderam centenas de gerações de estudantes de filosofia, essa alegoria ilustra, com meridiana clareza, os conceitos fundamentais do idealismo. Platão imagina seres humanos sentados imóveis numa caverna, em tal posição que estão sempre voltados para a parede. O grande universo no lado de fora é um espetáculo de sombras projetadas na parede e nós, seres humanos, somos observadores de sombras. Vemos sombras-ilusões que confundimos com a realidade. A realidade autêntica está às nossas costas, na luz e formas arquetípicas que lançam sombras na parede. Nessa alegoria, os espetáculos de sombra são as manifestações imanentes irreais, na experiência humana, de realidades arquetípicas que pertencem a um mundo transcendente. Na verdade, a luz é a única realidade, porquanto ela é tudo que vemos. No idealismo monista, a consciência é como a luz na caverna de Platão.

As mesmas ideias básicas reaparecem com grande frequência na literatura idealista de numerosas culturas. Na literatura vedanta da Índia, a palavra sânscrita *nama* é usada para denotar arquétipos transcendentes e, *rupa*, sua forma imanente. Para além de *nama* e *rupa* brilha a luz de *Brahman*, a consciência universal, a única sem um segundo, o fundamento de todo ser. "Todo este universo sobre o qual falamos e pensamos nada mais é do que Brahman. Brahman existe além do alcance de Maya (a ilusão). Nada mais existe."[2]

Na filosofia budista, os reinos material e das ideias são chamados de *Nirmanakaya* e *Sambhogakaya*, respectivamente, mas, acima deles, há a luz da consciência única, *Dharmakaya*, que ilumina a ambos. E na realidade só há *Dharmakaya*. "*Nirmanakaya* é a aparência do corpo de Buda e de suas atividades inescrutáveis. *Sambhogakaya* possui potencialidade vasta e ilimitada. O *Dharmakaya* de Buda está livre de qualquer percepção ou concepção de forma."

Talvez o símbolo taoísta do yin e yang (Figura 13) seja em geral mais conhecido do que seus equivalentes indianos. O yang claro, considerado como símbolo masculino, define o reino transcendente, e o yin escuro, considerado como símbolo feminino, o imanente.

Note a relação figura-base. "Aquilo que permite ora as trevas, ora a luz, é o Tao", o uno que transcende suas manifestações complementares.

Analogamente, a Cabala judaica descreve duas ordens de realidade: a transcendente, representada pelo Sefiroth como Teogonia, e a imanente, que é a *alma de-peruda*, o "mundo da separação". De acordo com o *Zohar*, "se o homem contempla as coisas em meditação mística, tudo se revela como uno".

No mundo cristão, os nomes dos reinos transcendente e imanente — céu e terra — são partes de nosso vocabulário diário. Não obstante, o linguajar comum não consegue reconhecer a origem dessas ideias no idealismo monista. Além dos reinos do céu e da terra, há a Divindade, o Rei dos reinos. Os reinos não existem separados do Rei: o rei é os reinos. Dionísio, o idealista cristão, escreve a propósito: "Ela (a consciência — o fundamento do ser) está em nosso intelecto, alma e corpo, no céu, na terra, enquanto permanece a mesma em Si Mesma. Ela está simultaneamente em, à volta e acima do mundo, supercelestial, superessencial, um sol, uma estrela, fogo, água, espírito, orvalho, nuvem, pedra, rocha, tudo o que há".[3]

Figura 13   O símbolo yin-yang.

Em todas essas descrições, note-se que se diz que a consciência única nos chega por meio de manifestações complementares: ideias e formas, *nama* e *rupa*, *Sambhogakaya* e *Nirmanakaya*, yang e yin, céu e terra. Essa descrição complementar constitui um aspecto importante da filosofia idealista.

Quando olhamos em volta, vemos geralmente apenas matéria. O céu não é um objeto tangível de percepção comum. E não é só isso que nos leva a referirmo-nos à matéria como real, mas também o que nos induz a aceitar a filosofia realista, que proclama que a matéria (e sua forma alternativa, a energia) é a única realidade. Numerosos idealistas sustentaram, contudo, que é possível experienciar diretamente o céu se procurarmos além das experiências mundanas do dia-a-dia. Os indivíduos que fazem essas alegações são denominados místicos. O misticismo oferece prova experiencial do idealismo monista.

Misticismo

O realismo nasceu de nossas percepções na vida diária. Em nossas experiências do dia-a-dia no mundo, é abundante a prova de que coisas são materiais e separadas umas das outras e de nós.

Evidentemente, experiências mentais não se ajustam bem a essa formulação. Experiências dessa ordem, como o pensamento, não parecem ser materiais, que é o motivo por que criamos uma filosofia dualista que relega mente e corpo a domínios separados. Os defeitos do dualismo são bem conhecidos. Principalmente, ele não consegue explicar como uma mente separada, não material, interage com um corpo material. Se há essas interações mente-corpo, terá de haver trocas de energia entre os dois domínios. Em um sem-número de experiências, descobrimos que a energia do universo material em si permanece constante (a lei de conservação da energia). Tampouco qualquer evidência demonstrou que a energia seja perdida para o domínio mental ou dele retirada. De que maneira isso pode acontecer, se interações acontecem entre os dois domínios?

Os idealistas, embora sustentem que a consciência é a realidade primária e, portanto, atribuam valor às nossas experiências subjetivas, mentais, não sugerem que a consciência seja a mente. (Cuidado, leitor, com a possível confusão semântica: *consciência* é uma palavra relativamente nova na língua inglesa. A palavra *mente* é frequentemente usada para denotar consciência, especialmente na literatura mais antiga. Neste livro, a distinção entre os conceitos de *mente* e consciência é necessária e importante.) Em vez delas, sugerem eles que os objetos materiais (tal como uma bola) e os objetos mentais (como pensar em uma bola) são ambos objetos na consciência. Na experiência, há também o sujeito, aquele que experiencia. Qual a natureza dessa experiência? Esta é uma pergunta da mais alta importância no idealismo monista.

De acordo com o idealismo monista, a consciência do sujeito em uma experiência sujeito-objeto é a mesma que constitui o fundamento de todo ser. Por conseguinte, a consciência é unitiva. Só há um sujeito-consciência, e somos essa consciência. "Tu és isso!", dizem os livros sagrados hindus, conhecidos coletivamente como Upanishads.

Por que, então, em nossa experiência comum, nós nos sentimos tão separados? A separatividade, insiste o místico, é uma ilusão. Se meditarmos sobre a verdadeira natureza de nosso ser, descobriremos, como descobriram os místicos de muitas eras e tempos, que só há uma consciência por trás de toda diversidade. Esta consciência/sujeito/ser recebe numerosos nomes. Os hindus chamam-na de *Atman*, os cristãos, de Espírito Santo, ou, no cristianismo quacre, de luz interior. Por qualquer nome que seja conhecida, todos concordam que a experiência dessa consciência una é de valor inestimável.

Místicos budistas referem-se frequentemente à consciência para além do indivíduo como o não *self*, o que leva à confusão potencial de que a possam estar negando inteiramente. O próprio Buda, no entanto, esclareceu essa má interpretação: "Há o Não nascido, o Não originado, o Não criado, o Não formado. Se não houvesse esse Não nascido, esse Não originado, esse Não criado, esse Não formado, escapar o mundo do nascido, do originado, do criado, do formado, não seria possível. Mas desde que há um Não nascido, Não originado, Não criado, Não formado, é possível também transcender o mundo do nascido, do originado, do criado, do formado."[4]

Os místicos, portanto, são aqueles que dão testemunho dessa realidade fundamental da unidade na diversidade. Uma amostragem de escritos místicos de culturas e tradições espirituais diferentes confirma a universalidade da experiência mística da unidade.[5]

A mística cristã Catarina Adorna, de Gênova, que viveu na Itália do século 15, formulou clara e primorosamente seu conhecimento: "Meu ser é Deus, não por participação simples, mas por uma transformação autêntica de meu ser".[6]

O grande Hui-Neng, da China do século 6, um camponês analfabeto cuja súbita iluminação resultou finalmente na fundação do zen budismo, declarou: "Nossa própria natureza do ser é Buda e, à parte essa natureza, não há outro Buda".[7]

Ibn al-Arabi, místico sufista do século 12, reverenciado pelos sufistas como o Xeque dos xeques, teve o seguinte a dizer: "Tu nem estás deixando de ser nem ainda existindo. Tu és Ele, sem uma dessas limitações. Se, então, conheceres tua própria existência dessa maneira, então conhecerás a Deus e, se não, não o conhecerás".[8]

O cabalista Moisés de Leon, do século 14, que foi provavelmente o autor do *Zohar*, a principal fonte de referência dos cabalistas, escreveu: "Deus... quando decide iniciar seu trabalho de criação, é chamado *Ele*. Deus no desdobramento completo de seu Ser, Bem-aventurança e Amor, no qual torna-se capaz de ser percebido pelas razões do coração... é chamado *Vós*. Mas Deus, em sua manifestação suprema, onde a plenitude de Seu Ser encontra sua expressão final no último e todo abrangente de seus atributos, é chamado *Eu*".[9]

Atribui-se a Padmasambhava, místico do século 8, ter levado o budismo tântrico ao Tibete. Sua esposa, a carismática Yeshe Tsogyel, expressou sua sabedoria da seguinte maneira: "Mas quando finalmente me descobrires, a única pura Verdade nascida de dentro, a Percepção-Consciente Absoluta, permeia o Universo".[10]

Mestre Ekhart, o monge dominicano do século 13, escreveu: "Nesta iluminação, percebo que Deus e eu somos um só. Depois, sou o que era e, então, nem diminuo nem aumento, porque então sou uma causa imóvel que move todas as coisas".[11]

Do místico sufista do século 10, Monsoor al-Halaj, ouvimos o seguinte pronunciamento: "Eu sou a Verdade!"[12]

Shankara, místico hindu do século 8, expressou exuberantemente esta iluminação: "Eu sou a realidade sem começo, sem igual. Não participo da ilusão 'Eu' e 'Vós', 'Isto' e 'Aquilo'. Eu sou Brahman, o primeiro sem segundo, a bem-aventurança sem fim, a verdade eterna, imutável... Eu resido em todos os seres como a alma, a consciência pura, o fundamento de todos os fenômenos, internos e externos. Eu sou o que desfruta e o que é desfrutado. Nos dias de minha ignorância, eu costumava pensar nessas coisas como separadas de mim. Agora, sei que sou Tudo".[13]

E, finalmente, Jesus de Nazaré declarou: "Eu e o Pai somos um".[14]

Qual o valor da experiência de unidade? Para o místico, ela abre a porta para uma transformação do ser que gera amor, compaixão universal e liberta o homem dos grilhões de viver em separatividade adquirida e dos apegos compensatórios a que nos agarramos. (Este ser liberado é chamado de *moksha* em sânscrito.)

A filosofia idealista nasceu das experiências e intuições criativas de místicos, que frisam constantemente o aspecto experiencial direto da realidade subjacente. "O Tao do qual se pode falar não é o Tao absoluto", disse Lao Tzu. Os místicos alertam que todos os ensinamentos e escritos metafísicos devem ser considerados como dedos apontando para a Lua, e não como a própria Lua.

Ou, como nos lembra o *Lankavatara Sutra*: "Esses ensinamentos são apenas um dedo apontando para a Nobre sabedoria...

Destinam-se ao estudo e orientação das mentes discriminadoras de todas as pessoas, mas não são a Verdade em si, que só pode ser autocompreendida no mais profundo estado de nossa própria consciência".[15]

Alternativamente, alguns místicos recorrem a descrições paradoxais. Escreve Ibn al-Arabi: "Ela (a consciência) nem tem o atributo do ser nem do não ser... Ela nem é existente nem não existente. Não se pode dizer que seja a Primeira ou a Última".[16]

Na verdade, a metafísica idealista em si pode ser considerada como paradoxal, implicando, como acontece, o conceito paradoxal da transcendência. O que é transcendência? A filosofia só pode dizer *neti, neti* — não é isso, não é aquilo. Mas o que é? A filosofia permanece em silêncio. Ou, alternativamente, diz um dos Upanishads: "Ela está em tudo isso/Está fora de tudo isso".[17]

No reino transcendente, dentro do mundo imanente? Sim. Fora do mundo imanente? Sim. A coisa se torna muito confusa.

A filosofia idealista permanece na maior parte silenciosa diante de perguntas como: de que maneira a consciência indivisa divide-se na realidade sujeito-objeto? De que maneira a consciência única torna-se muitas? Dizer que a multiplicidade observada do mundo é ilusão dificilmente nos satisfaz.

A integração de ciência e misticismo não tem de ser tão desconcertante assim. Afinal de contas, elas compartilham uma semelhança importante: ambas nasceram de dados empíricos interpretados à luz de princípios explanatórios teóricos. Em ciência, a teoria serve como explicação dos dados e como instrumento de previsão e orientação para experimentos futuros. A filosofia idealista, igualmente, pode ser considerada como uma teoria criativa, que atua como uma explicação das observações empíricas dos místicos, bem como orientação para outros pesquisadores da Verdade. Finalmente, tal como a ciência, o misticismo parece ser uma atividade universal. Nele não há paroquialismo. Este surge quando as religiões simplificam os ensinamentos místicos para torná-los mais acessíveis às massas da humanidade.

Religião

Para chegar à compreensão da Verdade, o místico geralmente descobre e emprega uma metodologia especial. As metodologias, ou sendas espirituais, apresentam tanto semelhanças quanto diferenças. As diferenças, que são secundárias à universalidade do *insight* místico em si, contribuem para as diferenças nas religiões fundadas com base nos ensinamentos dos místicos. O budismo, por exemplo, desenvolveu-se a partir dos ensinamentos do Buda; o judaísmo, dos ensinamentos de Moisés; o cristianismo, dos de Jesus; o islamismo, dos de Maomé (embora, rigorosamente falando, Maomé seja considerado como o último de uma linhagem completa de profetas, que incluía Moisés e Jesus); e o taoísmo, dos de Lao Tzu. Essa regra, porém, não deixa de ter exceções. O hinduísmo não se baseia nos ensinamentos de um determinado mestre, mas, na verdade, abrange numerosas sendas e variados ensinamentos.

O misticismo implica a busca da verdade sobre a realidade final. Já a função da religião é algo diferente. Os seguidores de um dado místico (geralmente, após sua morte) talvez reconheçam que a busca individual da verdade não é para todos. A maioria das pessoas, perdidas na ilusão de separatividade do ego e ocupadas nas atividades a que o mesmo se entrega, não se sente motivada a descobrir por si mesma a verdade. Como, então, pode a luz da realização do místico ser compartilhada com essas pessoas?

A resposta é: simplificando-a. Os seguidores simplificam a verdade para torná-la acessível à pessoa comum. Essa pessoa vive em geral presa às exigências da vida diária. Carecendo do tempo e da devoção necessários para compreender a sutileza da transcendência, ela não consegue compreender a importância da experiência mística direta. Dessa maneira, os provedores da verdade mística substituem a experiência direta da consciência unitiva pela ideia de Deus. Infelizmente, Deus, o criador transcendente do mundo imanente, é refundido na mente da pessoa comum na imagem dualista de um poderoso Rei dos Céus, que governa a Terra, embaixo. Inevitavelmente, a mensagem do místico é diluída e distorcida.

Os bem-intencionados seguidores do místico fazem inadvertidamente o papel do demônio na velha piada: Deus e o diabo estavam passeando juntos quando Deus apanhou no chão um pedaço de papel. "O que é que está escrito aí?", perguntou o diabo. "A verdade", respondeu serenamente Deus. "Então, passe-a para cá", falou o diabo impaciente. "Eu a organizarei para você."

Ainda assim, a despeito das dificuldades e falhas da organização, a religião de fato transmite o espírito da mensagem do místico, e é isso o que lhe dá vitalidade. Afinal de contas, o valor para os místicos de realizar a natureza transcendente da Realidade é que eles se tornam seguros em um modo de ser no qual virtudes como o amor se tornam simples. Como é que não podemos amar quando só há uma consciência e sabemos que nós e os outros não estamos realmente separados?

Mas como motivar a pessoa comum, que não vivencia a unicidade necessária para amar o próximo? O místico percebe claramente que a ignorância da unicidade transcendente é o obstáculo ao amor. O efeito líquido da ausência de amor é o sofrimento. A fim de evitá-lo, aconselham os místicos: temos de nos voltar para dentro e iniciar a jornada para a auto-realização. No contexto religioso, este ensinamento é traduzido no preceito de que, se queremos nos redimir, temos de nos voltar para Deus como o valor supremo em nossa vida. O método dessa redenção consiste de um conjunto de práticas, baseadas nos ensinamentos originais, que formam o código moral das várias religiões — os dez mandamentos e a regra de ouro da ética cristã, os preceitos budistas, a lei alcorânica ou talmúdica, e assim por diante.

Claro que nem todas as religiões pregam o conceito de Deus. No budismo, por exemplo, não há esse conceito. Por outro lado, são muitos os deuses no hinduísmo. Mesmo nesses casos, porém, são evidentes as considerações acima sobre a religião. Chegamos, assim, aos três aspectos universais de todas as religiões esotéricas:

1. Todas as religiões começam com a premissa de que há um erro em nossa maneira de ser. O erro é variadamente denominado ignorância, pecado original ou apenas sofrimento.
2. Todas as religiões prometem libertação desse erro, contanto que a "senda" seja seguida. A libertação é variadamente denominada salvação, libertação da roda do sofrimento no mundo, iluminação ou uma vida eterna no reino de Deus, o céu.
3. A senda consiste em abrigar-se na religião e na comunidade formada pelos fiéis da mesma que cumprem um código de ética e normas sociais. À parte a maneira como o ensinamento esotérico de transcendência é transformado em um meio-termo, é nos códigos de ética e nas regras sociais que as religiões diferem umas das outras.[18]

Note o dualismo básico na primeira premissa: o errado e o certo (ou o mal e o bem). Em contraste, a jornada mística consiste em transcender todas as dualidades, incluindo a do mal e a do bem. Note também que a segunda premissa é transformada em cenouras e porretes pelo clero — céu e inferno. O misticismo, por outro lado, não estabelece uma dicotomia entre céu e inferno, pois ambos são concomitantes naturais da maneira como vivemos.

Como pode entender o leitor, o monismo do idealismo monista, quando filtrado pelas religiões mundiais, torna-se cada vez mais obscuro e prevalecem as ideias dualistas. No Oriente, graças ao suprimento infindável de estudiosos do misticismo, o idealismo monista em sua forma esotérica manteve entre o povo pelo menos alguma popularidade e respeito. No Ocidente, contudo, o misticismo produz um impacto relativamente superficial. O dualismo das religiões monoteístas judaico-cristãs domina a psique popular, apoiado em uma poderosa hierarquia de intérpretes. Tal como o dualismo mente-corpo cartesiano, porém, o dualismo de Deus e mundo não parece resistir ao exame científico.[19] À medida que os dados científicos solapam a religião, observa-se a tendência de jogar fora o bebê juntamente com a água do banho — sendo o bebê a ética e os valores ensinados pela religião, éticas e valores esses que continuam a ter validade e utilidade.

Mas denunciar a falta de lógica das religiões dualistas não precisa resultar na filosofia monista do realismo materialista. Conforme vimos, há um monismo alternativo. À vista da maneira como a física quântica demoliu o realismo materialista, o idealismo monista talvez seja a única filosofia monista da realidade. A outra opção é desistir inteiramente da metafísica, o que foi, aliás, durante certo tempo, a direção da filosofia. Essa tendência, no entanto, parece estar sendo revertida nos dias atuais.

Mas agora temos de enfrentar a questão crucial: a ciência é compatível com o idealismo monista? Se não é, temos de abandonar a metafísica ao fazer ciência, agravando, assim, a crise crescente da fé. Em caso afirmativo, temos de reformular a ciência de acordo com os requisitos da filosofia. Neste livro, argumentamos que o idealismo monista é não só compatível com a física quântica, mas até essencial para sua interpretação. Os paradoxos da nova física desaparecem quando os examinamos do ponto de vista do idealismo monista. Além do mais, a física quântica, combinada com o idealismo monista, fornece-nos um poderoso paradigma, com o qual poderemos solucionar alguns dos paradoxos do misticismo, tais como as questões da transcendência e da pluralidade. Nosso trabalho aponta na direção do início de uma ciência idealista e de uma revitalização das religiões.

Metafísica idealista para objetos quânticos

Os objetos quânticos demonstram os aspectos de complementaridade de onda e partícula. Será a complementaridade quântica — a solução da dualidade onda-partícula — a mesma que a complementaridade do idealismo monista?

O escritor George Leonard identificou obviamente um paralelo entre os dois tipos de complementaridade quando escreveu, no *The Silent Pulse*: "A mecânica quântica é o koan final de nossos tempos." Os koans são instrumentos usados pelos zen-budistas para romper paradoxos aparentes e chegar a soluções transcendentes. Comparemos alguns koans com a complementaridade.

Em um deles, o noviço zen Daibai perguntou a Baso, o mestre:

— O que é o Buda?

Respondeu Baso:

— Esta mente é Buda.

Outro monge repetiu a pergunta:

— O que é Buda?

Ao que Baso respondeu:

— Esta mente não é Buda.

Agora, compare esse exemplo com a complementaridade de Bohr. Pergunta Bohr:

— O elétron é uma partícula?

Às vezes Bohr responde:

— É...

Quando olhamos para o rastro de um elétron na câmara de condensação, faz sentido dizer que o elétron é uma partícula. Examinando o padrão de difração dos elétrons, contudo, Bohr dirá, fumando divertido seu cachimbo:

— Você tem de concordar que um elétron é uma onda.

Parece que, tal como Baso, o mestre zen, Bohr tem duas opiniões sobre a natureza dos elétrons.

Ondas quânticas são ondas de probabilidade. Precisamos fazer experimentos com numerosas ondículas para perceber o aspecto ondulatório, como no padrão de difração. *Nós nunca, mas nunca mesmo, vemos o aspecto de onda de um único objeto quântico; experimentalmente, uma ondícula isolada sempre, mas sempre revela-se como uma partícula localizada.* O aspecto de onda, ainda assim, persiste, mesmo no caso de uma única ondícula. Mas o aspecto de onda de uma ondícula isolada existe em um espaço transcendental, uma vez que ele nunca se manifesta no espaço comum? Estará a ideia de complementaridade de Bohr apontando para a mesma ordem transcendente de realidade que a filosofia do idealismo monista propõe?

Bohr nunca disse sim em tantas palavras a essas perguntas, mas, ainda assim, sua cota d'armas exibe o símbolo do *yin* e do *yang*. (Ele foi armado cavaleiro em 1947.) Poderia ter acontecido que Bohr entendesse a complementaridade da física quântica de uma maneira semelhante à do idealismo monista, que apoiasse uma metafísica idealista para os objetos quânticos?

Lembrem-se do princípio da incerteza. Se o produto da incerteza na posição e da incerteza no *momentum* é uma constante, então reduzir a incerteza de uma medida aumenta a incerteza da outra. Extrapolando a partir desse argumento, podemos compreender que, se a posição for conhecida com absoluta certeza, então o *momentum* torna-se inteiramente incerto. E vice-versa. Quando o *momentum* é conhecido com certeza absoluta, a posição torna-se, por sua vez, inteiramente incerta.

Numerosos iniciados na física quântica protestam contra essas implicações do princípio da incerteza. "Mas, decerto", dizem eles, "o elétron tem de estar em algum lugar. Nós simplesmente não sabemos onde." Não, é pior. Não podemos nem mesmo definir a posição do elétron no espaço e tempo ordinários. Obviamente, objetos quânticos existem de uma forma muito diferente dos macrobjetos da vida diária.

Heisenberg reconheceu também que um objeto quântico não pode ocupar um dado lugar e ainda mover-se ao mesmo tempo de uma forma previsível. Qualquer tentativa de tirar uma foto instantânea de um objeto submicroscópico resulta apenas em dar-nos sua posição, mas perdemos informação sobre seu estado de movimento. E vice-versa.

Essa observação provoca outra pergunta. O que faz o objeto entre uma e outra foto instantânea? (Esta situação é semelhante à questão de elétrons dando saltos quânticos entre as órbitas de Bohr: para onde vai o elétron entre os saltos?) Não podemos atribuir uma trajetória a um elétron. Para fazer isso, teríamos de conhecer tanto a posição do elétron quanto sua velocidade em algum momento inicial, e isso violaria o princípio da incerteza. Podemos atribuir ao elétron qualquer realidade manifesta no espaço e no tempo, entre observações? De acordo com a interpretação de Copenhague da mecânica quântica, a resposta é não.

Entre observações, o elétron espalha-se de acordo com a equação de Schrödinger, mas probabilisticamente, em *potentia*, disse Heisenberg, que adotou a palavra *potentia* usada por Aristóteles.[20] Onde é que existe essa *potentia*? Uma vez que a onda de elétron entra imediatamente em colapso quando a observamos, a *potentia* não poderia existir no domínio material do espaço-tempo. Nessa dimensão, todos os objetos têm de obedecer ao limite de velocidade einsteiniano, lembra-se? Em vista disso, o domínio da *potentia* deve situar-se fora do espaço-tempo. A *potentia* existe em um domínio transcendente da realidade. Entre observações, o elétron existe como uma forma de possibilidade, tal como um arquétipo platônico, no domínio transcendente da *potentia*. ("Eu existo na Possibilidade", escreveu a poetisa Emily Dickinson. Se o elétron pudesse falar, seria assim que provavelmente descreveria a si mesmo.)

Elétrons são remotos demais da realidade pessoal comum. Suponhamos que perguntamos: a Lua está lá em cima quando não a olhamos? Na medida em que ela é, em última análise, um objeto quântico (sendo composta inteiramente de objetos quânticos), temos de responder que não — ou assim diz o físico David Mermin.[21] Entre observações, a Lua existe também como uma forma de possibilidade em *potentia* transcendente.

Talvez a mais importante, e mais insidiosa, suposição que absorvemos na infância é que o mundo material de objetos existe lá fora — independente dos sujeitos, que são seus observadores. Há prova circunstancial em favor dessa suposição. Em todas as ocasiões em que olhamos para a Lua, por exemplo, nós a encontramos onde esperamos que esteja, ao longo de sua trajetória classicamente calculada. Naturalmente, projetamos que ela está sempre lá no espaço-tempo, mesmo quando não a estamos olhando.

A física quântica diz que não. Quando não estamos olhando, a onda de possibilidade da Lua espalha-se, ainda que em um volume minúsculo. Quando olhamos, a onda entra em colapso imediato. Ela, portanto, não poderia estar no espaço-tempo. Faz mais sentido adaptar uma suposição metafísica idealista: não há objeto no espaço-tempo sem um sujeito consciente observando-o.

As ondas quânticas, portanto, são semelhantes a arquétipos platônicos no domínio transcendente da consciência, e as partículas que se manifestam quando as observamos são as sombras imanentes na parede da caverna. A consciência é o meio que produz o colapso da onda de um objeto quântico, que existe em *potentia*, tornando-a uma partícula imanente no mundo da manifestação. Esta é a metafísica idealista básica, que usaremos no tocante a objetos quânticos neste livro. Sob a iluminação dessa ideia simples, veremos que todos os paradoxos famosos da física quântica desaparecerão como o nevoeiro da manhã.

Notem que o próprio Heisenberg quase propôs a metafísica idealista quando introduziu o conceito de *potentia*. O novo elemento importante é que o domínio da *potentia* existe também na consciência. Nada existe fora da consciência. É de importância crucial essa visão monista do mundo.

A ciência descobre a transcendência

Até a atual interpretação da nova física, a palavra *transcendência* raramente era mencionada no vocabulário dessa disciplina. O termo era mesmo considerado herético (o que acontece ainda, até certo ponto) para os praticantes clássicos, obedientes à lei de uma ciência determinista, de causa e efeito, em um universo que funcionava como um mecanismo de relógio.

Para os filósofos romanos da Antiguidade, transcendência significava "o estado de estender-se ou situar-se além dos limites de toda experiência e conhecimento possíveis", ou de "estar além da compreensão". Para os idealistas monistas, analogamente, transcendência implicava *isto não, nada conhecido*. Hoje, a ciência moderna está se aventurando por reinos que durante mais de quatro milênios foram os feudos da religião e da filosofia. Será o universo apenas uma série de fenômenos objetivamente previsíveis, que a humanidade observa e controla, ou será muito mais esquivo e até mais maravilhoso? Nos últimos 300 anos, a ciência tornou-se o critério indisputado da realidade. Temos o privilégio de fazer parte desse processo evolucionário e transcendente, por meio do qual a ciência muda não só a si mesma como nossa perspectiva da realidade.

Um progresso instigante — um experimento realizado por um grupo de físicos em Orsay, França[22] — não só confirmou a ideia da transcendência na física quântica, mas está também esclarecendo esse conceito. O experimento, realizado por Alain Aspect e seus colaboradores, mostrou claramente que quando dois objetos quânticos são correlacionados, se medimos um deles (produzindo, destarte, o colapso de sua função de onda), a outra função de onda entra também instantaneamente em colapso — mesmo a uma distância macroscópica, mesmo quando nenhum sinal há de espaço-tempo para lhes mediar a conexão. Einstein, no entanto, provou que todas as conexões e interações no mundo material têm de ser mediadas por sinais que viajam através do espaço (o princípio de localidade) e, portanto, ser limitados pela velocidade da luz. Onde, então, ocorre a conexão instantânea entre objetos quânticos correlacionados que é responsável por sua ação, sem sinais, a distância? A resposta sucinta é: no domínio transcendente da realidade.

O nome técnico da ação instantânea a distância, sem sinal, é não localidade. A correlação de objetos quânticos observada no experimento de Aspect foi de caráter não local. Uma vez que aceitemos a não localidade quântica como um aspecto físico comprovado do mundo em que vivemos, torna-se mais fácil conceber na ciência um domínio transcendente situado fora do domínio físico manifesto do espaço-tempo. De acordo com o físico Henry Stapp, a mensagem da não localidade quântica é que "o processo fundamental da Natureza reside fora do espaço-tempo, mas gera eventos que nele podem ser localizados".[23]

Advertência: se "espaço externo" leva-o a pensar em outra "caixa" fora da "caixa" espacial em que nos encontramos, esqueça isso. Por definição, a outra caixa pode ser uma parte tão legítima do universo do espaço como a nossa. Com a conexão não local somos forçados a conceituar um domínio de realidade fora do espaço-tempo porque uma conexão local não pode nele acontecer.

Mas há outra maneira paradoxal de pensar na realidade não local — como estar em toda parte e em parte alguma, em toda e nenhuma ocasião. Essa ideia ainda é paradoxal, mas também sugestiva, não? Não consigo resistir à tentação de fazer um trocadilho com a expressão "em parte alguma" (*nowhere*), que, no tempo de criança, li (a primeira vez em que a encontrei) como "agora/aqui" (*now here*). A não localidade (e a transcendência) estão em parte alguma e agora/aqui.

Demócrito, há cerca de 2.500 anos, propôs a filosofia do materialismo, mas, logo depois, Platão nos deu uma das primeiras descrições claras da filosofia do idealismo monista. Conforme notou Werner Heisenberg, a mecânica quântica indica que entre as duas mentes, de Platão e Demócrito, que mais influenciaram a civilização ocidental, a do primeiro pode acabar por ser a vencedora final.[24] O sucesso desfrutado pelo materialismo de Demócrito na ciência nos últimos 300 anos talvez seja apenas uma aberração. A teoria quântica, interpretada de acordo com uma metafísica idealista, está pavimentando a estrada para uma ciência idealista, na qual a consciência vem em primeiro lugar e a matéria desce para uma apagada importância secundária.

PARTE 2

O IDEALISMO E A SOLUÇÃO DOS PARADOXOS QUÂNTICOS

Hábitos de pensamento morrem lutando. Embora a mecânica quântica tenha substituído a mecânica clássica como teoria fundamental da física, muitos de seus estudiosos, condicionados pela antiga visão de mundo, ainda acham difícil engolir as implicações idealistas da primeira. Eles não querem fazer as embaraçosas perguntas metafísicas provocadas pela primeira. Alimentam a esperança de que, se forem ignorados, esses problemas desaparecerão. Certa vez, no início de uma discussão dos paradoxos da mecânica quântica, o laureado Nobel Richard Feynman fez uma caricatura dessa atitude, em seu inimitável ar de ironia: "Psiu, psiu", ele disse. "Fechem as portas."

Nos cinco capítulos seguintes vamos abri-las e expor os paradoxos da física quântica. Nosso objetivo será demonstrar que, quando analisados à luz do idealismo monista, descobrimos que os paradoxos não são tão chocantes e contraditórios assim. A observância rigorosa de uma metafísica idealista, baseada em uma consciência transcendente, unitiva, que gera o colapso da onda quântica, resolve, de forma não arbitrária, todos os paradoxos em questão. Descobriremos que é inteiramente possível fazer ciência dentro do marco do idealismo monista. O resultado é uma ciência idealista que integra espírito e matéria.

A ideia de que a consciência provoca o colapso da onda quântica foi originariamente proposta pelo matemático John von Neumann, na década de 1930. Por que demoramos tanto para estudar seriamente essa ideia? Talvez ajude uma curta discussão de como surgiu meu próprio esclarecimento nesse assunto.

Umas das dificuldades que tive com a proposta de von Neumann tem a ver com dados experimentais. Quando observamos, parecemos estar sempre conscientes. Então, a questão do colapso da onda quântica causado pela consciência seria algo puramente acadêmico. Seria possível encontrarmos uma situação em que alguém estivesse observando, mas não consciente? Note quão paradoxal isso pode ser.

Em 1983, fui convidado a participar de um seminário de dez semanas de duração sobre consciência, no Departamento de Psicologia da Universidade de Oregon. Fiquei muito lisonjeado quando esses psicólogos eruditos escutaram, sem arredar pé, seis horas inteiras de palestra que fiz sobre ideias quânticas. A grande recompensa, no entanto, ocorreu quando um dos estudantes de graduação, do grupo do psicólogo Michael Posner, mencionou alguns dados cognitivos reunidos por um estudioso chamado Tony Marcel. Alguns dos dados diziam respeito a "ver sem consciência de ver": exatamente o que eu estava procurando.

Com o coração em disparada, escutei os dados e relaxei apenas quando compreendi que eles estavam em completo acordo com o fato de minha consciência provocar o colapso do estado quântico do cérebro-mente quando vemos conscientemente (ver Capítulo 7). Quando vemos sem consciência de que vemos, não ocorre o colapso, e isso fazia realmente um bocado de diferença em experimentos. Antes de muito tempo, compreendi também como resolver o paradoxo menor criado pela distinção entre percepção consciente e inconsciente. O segredo consiste em distinguir entre consciência e percepção-consciente.

capítulo 5

objetos simultaneamente em dois lugares e efeitos que precedem suas causas

Os dogmas fundamentais do realismo materialista simplesmente não se sustentam. Em lugar de determinismo causal, localidade, objetividade forte e epifenomenalismo, a mecânica quântica oferece probabilidade e incerteza, complementaridade onda-partícula, não localidade e entrelaçamento de sujeitos e objetos.

Comentando a interpretação da probabilidade da mecânica quântica, que gera incerteza e complementaridade, Einstein costumava dizer que Deus não joga dados. Para compreender o que ele tinha em mente com essas palavras, imagine que você está fazendo um experimento com uma amostra radioativa que, claro, obedece às leis quânticas probabilísticas do decaimento (radioativo). Seu trabalho consiste em medir o tempo necessário para que ocorram dez eventos radioativos — dez cliques em seu contador Geiger. Suponha ainda que é necessária, em média, meia hora para que ocorram os dez casos de decaimento. Por trás dessa média, esconde-se a probabilidade. Alguns experimentos poderiam levar 32 minutos; outros, 25, e assim por diante. Complicando as coisas, você tem de pegar um ônibus para ir ao encontro da noiva, que odeia ficar à espera. E sabe o que é que acontece? O último experimento demora 40 minutos porque um único átomo, aleatoriamente, não inicia o proceso de decaimento, como ocorreu com os átomos comuns. Você, portanto, perde o ônibus, a noiva rompe com você e sua vida é arruinada.[1] Isso pode ser um exemplo inventado meio tolo do que acontece em um mundo cujo Deus joga dados, mas não transmite o argumento. Podemos confiar em eventos probabilísticos apenas na média.

A aleatoriedade dos eventos atômicos — o jogo de dados do acaso, por assim dizer — é abominável para o determinista. Ele pensa em probabilidade da maneira como nela pensamos na física clássica e na vida diária: é uma característica de grandes conjuntos de objetos — conjuntos tão grandes e complicados que não podemos, como assunto prático, prevê-los, embora, em princípio, essa previsão seja possível. Para o determinista, a probabilidade é simplesmente uma conveniência do pensamento. As leis físicas que regulam os movimentos de objetos individuais são inteiramente determinadas e, portanto, inteiramente previsíveis. Acreditava Einstein que o universo mecânico quântico comportava-se também dessa maneira: havia variáveis ocultas por trás das incertezas quânticas. As probabilidades da mecânica quântica eram simplesmente questões de conveniência. Se tal fosse o caso, a mecânica quântica teria de ser uma teoria de conjuntos. Na verdade, se não aplicamos a descrição da onda de probabilidade a um único objeto quântico, tampouco deparamos com os paradoxos que nos intrigam — a complementaridade onda-partícula e a inseparabilidade do objeto quântico de considerações da maneira como é observado.

Infelizmente, as coisas não são tão simples assim. O estudo de uns dois experimentos de mecânica quântica mostrará como é difícil encontrar logicamente razões para eliminar os paradoxos da nova física.

O experimento da fenda dupla

Jamais podemos ver o aspecto de onda de uma ondícula única. Em todas as ocasiões em que olhamos, tudo o que vemos é uma partícula localizada. Deveremos, por conseguinte, supor que a solução é metafísica transcendente? Ou deveremos esquecer a ideia de que há um aspecto de onda em uma ondícula única? Talvez as

ondas que aparecem na física quântica sejam apenas características de grupos ou conjuntos de objetos.

Com o objetivo de determinar se isso acontece, podemos analisar um experimento comumente usado para estudar fenômenos
ondulatórios: o experimento da fenda dupla. Na preparação desse
experimento, um feixe de elétrons passa através de uma tela que
contém duas estreitas fendas (Figura 14). Uma vez que elétrons são
ondas, o feixe é fendido em dois conjuntos de ondas pela tela que
contém as duas fendas. Essas ondas interferem em seguida entre si,
e o resultado da interferência aparece em uma tela fluorescente.

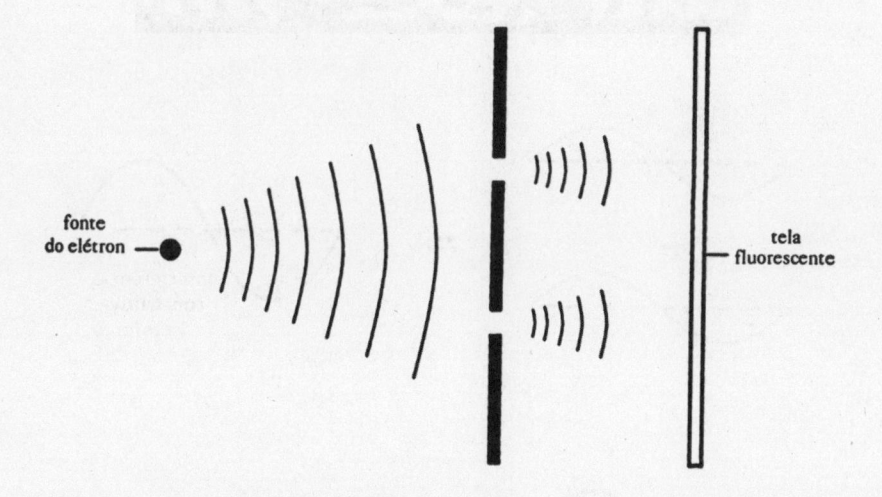

Figura 14   O experimento da fenda dupla com elétrons.

Simples, não? Mas passemos em revista o fenômeno de interferência. Como demonstração simples, se você não conhece bem
esse fenômeno, ponha-se em pé em uma banheira cheia e crie dois
conjuntos de ondas na água, marchando ritmicamente, sem sair do
lugar. As ondas formarão um padrão de interferência (Figura 15a).
Em algum ponto, elas se reforçarão mutuamente (Figura 15b); em
outros, elas causarão destruição mútua (Figura 15c). Daí o padrão.

Analogamente, há locais na tela fluorescente em que as ondas
de elétrons, procedentes das duas fendas, chegam em fase, isto é,
correspondem a seus passos na dança. Nesses locais, suas amplitu-

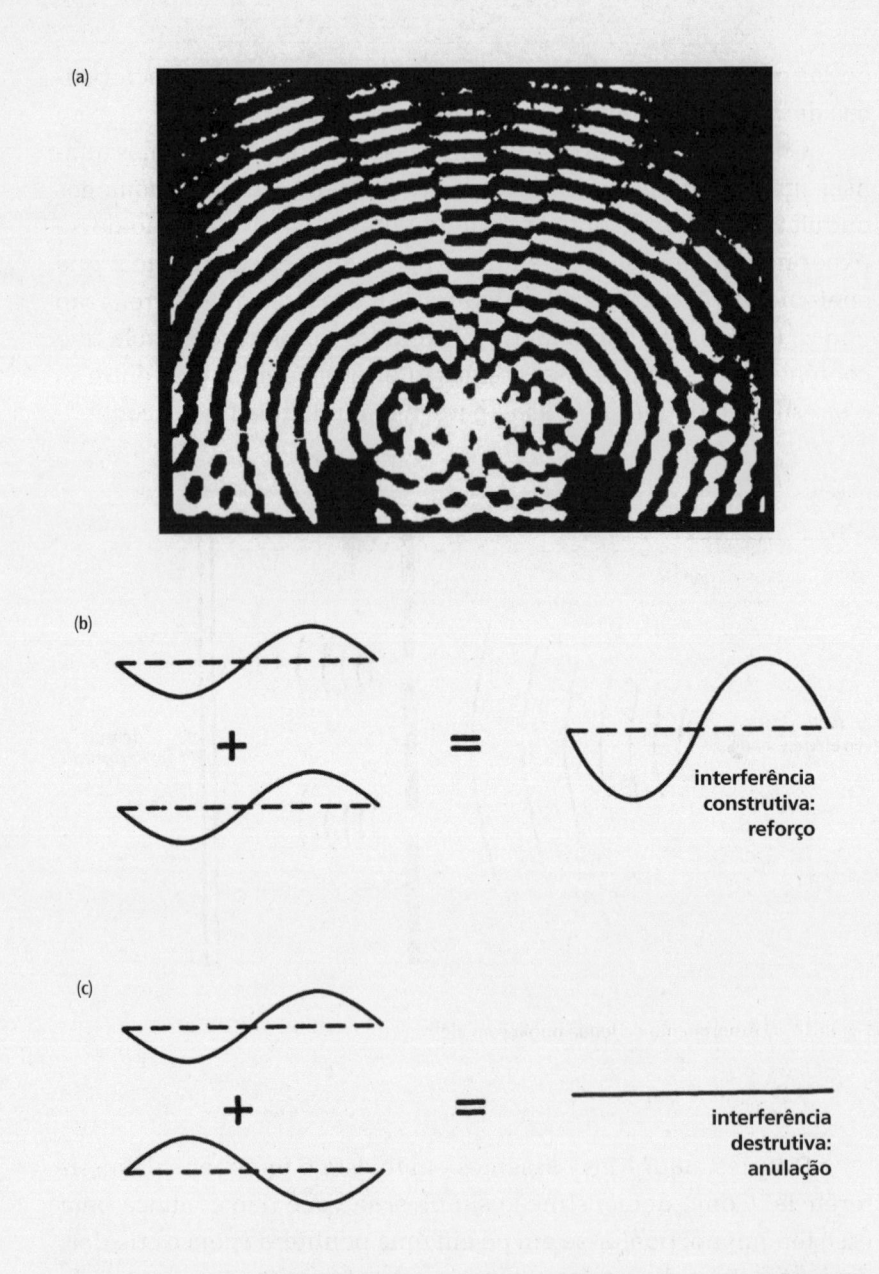

Figura 15   (a) Quando ondas de água interferem entre si, elas ocasionam um interessante padrão de reforços e cancelamentos. (b) Quando as ondas chegam em fase, elas se reforçam reciprocamente. (c) Ondas fora de fase. Resultado: anulação.

des se somam e a onda total é reforçada. Entre esses pontos brilhantes, há locais onde as duas ondas chegam fora de fase e se cancelam mutuamente. O resultado dessa interferência, construtiva e destrutiva, aparece em seguida na tela fluorescente como um padrão de franjas brilhantes e escuras alternadas: um padrão de interferência (Figura 16). É importante notar que o espaçamento das franjas permite-nos medir o comprimento das ondas.

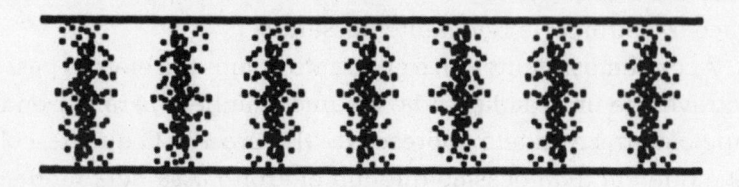

Figura 16 O padrão de interferência de lampejos na tela.

Lembre-se, porém, que ondas de elétrons são ondas de probabilidade. Temos, portanto, de dizer que é a probabilidade de um elétron chegar às áreas claras que é alta e que é baixa a probabilidade de que chegue às áreas escuras. Não devemos, porém, ficar entusiasmados demais e concluir do padrão de interferência que as ondas de elétrons são ondas clássicas, porque os elétrons de fato chegam à tela fluorescente de forma muito parecida com a de partículas: um lampejo localizado por elétron. A totalidade dos pontos formados por um grande número de elétrons é que se parece com um padrão de interferência de onda.

Suponhamos que assumimos agora um risco intelectual e tornamos o feixe de elétrons muito fraco — tão fraco que, em qualquer dado momento, apenas um elétron chega às fendas. Obteremos ainda um padrão de interferência? A mecânica quântica diz inequivocamente que sim. Mas não são necessárias duas ondas para que interfiram entre si? Pode um único elétron fendido passar através de ambas as fendas e interferir consigo mesmo? Sim, pode. A mecânica quântica responde sim a todas essas perguntas. Ou, como explica Paul Dirac, um dos pioneiros da nova física: "Cada fóton (neste caso, elétron) interfere apenas consigo mesmo". A prova que a mecânica quântica oferece para essa proposição absurda é matemática, mas esta única proposição é responsável por toda a mágica milagrosa de que são capazes os sistemas quânticos e que foi confirmada por milhares de experimentos e tecnologias.

Tente imaginar que 50% de um elétron passa por uma fenda e 50% pela outra. É fácil ficar exasperado e recusar a acreditar nessa estranha consequência da matemática quântica. O elétron passa realmente por ambas as fendas, na mesma ocasião? Por que deveríamos aceitar isso como certo? Podemos descobrir, observando. Podemos dirigir o feixe de uma lanterna (metaforicamente falando) para uma fenda, com o objetivo de ver através de que buraco o elétron está realmente passando.

Acendemos a lanterna, e enquanto vemos um elétron passando através de uma dada fenda, olhamos também para ver onde o lampejo aparece na tela fluorescente (Figura 17). O que descobrimos é que em toda ocasião que um elétron passa pela fenda seu lampejo aparece exatamente atrás da fenda pela qual passa. O padrão de interferência desapareceu.

O que acontece nesse experimento pode ser compreendido, em primeiro lugar, como um caso do princípio da incerteza. Logo que localizamos o elétron e determinamos a fenda através da qual ele passa, perdemos a informação sobre seu *momentum*. Elétrons são coisas muito delicadas. A colisão com o fóton que estamos usando para observá-lo afeta-o, de modo que seu *momentum* muda em um volume imprevisível.

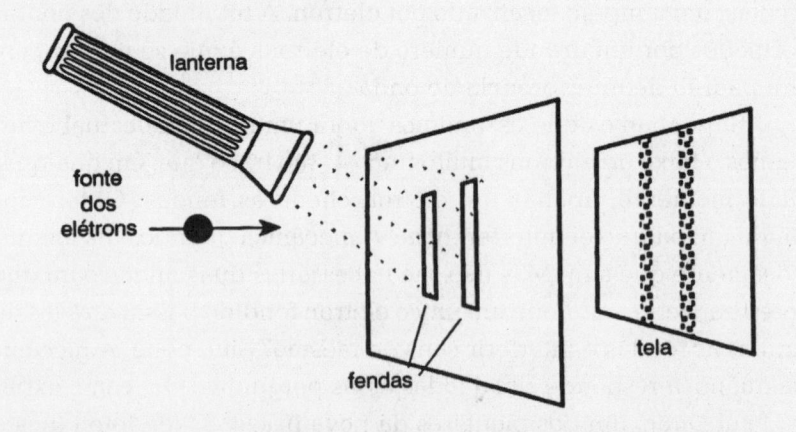

Figura 17 Quando tentamos identificar a fenda pela qual passa o elétron, focalizando uma lanterna sobre as fendas, o elétron exibe sua natureza de partícula – exatamente o que esperaríamos se os elétrons fossem bolas de beisebol em miniatura.

O *momentum* e o comprimento de onda do elétron têm relação entre si: e esta foi a grande descoberta de De Broglie, que a matemática quântica incorporou. Perder informação sobre o *momentum* do elétron, portanto, é o mesmo que perder informação sobre seu comprimento de onda. Se houvesse franjas de interferência, poderíamos medir o comprimento de onda pelo espaçamento entre elas. O princípio da incerteza diz que logo que determinamos a fenda pela qual está passando o elétron, o processo de olhar destrói o padrão de interferência.

Temos de compreender que as mensurações de posição e *momentum* do elétron são realmente processos complementares, mutuamente exclusivos. Podemos nos concentrar no *momentum* e medir o comprimento de onda — e, portanto, o *momentum* — do elétron à vista do padrão de interferência, mas, neste caso, não podemos saber através de qual fenda ele passa. Ou podemos nos concentrar na posição e perder o padrão de interferência, ou seja, a informação sobre o comprimento de onda e o *momentum*.

Há uma segunda maneira, ainda mais sutil, de compreender e reconciliar tudo isso — a via do princípio da complementaridade. Dependendo da aparelhagem que escolhermos, vemos o aspecto de partícula (por exemplo, usando uma lanterna) ou o aspecto de onda (sem lanterna).

Entender o princípio da complementaridade como dizendo que os objetos quânticos são simultaneamente onda e partícula, mas que só podemos ver um dos atributos com um arranjo experimental particular é certamente correto, mas a experiência nos ensina também algumas sutilezas. Temos de dizer, por exemplo, que o elétron não é onda (porque o aspecto de onda nunca se manifesta no caso de um elétron único) nem partícula (porque ele aparece na tela em locais proibidos às partículas). Em seguida, se formos cautelosos em nossa lógica, teremos também de dizer que o fóton não é não onda nem não partícula, para que não haja mal-entendido sobre a maneira como usamos as palavras *onda e partícula*. Esta lógica parece-se muito com a de Nagarjuna, o filósofo idealista do século 1 d.C., o lógico mais hábil da tradição budista *Mahayana*.[2] Os filósofos orientais transmitem a maneira como compreendem a realidade última dizendo *neti, neti* (isso não, aquilo não). Nagarjuna formulou esse ensinamento em quatro negações:

Ela não existe.

Ela não não existe.

Ela não existe e não não existe simultaneamente.

Nem ela não existe nem não não existe.

Para compreender com mais clareza a complementaridade, suponhamos que voltamos ao experimento anterior, desta vez usando baterias fracas, para tornar um pouco mais tênue a luz da lanterna que projetamos sobre os elétrons. Quando repetimos o experimento da Figura 17 com feixes de luz cada vez mais fracos, descobrimos que alguns dos padrões de interferência começam a reaparecer, ficando mais visíveis à medida que tornamos cada vez mais fraca a luz da lanterna (Figura 18). Quando a lanterna é inteiramente desligada, volta o padrão completo de interferência.

Figura 18 Com uma lanterna mais fraca, volta um pouco do padrão de interferência.

À medida que a luz da lanterna se torna mais fraca, diminui o número de fótons que se espalham a partir dos elétrons, de modo que alguns dos elétrons deixam inteiramente de ser "vistos" pela lanterna. Os elétrons que são vistos aparecem do outro lado da fenda 1 ou da fenda 2, exatamente onde esperaríamos que estivessem. Todos os elétrons que não são vistos dividem-se e interferem consigo mesmos para criar o padrão de interferência de onda na tela, quando um número suficiente deles lá chega. No limite da luz forte é vista apenas a natureza de partícula dos elétrons; no limite da ausência de luz, isso só acontece com a natureza de onda. No caso de várias situações intermediárias de luz fraca, ambos os aspectos aparecem em um grau analogamente intermediário: isto é, estamos vendo elétrons (embora nunca o mesmo elétron) como onda e partícula, simultaneamente. A natureza de onda da ondícula, portanto, não é uma propriedade de todo o conjunto, mas deve aplicar-se no caso de cada ondícula individual, em todas as ocasiões em que não estamos olhando. Esse fato terá de significar que o aspecto de onda de um único objeto quântico é transcendente, porquanto nunca o vemos manifesto.

Uma série de desenhos ajuda a explicar o que está acontecendo (Figura 19). No desenho, no canto inferior esquerdo, vemos apenas a letra W. Isso corresponde a usar um feixe forte de lanterna, que mostra apenas a natureza de partícula dos elétrons. Em seguida, enquanto vasculhamos os desenhos em ascensão, começamos a ver a águia — exatamente quando começamos a tornar a luz mais fraca, alguns elétrons escapam da observação (e localização)

Figura 19 A sequência W-Águia.

e começamos a perceber a natureza de onda. Finalmente, no último desenho, no canto superior direito, só podemos ver a águia: a lanterna foi apagada e todos os elétrons nesse momento são ondas.

Certa vez, disse Niels Bohr: "Os que não ficam chocados quando tomam conhecimento da teoria quântica não podem possivelmente tê-la compreendido". Esse choque cede lugar à compreensão quando começamos a entender a ação do princípio da complementaridade. A cadência formal da ciência preditiva, que se mantém no caso de onda ou partícula, é transformada na dança criativa de uma ondícula transcendente. Quando localizamos o elétron, ao descobrir através de qual fenda ele passou, revelamos-lhe o aspecto de partícula. Nos casos em que não o localizamos, ignorando a fenda pela qual ele passou, revelamos-lhe o aspecto de onda. Neste último caso, o elétron passa por ambas as fendas.

O experimento da escolha retardada

Vamos esclarecer bem a característica excepcional seguinte do princípio da complementaridade: o atributo que a ondícula quântica revela depende da maneira como resolvemos observá-la. Em nenhum caso a importância da escolha consciente na modelação da realidade manifesta é mais bem demonstrada do que no experimento da escolha retardada, sugerido pelo físico John Wheeler.

A Figura 20 mostra uma montagem na qual um feixe de luz é dividido em dois, ambos de intensidade igual — um refletido e o outro transmitido —, utilizando um espelho M_1 semiprateado. Esses dois feixes são em seguida refletidos por dois espelhos comuns A e B para um ponto de encontro P à direita.

A fim de detectar o aspecto ondulatório da ondícula, aproveitamos o fenômeno da interferência de onda e colocamos um segundo espelho semiprateado, M_2 em P (Figura 20, canto esquerdo). As duas ondas criadas pelo feixe que se divide em M_1 são, nesse momento, forçadas por M_2 a interferir construtivamente em um dos lados de P (onde, se colocarmos um contador de fótons, o contador produz uma série de cliques) e, destrutivamente, no outro lado (onde o contador nenhum clique produz). Note que quando estamos detectando o modo de onda dos fótons, temos de concordar que cada fóton se divide em M_2 e viaja pelas rotas A e B. Não fosse assim, de que maneira poderia haver interferência?

Dessa maneira, quando o espelho M_1 divide o feixe, cada fóton está potencialmente pronto para viajar por ambas as rotas. Se nesse momento escolhemos detectar o modo de partícula das ondículas de fóton, retiramos o espelho M_2, que está em P (para impedir recombinação e interferência), e colocamos os contadores do outro lado do ponto de cruzamento P, conforme mostrado no canto inferior direito da Figura 20. Um ou outro contador emitirá uma série de cliques, definindo o rumo localizado de uma ondícula, o rumo refletido A ou o rumo transmitido B, para mostrar seu aspecto de partícula.

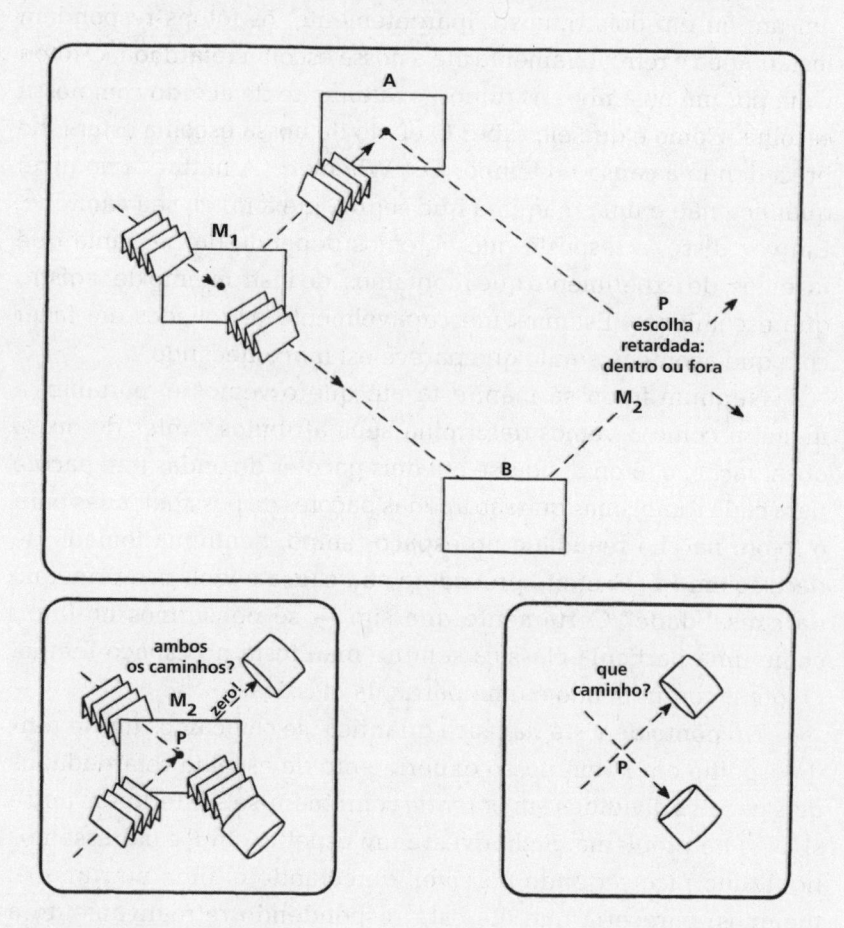

Figura 20   O experimento da escolha retardada. CANTO INFERIOR ESQUERDO: arranjo para se observar a natureza de onda do elétron. Um dos detectores jamais detecta quaisquer fótons, significando anulação devido à interferência de onda. O fóton deve ter se dividido e passado por ambos os caminhos ao mesmo tempo. CANTO INFERIOR DIREITO: arranjo para se observar a natureza de partícula do fóton. Ambos os detectores clicam – embora apenas um de cada vez – indicando qual o caminho tomado pelo fóton.

O aspecto mais sutil do experimento é o seguinte: no experimento da escolha retardada, o experimentador resolve no último momento possível, no último (10^{-12}) pico segundo possível (isso foi feito em laboratório)[3], se colocará ou não o espelho semiprateado em P, se vai ou não medir o aspecto de onda. Na verdade, isso significa que os fótons já viajaram para além do ponto de divisão (se você pensa neles como objetos clássicos). Ainda assim, colocar o espelho em P sempre mostra o aspecto de onda, ao passo que omitindo esse passo surge o aspecto de partícula. Estava cada fóton movendo-se em um ou em dois rumos? Aparentemente, os fótons respondem instantânea e retroativamente até a nossa escolha retardada. O fóton viaja por um ou ambos os rumos, exatamente de acordo com nossa escolha. Como é que ele sabe? O efeito de nossa escolha estará lhe precedendo a causa no tempo? Diz Wheeler: "A natureza no nível quântico não é uma máquina que segue, inexorável, seu caminho. Em vez disso, a resposta que obtemos depende da pergunta que fazemos, do experimento que montamos, do instrumento de registro que escolhemos. Estamos inescapavelmente envolvidos em fazer com que aconteça aquilo que parece estar acontecendo".[4]

Nenhum fóton se manifesta até que o vemos e, portanto, a maneira como o vemos determina seus atributos. Antes de nossa observação, o fóton divide-se em dois pacotes de ondas (um pacote para cada rumo), mas que são apenas pacotes de possibilidades para o fóton: não há realidade no espaço-tempo, nenhuma tomada de decisão em M_1. O efeito precederá sua causa e violará o princípio da causalidade? Certamente que sim — se pensarmos no fóton como uma partícula clássica sempre manifesta no espaço-tempo. O fóton, contudo, não é uma partícula clássica.

Do ponto de vista da física quântica, se colocamos um segundo espelho em P, em nosso experimento da escolha retardada, os dois pacotes divididos em *potentia* combinam-se e interferem entre si. Não há problema. Se houvesse um espelho em P e o tirássemos no último pico segundo possível, detectando o fóton no rumo A, digamos, pareceria que ele está respondendo retroativamente à nossa escolha retardada ao viajar apenas por um rumo. Neste caso, por conseguinte, o efeito parece estar precedendo a causa. Este resultado não viola o princípio da causalidade. Como assim?

Temos de compreender uma maneira mais sutil de observar o segundo experimento de detecção do aspecto de partícula, conforme elucidado por Heisenberg: "Se, neste momento, um experimento produz o resultado de que o fóton está, digamos, na parte refletida do pacote de ondas (rumo A), então a probabilidade de encontrá-lo na outra parte do pacote torna-se imediatamente zero. O experimento na posição do pacote refletido exerce em seguida uma espécie de ação no ponto distante ocupado pelo pacote transmitido, e vemos que esta ação se propaga com uma velocidade maior do que a da luz. Não obstante, é também óbvio que este tipo de ação jamais poderá ser utilizado para transmitir um sinal, de modo que ele não entra em choque com os postulados da teoria da relatividade".[5]

Esta ação a distância é um aspecto importante do colapso do pacote de ondas. O termo técnico que usamos para essa ação é *não localidade* — ação transmitida sem sinais que se propagam pelo espaço. Sinais que assim se comportam, usando um tempo finito por causa do limite de velocidade einsteiniano, são denominados *sinais locais*. O colapso da onda quântica, portanto, é não local.

Notem que o argumento apresentado por Heisenberg mantém-se com ou sem escolha retardada. Na visão quântica, o argumento fundamental é que escolhemos o resultado específico que se manifesta. O momento no tempo em que escolhemos esse resultado carece de importância. A onda se divide em todos os casos em que há dois rumos disponíveis, mas a divisão ocorre apenas em *potentia*. Quando, mais tarde, observamos o fóton em um rumo, porque foi assim que escolhemos (retirando o espelho de *P*), o colapso de onda que provocamos em um rumo exerce uma influência não local sobre a onda no outro rumo, que anula a possibilidade de o fóton ser visto nesse outro rumo. Essa influência não local talvez pareça retroativa, mas estamos influenciando apenas possibilidades em *potentia*. Não ocorre colapso do princípio da causalidade porque, como diz Heisenberg, não podemos transmitir um sinal por meio desse tipo de dispositivo.

Em nossa busca do significado e estrutura da realidade, enfrentamos o mesmo quebra-cabeças que o Ursinho Puff teve de resolver:

— Olá! — disse a Porquinha. — O que é que você está fazendo?
— Caçando — respondeu Puff.
— Caçando o quê?

— Rastreando alguma coisa — responde o Ursinho Puff num jeito muito misterioso.

— Rastreando o quê? — voltou a perguntar a Porquinha, aproximando-se mais.

— É justamente isso o que estou perguntando a mim mesmo. Eu pergunto a mim mesmo: o quê?

— O que é que você pensa que vai lhe responder?

— Vou ter de esperar até que descubra a presa — explicou o Ursinho Puff. — Agora, olhe para aí. — E apontou para o chão à sua frente. — O que é que você está vendo aí?

— Rastros — respondeu a Porquinha. — Rastros de patas. — Soltou um pequeno guincho de emoção. — Oh, Puff! Você pensa que é um... um... um Woozle?

— Pode ser — respondeu Puff. — Às vezes, é, e, às vezes, não é. A gente nunca pode saber, à vista de rastros de patas. Mas, espere um momento — continuou, levantando a pata.

Sentou-se e pensou, da maneira mais profunda que podia pensar. Colocou a pata em cima de um dos rastros, coçou duas vezes o nariz e levantou-se.

— Entendo — disse o Ursinho Puff. — Entendo, agora. Fui tolo e me enganei — continuou —, e sou um Urso Descerebrado.

— Você é o Melhor Urso de Todo o Mundo — disse, tranquilizador, Cristóvão Robin.[6]

É realmente desnorteante que os rastros do "woozle", que o elétron e outras partículas submicroscópicas deixam em nossas câmaras de condensação, sejam, de acordo com a nova física, apenas prolongamentos de nós mesmos.

O cientista clássico olhava para o mundo e via sua visão única de separatividade. Há uns dois séculos, o poeta romântico inglês William Blake escreveu:

que Deus nos livre
de uma visão única do sono de Newton.[7]

A física quântica é a resposta à prece de Blake. Os cientistas quânticos que aprenderam a lição do princípio da complementaridade sabem que não devem cair nessa de ignorar a (aparente) separatividade.

As mensurações quânticas introduzem nossa consciência na arena do denominado mundo objetivo. Não há paradoxo no experimento da escolha retardada, se renunciamos à ideia de que há um mundo fixo e independente, mesmo quando não o estamos observando. Em última análise, tudo se resume no que você, o observador, quer ver. O que me lembra uma história zen.

Dois monges discutiam sobre o movimento de uma bandeira ao vento. Disse um deles:

— A bandeira está se movendo.

— Não, o vento é que está se movendo — corrigiu-o o outro.

Um terceiro monge, que passava por ali nesse momento, fez uma observação que Wheeler aprovaria:

— A bandeira não está se movendo. O vento não está se movendo. A mente de vocês é que está se movendo.

as nove vidas do gato de Schrödinger

Um bom número de fundadores da física quântica passou por momentos difíceis para aceitar suas estranhas consequências. O próprio Schrödinger fez ressalvas à interpretação da probabilidade de onda da mecânica quântica no paradoxo ora conhecido como "o gato de Schrödinger".

Vamos supor que, em uma gaiola, colocamos um gato, juntamente com um átomo radioativo e um contador Geiger. O átomo entrará em processo de decaimento, de acordo com regras probabilísticas. Se isso acontecer, o contador Geiger acusará o fenômeno com uma série de cliques, que acionará um martelo, que quebrará uma garrafa de veneno, e o veneno matará o gato. Suponhamos ainda que há uma chance de 50% de que isso aconteça dentro de uma hora (Figura 21).

De que maneira a mecânica quântica descreveria o estado do gato após uma hora? Claro, se olharmos, descobriremos que o gato está vivo ou morto. E se não olharmos? A probabilidade de que o gato esteja morto é de 50% e, idêntica, a de que esteja vivo.

Se pensarmos em termos clássicos, à maneira dos realistas materialistas, e tomarmos o determinismo e a continuidade causal como princípios orientadores, poderemos conceber uma analogia mental com a situação em que alguém joga uma moeda para o alto e, em seguida, esconde-a sob a palma da mão. Não sabemos se o resultado é cara ou coroa, mas, claro, será um ou outro. O gato estará morto ou vivo, com 50% de chance para cada resultado. Nós, simplesmente, não sabemos qual é o resultado. Esse cenário, no entanto, não é o que revela a matemática da mecânica quântica. Esta lida com probabilidades muito diferentes. Descreve o estado do gato ao fim de uma hora como meio vivo e meio morto. Dentro da gaiola há, de forma bastante literal, "uma superposição coerente de um gato meio vivo e meio morto", para usar o jargão apropriado. O paradoxo de um gato que está morto e vivo ao mesmo tempo é uma consequência da maneira como fazemos cálculos em mecânica quântica. Por mais bizarras que sejam as consequências, temos de levar a sério essa matemática porque ela é a mesma que nos dá as maravilhas dos transistores e lasers.

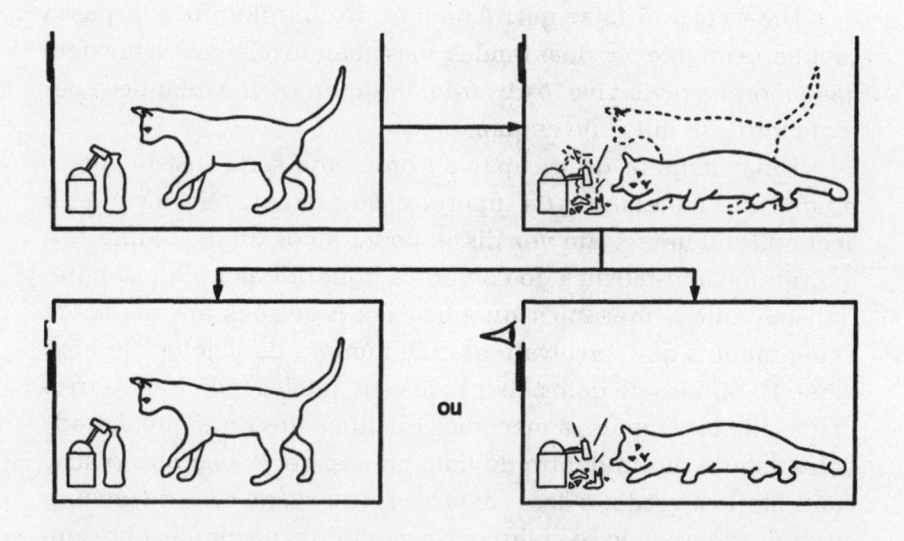

Figura 21 O paradoxo do gato de Schrödinger. Após uma hora, juntamente com um átomo radioativo em uma gaiola, o gato torna-se uma superposição coerente de um fato meio vivo, meio morto. A observação revela sempre ou um gato vivo ou um gato morto. (Reproduzido de A. Goswami, *Quantum Mechanics*; com permissão da Wm. C. Brown, Inc., editora.)

A paródia seguinte do *Old Possum's Book of Practical Cats*, de T. S. Eliot, sumaria essa situação absurda:

O gato de Schrödinger é um gato misterioso,
um exemplo das leis;
as coisas complicadas que ele faz

não têm causa aparente;

ele confunde o determinista,

e leva-o ao desespero

porque, quando tentam localizá-lo —

o gato quântico não está mais lá![1]

A paródia está correta, claro. Ninguém jamais viu realmente um gato quântico, ou uma superposição coerente — nem mesmo um físico quântico. Na verdade, se olharmos dentro da gaiola, descobriremos que o gato está vivo ou morto. Surge, então, a pergunta inevitável: o que é que há de tão especial na maneira como fazemos uma observação que pode resolver o atroz dilema do gato?

Uma coisa é falar garrulamente de um elétron que passa simultaneamente por duas fendas, mas quando falamos de um gato meio morto e meio vivo, o absurdo da superposição quântica coerente torna-se difícil de engolir.

Uma maneira de escapar do problema seria insistir que o prognóstico matemático da superposição coerente não deveria ser aceito literalmente. Em vez disso, poderíamos fingir, seguindo a interpretação estatística de conjuntos preferida por alguns materialistas, que a mecânica quântica faz previsões apenas sobre experimentos que envolvam grande número de objetos. Se houvesse 10 bilhões de gatos, todos eles em gaiolas individuais arrumadas identicamente, a mecânica quântica nos diria que metade deles estaria morta dentro de uma hora e, decerto, a observação confirmaria a verdade dessa asserção. Talvez, no caso de um único gato, a teoria não se aplique. No capítulo precedente, apresentamos um argumento semelhante no caso de elétrons. É um fato, contudo, que a interpretação dos grandes conjuntos enfrenta a dificuldade de explicar até mesmo o padrão simples de interferência de dupla fenda.[2]

Além do mais, essa interpretação equivale a abandonar a mecânica quântica como teoria física capaz de descrever um objeto ou evento únicos. Uma vez que eventos únicos de fato ocorrem (até mesmo elétrons únicos foram isolados), precisamos ter condições para falar em objetos quânticos únicos. Na verdade, a mecânica quântica foi formulada para aplicar-se a objetos únicos, não obstante os paradoxos que cria. Temos de enfrentar o paradoxo de Schrödinger e descobrir uma maneira de solucioná-lo. A alternativa é não ter absolutamente uma física para objetos únicos — alternativa esta absolutamente indesejável.

Hoje em dia, numerosos físicos escondem-se por trás da filosofia antimetafísica do positivismo lógico quando enfrentam o paradoxo do gato de Schrödinger. O positivismo lógico é a filosofia que nasceu do *Tractatus Logico-Philosophicus*, do filósofo vienense Ludwig Wittgenstein, uma obra em que ele argumentou, admiravelmente, que "Do que não podemos falar, do mesmo devemos calar". Seguindo esse preceito, tais físicos — podemos chamá-los de neocopenhaguistas — sustentam que devemos limitar a discusão à realidade do que é visto, em vez de tentar postular a realidade de algo que não podemos observar. Para eles, o importante é que jamais vemos a superposição coerente. O gato inobservado está meio morto e meio vivo? Não cabe fazer esta pergunta, dizem eles, porque ela não pode ser respondida. Isso, claro, é sofística. Uma pergunta que não admite resposta direta pode, ainda assim, ser abordada por via indireta, dando-se uma resposta baseada nos fundamentos de consistência com o que conhecemos diretamente. Além do mais, evitar de todo perguntas metafísicas choca-se com o espírito da interpretação original de Copenhague e a maneira como Bohr e Heisenberg interpretavam as coisas.

A interpretação de Copenhague, se seguimos o raciocínio de Bohr, reduz o absurdo do gato meio morto, meio vivo, com o emprego do princípio da complementaridade: a superposição coerente é uma abstração; como abstração, o gato pode existir vivo e morto. Esta é uma descrição complementar, complementar à descrição de morto ou vivo que fazemos quando, de fato, observamos o gato. De acordo com Heisenberg, a superposição coerente — o gato meio morto, meio vivo — existe em *potentia* transcendente. O fato de observarmos é que gera o colapso do estado dicotômico do gato e sua transformação em um único estado.

Que conclusão devemos tirar dessa ideia de um gato meio morto, meio vivo, existindo em *potentia*? Uma resposta que lembra a ficção científica foi dada pelos físicos Hugh Everett e John Wheeler.[3] Segundo eles, ambas as possibilidades, o gato vivo e o gato morto, ocorrem — mas em realidades diferentes, ou em universos paralelos. Para cada gato vivo que encontramos na gaiola, protótipos de nós mesmos em um universo paralelo abrem uma gaiola protótipo, mas apenas para descobrir um gato protótipo morto.

A observação do estado dicotômico do gato força o universo a dividir-se em ramos paralelos. Trata-se de uma ideia intrigante e alguns autores de ficção científica (notadamente Philip K. Dick) fazem dela excelente uso. Infelizmente, porém, trata-se também de uma ideia dispendiosa. Ela duplicaria o volume de matéria e energia em todos os momentos em que uma observação obrigasse o universo a bifurcar-se. Essa possibilidade ofende nosso senso de economia, o que pode ser um preconceito, mas que constitui, ainda assim, uma das pedras fundamentais do raciocínio científico. Além do mais, desde que os universos paralelos não interagem, é difícil submeter essa interpretação a um teste experimental e, portanto, ela é inútil do ponto de vista científico. (A ficção é mais maleável. No *O Homem do Castelo Alto* [Aleph, 2006], de Philip Dick, os universos paralelos realmente interagem entre si. Se não fosse assim, como é que poderia haver uma história para contar?)

Por sorte, uma solução idealista oferece-se por si mesma: uma vez que a observação que fazemos resolve magicamente a dicotomia do gato, não há como fugir da conclusão de que somos nós — nossa consciência — que geramos o colapso da função de onda do gato. Materialistas realistas torcem o nariz para essa ideia, porque ela torna a consciência uma entidade independente, causal. Aceitar isso seria pregar os cravos no caixão do realismo materialista. A despeito do materialismo, luminares como John von Neumann, Fritz London, Edmond Bauer e Eugene Paul Wigner adotaram essa solução para o paradoxo.[4]

A solução idealista

Na solução idealista, a observação realizada por uma mente consciente é que soluciona a dicotomia vivo-ou-morto. Tal como os arquétipos platônicos, as superposições coerentes existem na terra mágica de uma ordem transcendente, até que lhe provocamos o colapso, trazendo-as para o mundo da manifestação com o ato de observação. No processo, escolhemos uma faceta de duas, ou das muitas, que a equação de Schrödinger admite. Trata-se de uma escolha limitada, para sermos exatos, sujeita à restrição da probabilidade geral da matemática quântica, mas opção, ainda assim.

Mesmo que o realismo materialista seja falso, devemos renunciar temerariamente à objetividade científica e convidar a consciência para fazer parte de nossa ciência? Paul Dirac, um dos pioneiros da física quântica, disse certa vez que grandes inovações na física sempre implicam renunciar a alguns grandes preconceitos. Talvez tenha chegado a ocasião de abandonar o preconceito da objetividade forte. Bernard d'Espagnat sugere que a objetividade permitida pela mecânica quântica é uma objetividade fraca.[5] Em vez de independência do observador em relação aos eventos, exigida pela objetividade forte, a mecânica quântica permite uma certa ingerência dele — embora de maneira tal que a interpretação dos eventos não depende de qualquer observador em particular. A objetividade fraca, por conseguinte, seria a invariância do observador dos eventos: qualquer que seja o observador, o evento permanece o mesmo. Tendo em vista a escolha subjetiva envolvida em mensurações individuais, constitui um princípio estatístico, para sermos exatos, que a invariância do observador mantém-se apenas no tocante a grande número de observações, o que não constitui novidade. Tendo há muito aceito a interpretação probabilística da mecânica quântica, já estamos comprometidos com a aceitação da natureza estatística de alguns de nossos princípios científicos, como o da causalidade, por exemplo. Como a psicologia cognitiva demonstra rotineiramente, podemos, sem a menor dúvida, fazer ciência com objetividade fraca, definida dessa maneira. Na verdade, não necessitamos de objetividade forte para tal fim.

A solução do paradoxo de Schrödinger com auxílio da consciência é a mais simples — tanto, na verdade, que é mencionada às vezes como a solução ingênua. Numerosas perguntas foram formuladas sobre ela, contudo, e só respondendo-as é que poderemos refutar a acusação de ingenuidade.

Perguntas sobre a solução idealista

Uma delas, que você ainda pode estar se fazendo, é a seguinte: como é que um gato pode estar meio morto e meio vivo? Não pode, se você pensa como um realista materialista. Esse indivíduo tem de supor que o estado do gato em todos os momentos é este ou aquele, morto ou vivo, em uma forma causal contínua. O pensamento materialista, porém, é resultado de suposições de continuidade causal e de descrições do tipo ou isso/ou aquilo. Essas suposições não são necessariamente verdadeiras, em especial quando submetidas a teste em experimentos de mecânica quântica.

Para o filósofo idealista, o paradoxo de um gato simultaneamente vivo e morto não causa lá essa perturbação toda. Em uma historinha zen, um mestre é apresentado a um suposto defunto, cujo enterro está sendo preparado. Ao ser perguntado se o homem está vivo ou morto, o mestre responde: "Não posso saber". De que modo poderia ele? De acordo com o idealismo, a essência do homem, a consciência, não morre nunca. Seria, portanto, incorreto dizer categoricamente que o homem está morto. Quando o corpo de um homem é preparado para o enterro, contudo, seria ridículo dizer que ele está vivo.

O gato está vivo ou morto? Ao ser perguntado "Um cão tem a natureza de Buda?", o mestre zen Joshu respondeu dizendo "mu". Mais uma vez, dizer "não" seria errado, uma vez que todas as criaturas, de acordo com os ensinamentos do Buda, têm natureza de Buda. Dizer sim seria também difícil, porque a natureza de Buda precisa ser alcançada e vivida — e isso não é uma questão de verdade intelectual. Diante desse fato, a resposta foi *mu*: nem sim, nem não.

A mecânica quântica aparentemente implica uma filosofia idealista semelhante à dos mestres zen quando afirmam que o gato de Schrödinger está, ao fim de uma hora, meio vivo e meio morto. Mas como pode ser assim? De que modo a consciência pode ser decisiva para moldar a realidade do mundo físico? Este fato não implicaria a primazia da consciência sobre a matéria?

Se o gato de Schrödinger está simultaneamente vivo e morto antes de olharmos dentro da gaiola, mas está em um estado único (vivo ou morto) depois que olhamos, então temos de estar fazendo alguma coisa simplesmente pelo fato de olhar. De que modo uma olhadela pode produzir efeito sobre o estado físico de um gato? Essas perguntas são feitas pelos realistas, quando tentam refutar a ideia de que a consciência produz colapso da superposição coerente.

Ainda assim, a solução idealista implica de fato ação da consciência sobre a matéria. A ação, contudo, configura um problema apenas para o realismo materialista. Segundo essa filosofia, a consciência é um epifenômeno da matéria e parece impossível que ela possa atuar sobre o próprio estofo de que é feita — na verdade, ser a causa de si mesma. Esse paradoxo causal é evitado pelo idealismo

monista, segundo o qual a consciência é fundamental. Na consciência, as superposições conscientes são objetos transcendentes.
Eles só são trazidos para o reino da imanência quando ela, por meio
do processo de observação, opta por uma das muitas facetas da
superposição consciente, embora essa escolha seja limitada pelas
probabilidades permitidas pelo cálculo quântico. (A consciência é
temente à lei. A criatividade do cosmos tem por fundamento a criatividade de suas leis quânticas, e não uma anarquia arbitrária.)

De acordo com o idealismo monista, os objetos já estão na
consciência como formas primordiais, transcendentes, arquetípicas.
O colapso consiste não em fazer alguma coisa aos objetos pela
observação, mas em escolher e reconhecer o resultado da escolha.

Volte a olhar para a ilustração gestalt *Minha Esposa e Minha
Sogra* (Figura 12, p. 65). Nela, dois desenhos estão superpostos.
Quando vemos a esposa (ou a sogra), não estamos fazendo coisa
alguma ao desenho. Estamos simplesmente escolhendo e reconhe-
cendo a escolha que fazemos. O processo de colapso produzido pela
consciência é mais ou menos assim.

Há, contudo, dualistas que tentam explicar a ação da consciência no paradoxo de Schrödinger buscando prova de psicocinesia: a capacidade de mover matéria com a mente.[6] Eugene Paul
Wigner argumenta que se um objeto quântico pode afetar nossa
consciência, esta tem de ser capaz de afetá-lo. A prova da existência de psicocinesia, porém, é escassa e duvidosa. Além disso, a
prova fornecida por outro paradoxo — o do amigo de Wigner — exclui definitivamente uma interpretação dualista.

O paradoxo do amigo de Wigner

Suponhamos que duas pessoas abrem simultaneamente a
gaiola do gato. Se o observador escolhe o resultado do colapso,
como o idealismo parece implicar, e supondo que as duas escolhem
coisas diferentes, esse fato não criaria um problema? Se responde-
mos que não, só um dos observadores faria a escolha, o realista não
ficaria convencido, e com toda razão.

O paradoxo do amigo de Wigner, formulado pelo físico Eugene Wigner, diz mais ou menos o seguinte: suponhamos que, em vez
de observar pessoalmente o gato, Wigner pede ao amigo que se

encarregue disso. O amigo abre a gaiola, vê o gato e, em seguida, comunica o resultado da observação. Nesse ponto, podemos dizer que Wigner acaba de concretizar a realidade, que inclui o amigo e o gato. Mas há um paradoxo aqui: o gato estava vivo ou morto quando o amigo observou-o, mas antes que comunicasse o resultado da observação? Dizer que o estado do gato não entrou em colapso quando observado implica dizer que o amigo permaneceu em estado de animação suspensa até que Wigner lhe fez a pergunta — que a consciência do amigo não pôde decidir se o gato estava vivo ou morto sem o estímulo de Wigner. Isso parece um bocado com solipsismo — a filosofia que postula que somos o único ser consciente e que todos os demais são imaginários. Por que deveria ser Wigner o privilegiado que provoca o colapso da função de estado do gato?

Suponhamos, em vez disso, que a consciência do amigo de Wigner gera o colapso da superposição. Mas isso não abre um ninho de vespas? Se Wigner e o amigo olharem na mesma ocasião para o gato, ocorrerá a escolha de quem? E se os dois observadores fizerem escolhas diferentes? O mundo se transformaria em um pandemônio, se cada pessoa decidisse o comportamento do mundo objetivo, pois todos sabemos que impressões subjetivas são frequentemente contraditórias. A situação em um caso como esse seria a mesma de pessoas vindo de direções diferentes e escolhendo a cor (vermelha ou verde) dos sinais do tráfego. Esse argumento é amiúde considerado um golpe mortal na solução do paradoxo de Schrödinger por ação da consciência. Mas é mortal só na interpretação dualista. Examinemos com mais detalhes o paradoxo de Wigner para descobrir por que isso acontece.

Wigner comparou esse estado paradoxal de coisas com outro, no qual um aparelho inanimado é usado para fazer a observação. Se é usada uma máquina, nenhum paradoxo ocorre. Nada há de paradoxal ou perturbador sobre um ser-máquina no limbo durante algum tempo. A experiência, porém, diz que há alguma coisa decisiva na observação feita por um ser consciente. Logo que um ser consciente observa, a realidade material torna-se manifesta em um estado único. A propósito, diz Wigner:

— Segue-se que um ser dotado de consciência desempenhará forçosamente, na mecânica quântica, um papel diferente do que ocorre com um dispositivo de medição inanimado. Este argumento implica que "meu amigo" experimenta os mesmos tipos de impressões e sensações que eu — em especial que, após interagir com o objeto, ele não está naquele estado de animação suspensa. Não é necessário ver aqui uma contradição, do ponto de vista da mecânica quântica ortodoxa, e nenhuma contradição há, se acreditamos que a alternativa não faz sentido, contenha ou não a consciência de meu amigo... a impressão de ter visto (um gato morto ou vivo). Não obstante, negar nessa medida a existência da consciência de um amigo constitui decerto uma atitude antinatural, chegando às raias do solipsismo, e poucas pessoas, no fundo, a aceitarão.[7]

O paradoxo é sutil, mas Wigner está com a razão. Não temos de dizer que até que ele, Wigner, manifeste o amigo, este permanece em um estado de animação suspensa. Tampouco temos de recorrer ao solipsismo. Há uma alternativa.

O paradoxo de Wigner só surge quando ele faz a suposição dualista injustificada de que sua consciência é separada da consciência do amigo. O paradoxo desaparece se houver apenas um único sujeito, e não sujeitos separados, como habitualmente os entendemos. A alternativa ao solipsismo é um sujeito-consciência unitivo.

Quando observo, tudo que vejo é todo o mundo da manifestação, mas isso não é solipsismo, porque não há um eu individual que observa em oposição a outro eu. Erwin Schrödinger teve razão quando disse: "A consciência é um singular para o qual não existe plural". A etimologia e a ortografia mantiveram a singularidade da consciência. A existência, na linguagem, de palavras como eu e meu, contudo, leva-nos para uma armadilha dualista. Pensamos em nós como separados, porque nos referimos a nós mesmos dessa maneira.

Analogamente, pessoas caem no hábito de pensar na possibilidade de ter consciência, como na pergunta: um gato tem consciência? Só no realismo materialista é que a consciência se torna alguma coisa a ser meramente possuída. Uma consciência desse tipo seria determinada, e não livre, e não valeria a pena tê-la.

A panela observada ferve, mesmo

Vejamos outro probleminha no paradoxo de Schrödinger. Suponhamos que o próprio gato seja um ser consciente. O conceito torna-se ainda mais sutil se supomos um ser humano dentro da gaiola, com o átomo radioativo, a garrafa de veneno, e tudo mais. Suponhamos ainda que abrimos a gaiola após uma hora, e se ele ainda estiver vivo, perguntamos-lhe se experimentou um estado de semivivo ou semimorto. "De jeito nenhum!", responderá ele. Estaremos encontrando aqui um problema para a interpretação idealista? Pense por um momento. E se lhe perguntarmos, ao contrário, se ele experienciou ou não estar vivo o tempo todo? Após pensar um pouco, se nosso sujeito for desses tipos que gostam de raciocinar, ele provavelmente responderá que não. Entenda, leitor, nós não estamos conscientes do nosso corpo o tempo todo. Na verdade, em circunstâncias comuns, temos pouquíssima consciência do corpo. O idealista poderia descrever da seguinte maneira o que aconteceu: durante essa hora, de vez em quando, ele se sentiu consciente de estar vivo. Em outras palavras, ele pensou em si mesmo. Nessas ocasiões, sua função de onda entrou em colapso e, por sorte, a escolha foi, em todas as ocasiões, o estado de estar vivo. Entre esses momentos de colapso, sua função de onda expandiu-se e transformou-se em uma superposição coerente de morto e vivo no domínio transcendente, que se situa para além da experiência.

Todos sabemos como é que assistimos a um filme de cinema. Nosso cérebro-mente não consegue discernir as imagens imóveis que correm diante de nossos olhos à velocidade de 24 quadrículas por segundo. Analogamente, o que parece continuidade para um observador humano que observa a si mesmo é, na realidade, uma miragem que consiste de numerosos colapsos descontínuos.

Este último argumento implica também que não podemos salvar o gato de Schrödinger do resultado atroz do decaimento do átomo radioativo ao olhar constantemente para ele e, de alguma maneira, produzir continuamente o colapso de sua função de onda e mantê-lo vivo. Embora nobre, esse pensamento não vai funcionar — pela mesma razão que uma panela observada ferve, mesmo que o adágio sugira o contrário. É uma boa coisa, também, que a panela observada ferva, porque se pudéssemos evitar uma mudança simplesmente olhando para um objeto, o mundo ficaria cheio de narcisistas, tentando escapar da velhice e da morte meditando sobre si mesmos.

Note bem o lembrete de Schrödinger: "As observações devem ser consideradas como eventos separados, descontínuos. Entre eles, há intervalos que não podemos preencher".

A solução do paradoxo do gato de Schrödinger nos diz muito sobre a natureza da consciência. A consciência escolhe entre alternativas quando manifesta a realidade material; é transcendente e unitiva; e sua ação escapa de nossa percepção mundana comum. Reconhecidamente, nenhum desses aspectos da consciência é evidente por si mesmo para o senso comum. Faça um esforço para suspender a descrença e lembre-se do que Robert Oppenheimer disse certa vez: "Ciência é senso incomum".

O colapso quântico é um processo de escolha e reconhecimento por um observador consciente, e em última análise, só há um deles, o que significa que temos outro paradoxo clássico para resolver.

Quando estará completa uma mensuração?

Para alguns realistas, uma mensuração está completa quando um aparelho clássico de medição, como o contador Geiger na gaiola do gato de Schrödinger, mede um objeto quântico, e termina quando o aparelho emite um clique. Notem que se aceitarmos essa solução, não surgirá o paradoxo do estado dicotômico do gato.

O que me lembra uma historinha: dois cavalheiros idosos conversavam e um deles queixava-se de gota crônica. O outro, com certo orgulho, disse: "Eu nunca me preocupei com gota. Tomo banho frio todas as manhãs". O cavalheiro doente fitou-o zombeteiramente e respondeu: "De modo que, em vez de gota, você sofre de banho frio crônico!"

Esses realistas tentam substituir por outra a dicotomia de Schrödinger: por uma dicotomia clássica-quântica. Dividem o mundo entre objetos quânticos e seus aparelhos clássicos de mensuração. Essa dicotomia, porém, não se sustenta, nem é necessária. Podemos afirmar que todos os objetos obedecem às leis quânticas (a unidade da física!) e, ainda assim, responder convincentemente à pergunta: quando estará completa a mensuração?

Mas o que é que define uma mensuração? Ou, mudando um pouco o fraseado, quando podemos dizer que uma mensuração quântica está completa? Podemos nos aproximar da resposta recuando um pouco na história.

Werner Heisenberg, que propôs o princípio da incerteza, formulou um experimento mental que Bohr elucidou ainda mais. Recentemente, David Bohm deu uma descrição do experimento, que vamos adaptar aqui.[8] Suponhamos que uma partícula esteja em repouso no plano-alvo de um microscópio e que analisemos o processo de observá-la em termos da física clássica. A fim de observar a partícula, focalizamos (com a ajuda do microscópio) outra partícula, que é defletida pela partícula-alvo para uma placa de emulsão fotográfica, deixando um rastro. Baseados no rastro e em nosso conhecimento sobre como funciona o microscópio, podemos determinar, de acordo com a física clássica, tanto a posição da partícula-alvo quanto o *momentum* que lhe foi comunicado no momento da deflexão (desvio). As condições experimentais específicas em nada influenciam o resultado final.

Tudo isso muda na mecânica quântica. Se a partícula-alvo é um átomo e se o observamos através de um microscópio eletrônico, no qual o elétron é desviado do átomo para a placa fotográfica (Figura 22), precisamos levar em conta as quatro considerações seguintes:

1. O elétron desviado tem de ser descrito como uma onda (enquanto viaja do objeto O para a imagem P) e como partícula (à chegada em P e enquanto deixa o rastro T).
2. Devido a esse aspecto de onda do elétron, o ponto de imagem P só nos informa sobre a distribuição de probabilidade da posição do objeto O. Em outras palavras, a posição é determinada apenas dentro de uma margem de incerteza Δx (pronunciado delta x).
3. Analogamente, argumentou Heisenberg, a direção do rastro T só nos dá a distribuição de probabilidade do momentum de O e, portanto, determina o *momentum* apenas dentro de uma margem de incerteza Δp (delta pi). Usando matemática simples, Heisenberg conseguiu demonstrar que o produto das duas incertezas é igual ou maior do que a constante de Planck. Este é o chamado princípio da incerteza de Heisenberg.

4. Em uma descrição matemática mais detalhada, Bohr observou que é impossível especificar separadamente a função de onda do átomo observado da função de onda do elétron que é usado para vê-lo. Na verdade, disse Bohr, a função de onda do elétron não pode ser desemaranhada da função de onda da emulsão fotográfica. Nesta cadeia, não podemos traçar inequivocamente a linha divisória.

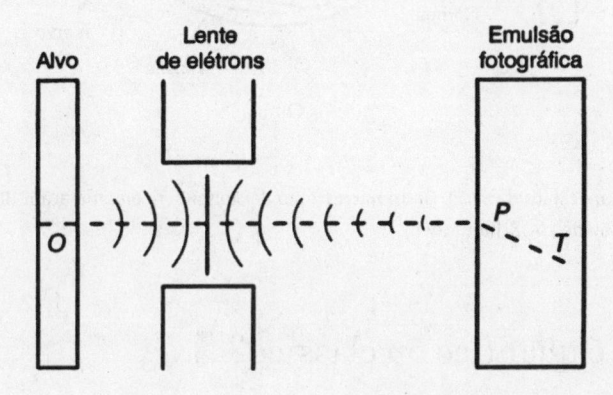

Figura 22   O microscópio de Bohr-Heisenberg. (Reproduzido com permissão de J. A. Schumacher.)

A despeito da ambiguidade que ocorre ao ser traçada a linha, Bohr achou que devia traçá-la, devido ao "uso indispensável de conceitos clássicos na interpretação de todas as mensurações apropriadas". O arranjo experimental, Bohr comentou, precisa ser descrito em termos inteiramente clássicos. Tem de ser suposto que a dicotomia das ondas quânticas acabe com o uso do aparato de medição.[9] Mas, como observou convincentemente o filósofo John Schumacher, todos os experimentos concretos contam com um segundo microscópio Heisenberg embutido:[10] o processo de observar o rastro na emissão implica o mesmo tipo de consideração que levou Heisenberg ao princípio da incerteza (Figura 23). Fótons do rastro na emulsão são amplificados pelo próprio órgão visual do experimentador. Poderemos ignorar a mecânica quântica de nossa própria visão? Se não podemos, estará nossa mente-cérebro-consciência inexoravelmente conectada ao processo de mensuração?

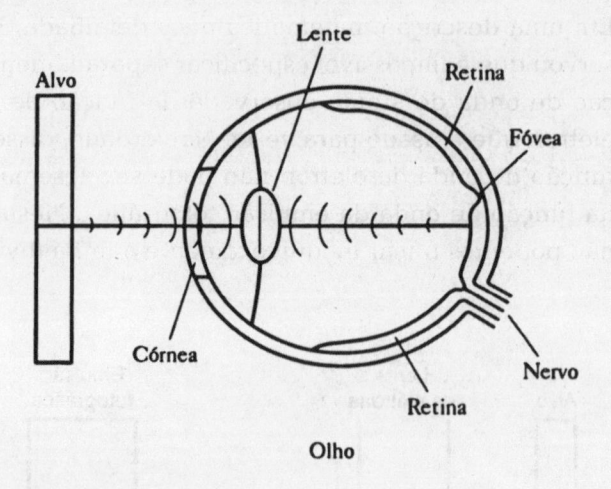

Figura 23   A mecânica da visão. Outro microscópio de Heisenberg em operação? (Reproduzido com permissão de J. A. Schumacher.)

O gato é quântico ou clássico?

Se pensamos bem no assunto, torna-se claro que Bohr substituiu uma dicotomia, a do gato, por outra, a de um mundo dividido em sistemas quântico e clássico. Segundo Bohr, não podemos separar a função de onda do átomo do resto do ambiente na gaiola do gato (os vários dispositivos de medição do decaimento do átomo, tais como o contador Geiger, a garrafa de veneno, e até o gato), e a linha que traçamos entre os mundos macro e micro é inteiramente arbitrária. Infelizmente, Bohr sustentava também que teríamos de aceitar que a observação realizada por uma máquina — um aparelho de medição — solucionaria a dicotomia de uma função de onda quântica.

Todo e qualquer objeto macro (o gato ou qualquer máquina observadora) é, em última análise, um objeto quântico. Não há essa tal coisa de um corpo clássico, a menos que estejamos dispostos a admitir uma perigosa dicotomia quântica/clássica na física. É bem verdade que o comportamento de um corpo macro pode ser previsto na maioria das situações, com base nas regras da mecânica clássica. (Nesses casos, a mecânica quântica fornece os mesmos prognósticos matemáticos que a mecânica clássica — caso do princípio da correspondência, que o próprio Bohr formulou.) Por esse motivo, frequentemente nos referimos a corpos macros como sendo clássicos. Tal não acontece, no entanto, no processo de mensuração, e não se aplica ao mesmo o princípio da correspondência. Bohr sabia disso, claro. Em seus famosos debates com Einstein, ele muitas vezes recorria à mecânica quântica para descrever mensurações de corpos macros, com o objetivo de refutar as agudas objeções de Einstein às ondas de probabilidade e ao princípio da incerteza.[11]

Como exemplo do debate entre os dois, pensem no experimento de fenda dupla, mas, desta vez, com uma faceta adicional. Suponhamos que antes de incidirem na dupla fenda, os elétrons passem através de uma única fenda em um diafragma — sendo o objetivo neste caso a definição precisa do ponto de partida dos elétrons. Einstein sugeriu que a fenda inicial fosse montada em molas extremamente sensíveis (Figura 24). Argumentava ele que se a primeira fenda defletisse um elétron para a mais alta das duas fendas, o primeiro diafragma faria um movimento de recuo para trás, baseado no princípio de conservação do *momentum*. O caso oposto ocorreria se um elétron se desviasse para baixo, para a fenda inferior. Dessa maneira, a mensuração do recuo do diafragma nos informaria sobre em qual fenda o elétron realmente passaria, informação esta que se supunha que a mecânica quântica negasse. Se o primeiro diafragma fosse realmente clássico, Einstein teria razão. Defendendo a mecânica quântica, Bohr observou que, em última análise, o diafragma obedeceria também ao princípio da incerteza quântica. Dessa maneira, se seu *momentum* fosse medido, sua posição se tornaria incerta. Essa ampliação da primeira fenda eliminaria efetivamente o padrão de interferência, como Bohr conseguiu demonstrar.

Suponhamos, ainda, que o princípio da complementaridade esteja funcionando e que, às vezes, um macroaparato capta de fato a dicotomia quântica (como foi demonstrado pelo debate Bohr-Einstein), mas que, em outras ocasiões, isso não ocorre — como acontece com um aparelho de medição. Essa ideia, denominada macrorrealismo, é engenhosa e coube ao brilhante físico Tony Leggett, cujo trabalho inspirou a criação de um dispositivo experimental brilhante, denominado SQUID (Superconducting Quantum Interference Device*).[12]

Condutores comuns conduzem eletricidade, mas oferecem sempre alguma resistência à passagem da corrente, que resulta em perda de energia elétrica, sob a forma de calor. Em contraste, os supercondutores permitem que a corrente flua sem resistência. Se passarmos

* Dispositivo Supercondutor de Interferência Quântica. [N. de T.]

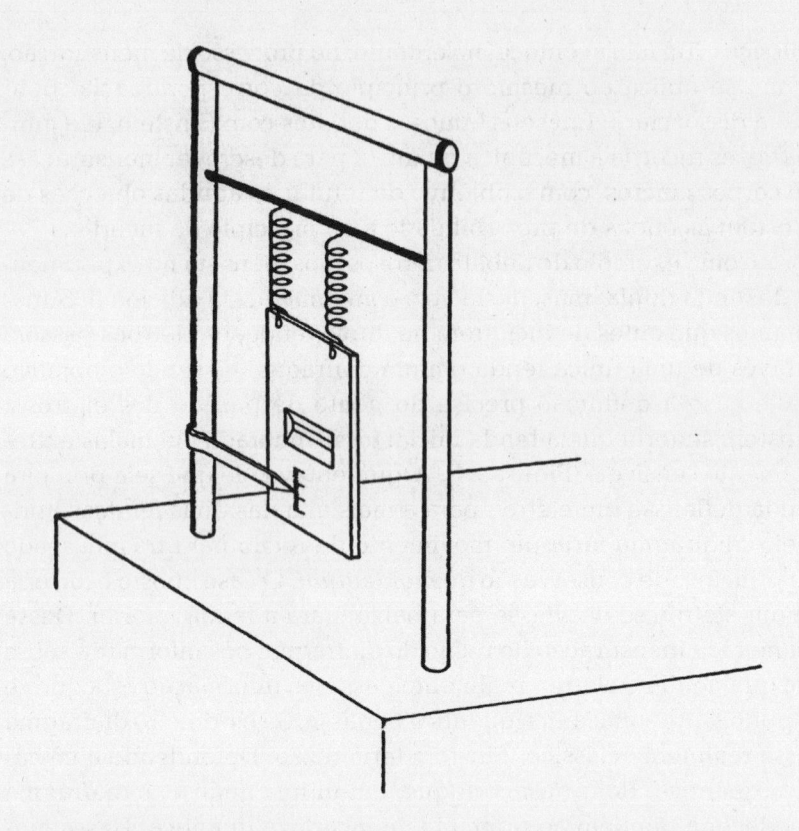

Figura 24   Fenda inicial suspensa numa mola, sugerida por Einstein para experimento da fenda dupla. Se o elétron passa por uma fenda montada sobre molas, da forma mostrada acima, antes de passar pela tela com as duas fendas (não mostrada na ilustração), será possível saber através de qual ele passará, sem destruir o padrão de interferência?

uma corrente através de um *loop* supercondutor, a corrente fluirá praticamente para sempre — até mesmo sem uma fonte de energia. A supercondutividade é devida a uma correlação especial entre os elétrons, que se estende por todo o corpo do supercondutor. Há necessidade de energia para que os elétrons se libertem desse estado correlacionado, e por isso o estado em causa está relativamente imune ao movimento térmico aleatório presente no condutor comum.

O SQUID é um tipo de supercondutor com dois orifícios que praticamente se tocam em um ponto denominado elo fraco (Figura 25). Suponhamos que criamos uma corrente no *loop* em volta de um dos orifícios. A corrente cria um campo magnético, exatamente como faz um eletroímã; as linhas do campo que o representam passam através do orifício — o que, também, é habitual. O

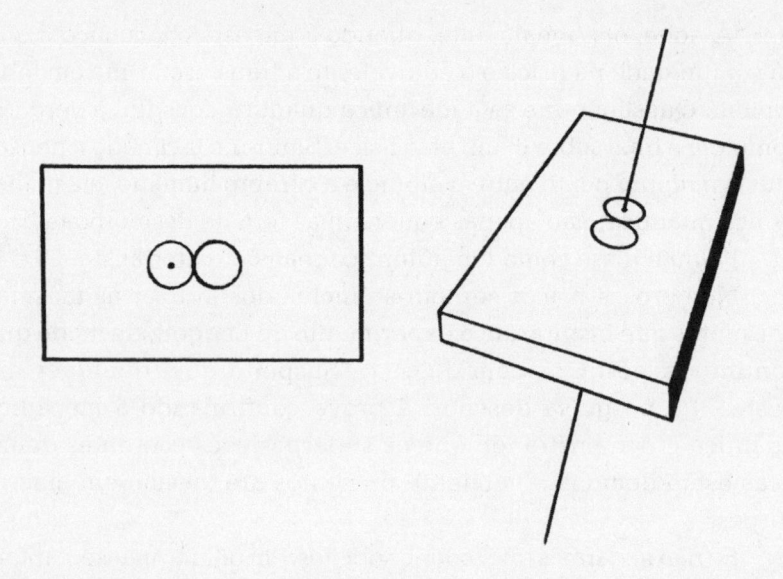

Figura 25   Será a linha do fluxo compartilhada pelos dois orifícios, revelando a interferência quântica no nível macro?

incomum, no caso do supercondutor, é que o fluxo magnético, ou número de linhas do campo por unidade de área, é quantizado, ou seja, o fluxo magnético que passa através do orifício é separado. E foi esse fato que deu a Leggett sua principal ideia.

Suponhamos que criamos uma corrente tão pequena que só há um *quantum* de fluxo. Em seguida, criamos um problema de interferência, do tipo fenda dupla. Se há apenas um orifício, então, obviamente, o fluxo quântico pode estar em qualquer local. Se o elo entre os dois orifícios é espesso demais, o fluxo se localizará em um só orifício. Se tivéssemos o tamanho exatamente correto do elo fraco, poderíamos criar uma interferência de tal ordem que o fluxo quântico estaria em ambos os orifícios ao mesmo tempo, não localizado? Se assim fosse, as superposições quânticas coerentes persistiriam claramente, mesmo na escala dos macrocorpos. Se nenhuma não localização desse tipo fosse vista, poderíamos concluir que os macrocorpos são realmente clássicos e que não permitem superposições coerentes nos estados que admitem.

Até agora, nenhuma prova há de desmoronamento da mecânica quântica com o SQUID, embora Leggett espere confiantemente que tal coisa aconteça com a teoria. Em entrevista recente, disse

119

ele: "À noite, ocasionalmente, quando a lua está cheia, faço o que na comunidade da física é o equivalente a transformar-me em lobisomem. Questiono-me se a mecânica quântica constitui a verdade completa e final sobre o universo físico. Sinto-me inclinado a pensar que, em *algum* ponto entre o átomo e o cérebro humano, ela (a mecânica quântica) não apenas poderá, mas terá de desmoronar."[13]

Falou e disse como um autêntico realista materialista!

Numerosos físicos sentem-se inclinados a fazer as mesmas perguntas que inspiraram o experimento de Leggett, de modo que continua a pesquisa com o SQUID. Suspeito que, qualquer dia destes, tal pesquisa descobrirá prova confirmando a mecânica quântica e demonstrando que as superposições coerentes quânticas estão demonstravelmente presentes até mesmo em macrocorpos.

Se não negarmos que todos os objetos, em última análise, captam a dicotomia quântica, então, como von Neumann argumentou, o primeiro a fazê-lo se uma série de máquinas materiais medir um objeto quântico em uma superposição coerente, todas elas, uma após outra, captarão a dicotomia do objeto, *ad infinitum* (Figura 26).[14] De que

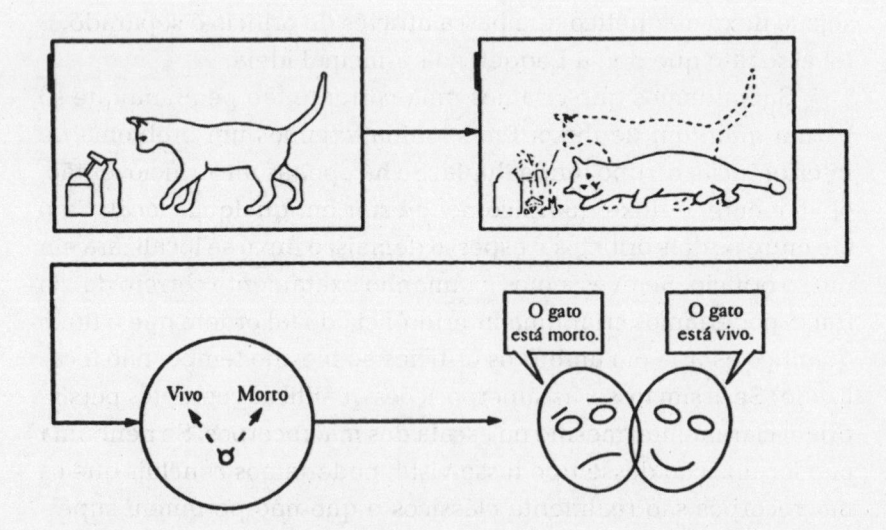

Figura 26   A cadeia de Von Neumann. Segundo o argumento de Von Neumann, até mesmo nosso cérebro-mente capta a dicotomia do gato. Se assim ocorre, de que modo termina a cadeia? (Reproduzido de A. Goswami, *Quantum Mechanics*. Permissão concedida pela Wm. C. Brown, Inc., editores).

modo podemos nos libertar do bloqueio criado pela série de von Neumann? A resposta é surpreendente: *Saltando para fora do sistema, para fora da ordem materialista da realidade.*

Sabemos que a observação procedida por um observador consciente acaba com a dicotomia. Deve ser óbvio, portanto, que a consciência deve funcionar fora do mundo material. Em outras palavras, a consciência deve ser transcendente — não local.

O paradoxo de Ramachandran

Se ainda o incomoda o fato de que sua consciência é transcendente, leitor, você talvez queira analisar um paradoxo que foi elaborado pelo neurofisiologista V. S. Ramachandran.[15]

Suponhamos que com o emprego de alguma supertecnologia seja possível registrar, com microeletrodos, ou coisas desse tipo, tudo que acontece no cérebro, quando bombardeado por estímulos externos. A partir desses dados e com a ajuda de alguma supermatemática, você pode imaginar obter uma descrição completa e detalhada do cérebro quando submetido a um dado estímulo.

Suponhamos ainda que o estímulo é uma flor vermelha e que você a mostra a várias pessoas, reúne os dados, analisa-os e descobre uma série de estados cerebrais que correspondem à percepção de uma flor vermelha. Seria de esperar que, excetuadas pequenas flutuações estatísticas, você chegasse basicamente à mesma descrição de estados (alguma coisa como: certas células cerebrais, em uma certa área do cérebro envolvida na percepção das cores, reagiram), em todas as ocasiões.

Você poderia mesmo imaginar que, com a ajuda de supertecnologia, registraria e analisaria dados de seu próprio cérebro (depois de ter visto a flor vermelha). O estado cerebral que descobre em seu caso não deve apresentar qualquer diferença discernível de todos os outros.

Pense agora na seguinte e curiosa mudança no experimento: você não tem razão para suspeitar que a descrição dos estados cerebrais de todas as outras pessoas não seja completa (em especial se é completa a crença em sua superciência). Ainda assim, no tocante ao estado de seu cérebro, você tem certeza de que alguma coisa ficou de fora: isto é, seu papel como observador — sua consciência da experiência, representada pelo estado de seu cérebro, percepção concreta e consciente da cor vermelha. Sua experiência subjetiva não poderia ser parte do estado do cérebro objetivo porque, em tal situação, quem estaria observando o cérebro? O famoso neurocirurgião canadense Wilder Penfield ficou identicamente confuso ao pensar na perspectiva de realizar em si mesmo uma cirurgia no cérebro: "Onde está o sujeito e onde está o objeto, se você está operando seu próprio cérebro?"[16]

Deve forçosamente haver uma diferença entre seu cérebro, como observador, e o cérebro daqueles que você observa. A única conclusão alternativa é que os estados cerebrais que você criou até com uma superciência são incompletos. Desde que seu estado cerebral está incompleto e os estalos cerebrais das outras pessoas são idênticos aos seus, eles terão de ser também incompletos, porquanto todos eles deixam de fora a consciência.

Para os realistas materialistas, configura-se aqui um paradoxo, uma vez que, do ponto de vista que adotam, nenhum dos resultados acima é desejável. O materialista relutará em conceder um privilégio especial a um dado observador (o que equivaleria a solipsismo), mas seria também contrário a admitir que qualquer descrição possível do estado do cérebro, usando ciência materialista, seria, *ipso facto*, incompleta.

O paradoxo é solucionado pela interpretação idealista da mecânica quântica, uma vez que, segundo ela, a descrição *quantum*-mecânica do estado do cérebro não inclui o sujeito transcendente, a consciência, e é reconhecida como incompleta nessa extensão. Nessa incompleteza, um espaço é aberto para experiência consciente.

Um elemento importante no particular é a pergunta do cirurgião: Onde está o sujeito e onde está o objeto, se você opera seu próprio cérebro? Este argumento é transmitido bem pela expressão "O que estamos procurando é aquilo que procura". A consciência implica uma auto-referência paradoxal, uma capacidade, aceita como natural, de referirmo-nos a nós mesmos como separados do ambiente.

Disse Erwin Schrödinger: "Sem estarmos conscientes disso, e sem sermos rigorosamente sistemáticos a esse respeito, excluímos o Sujeito de Cognição do domínio da natureza que nos esforçamos para compreender".[17] Uma teoria da mensuração quântica que ousar invocar a consciência nos assuntos dos objetos quânticos, com o objetivo de ser "rigorosamente sistemática", tem de enfrentar o paradoxo da auto-referência. Mas analisemos em maior profundidade esse conceito.

Quando uma mensuração está completa? (reprise)

Uma crítica sutil pode ser feita à afirmação de que uma consciência transcendente produz o colapso da função de onda de um objeto quântico. A crítica diz que a consciência que produz o colapso poderia ser a de um Deus externo, onipresente, como no poema seguinte:

> Era uma vez um homem que disse: "Deus
> Tem de considerar muito estranho
> Se descobrir que esta árvore
> Continua a existir
> Quando não há ninguém na quadra".
>
> Prezado senhor, seu espanto é estranho,
> Eu estou sempre na quadra,
> E é por esse motivo que a árvore
> Continuará a ser
> Observada pelo Senhor. Atenciosamente, Deus.[18]

Um Deus onipresente que produz o colapso da função de onda não resolve o paradoxo da mensuração, contudo, porque podemos perguntar: em que ponto a mensuração está completa, se Deus está sempre olhando? A resposta é de importância crucial: *A mensuração não está completa sem inclusão da percepção-consciente imanente.* O exemplo mais conhecido dessa percepção-consciente é, claro, o do cérebro-mente do ser humano.

Quando é que a mensuração está completa? Quando a consciência transcendente ocasiona o colapso da função de onda através de um cérebro-mente que observa com percepção-consciente. Essa formulação concorda com a observação do senso comum, de que jamais há experiência de um objeto material sem um concomitante objeto mental, tal como o pensamento de que vejo este objeto, ou, sem isso, pelo menos tenho percepção-consciente da sua existência.

Note que temos de estabelecer uma distinção entre consciência com e sem percepção-consciente. O colapso da função de onda ocorre no primeiro caso, mas não no último. Consciência sem percepção-consciente é, na literatura psicológica, referida ao inconsciente.

Obviamente, há um tanto de círculo vicioso na opinião de que a percepção-consciente imanente é necessária para completar a mensuração, uma vez que, sem a conclusão da mensuração, não poderá haver percepção-consciente imanente. Percepção-consciente ou mensuração, qual vem em primeiro lugar? Qual a causa primeira? Estamos por acaso entalados com o dilema de quem nasceu primeiro, se a galinha ou o ovo?

Há uma história sufista com um sabor semelhante. Certa noite, o Mulla Nasruddin estava andando por uma estrada deserta quando notou uma tropa de cavaleiros aproximando-se. O Mulla ficou nervoso e começou a correr. Os cavaleiros, vendo-o em fuga, partiram em sua perseguição. Nesse momento, o Mulla ficou realmente amedrontado. Chegando ao muro de um cemitério e, impelido pelo medo, saltou por cima, descobriu um caixão vazio e deitou-se nele. Os cavaleiros, tendo visto que ele saltara o muro, seguiram-no, entrando no cemitério. Após uma pequena busca, encontraram-no, olhando-os medrosamente.

— Algum problema? — perguntaram os cavaleiros. — Podemos ajudá-lo em alguma coisa? Por que o senhor está aí?

— Bem, esta é uma longa história — respondeu o Mulla. — Para resumir, estou aqui por causa de vocês e estou vendo que vocês estão aqui por minha causa.

Se estamos engasgados com uma única ordem de realidade, a ordem física das coisas, então temos aqui um autêntico paradoxo, para o qual não há solução dentro do realismo materialista. John Wheeler chamou o círculo vicioso da mensuração quântica de "um circuito de significado",[19] descrição esta muito sutil, mas a pergunta que importa é a seguinte: quem interpreta o significado? Só para o idealismo é que não há paradoxo, porquanto a consciência atua de fora do sistema e completa o circuito do significado.

Esta solução assemelha-se ao denominado problema do prisioneiro, um problema elementar na teoria dos jogos.[20] Através de um túnel cavado com a ajuda de um amigo externo, o prisioneiro pensa em fugir da cela da prisão (Figura 27). Obviamente, a fuga será muito facilitada se o prisioneiro e o amigo cavarem a partir de dire-

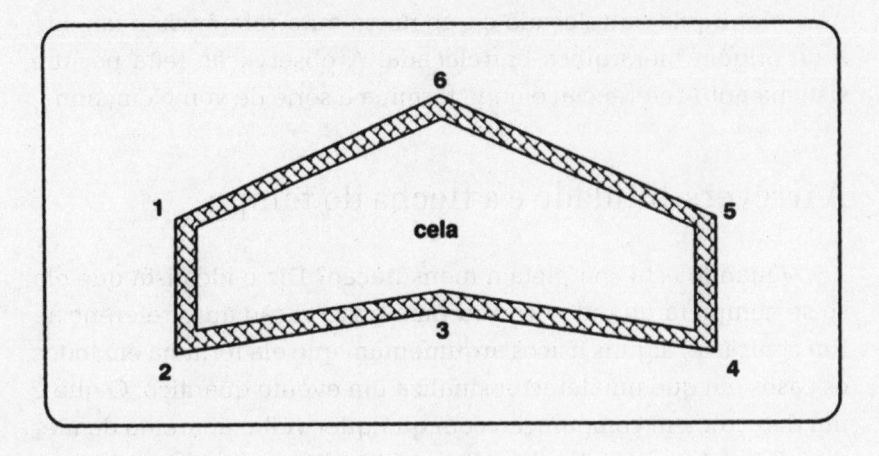

Figura 27 O dilema do prisioneiro: que canto escolher?

ções opostas do mesmo canto. A comunicação não é possível, con-tudo, e há seis cantos para escolher. A chance de fugir não parece nada boa, certo? Mas, pense por um momento na forma da cela do prisioneiro e é excelente a chance de que ele opte por cavar no canto 3. Por quê? Porque o número 3 é o único canto que parece diferente (côncavo), visto de fora. Por isso mesmo, seria de esperar que o amigo começasse a cavar a partir desse ponto. Analogamente, só o número 3 é convexo, visto de dentro, de modo que o amigo provavelmente espera que ele comece também a cavar nesse ponto.

Bem, qual a motivação do amigo para cavar nesse canto espe-cial? O prisioneiro! Ele o vê escolhendo esse mesmo canto pela mesma razão que você o vê escolhendo-o. Note que não podemos atribuir nenhuma sequência causal neste caso e, por conseguinte, nenhuma hierarquia simples de níveis. Em vez de linearidade cau-sal, temos um círculo vicioso causal. Ninguém decidiu coisa alguma sobre um plano. O plano, na verdade, foi uma criação mútua, ins-pirada por uma finalidade mais alta — a fuga do prisioneiro.

Douglas Hofstadter chamou a esse tipo de situação de hierarquia entrelaçada, ou emaranhada — uma hierarquia tão misturada que não podemos saber qual a mais alta e qual a mais baixa no poste totêmico hierárquico. Pensa Hofstadter que a auto-referência talvez emane de uma hierarquia entrelaçada desse tipo.[21] Suspeito que a situação no cérebro-mente, com a consciência provocando o colapso da função de onda, mas não quando a percepção-consciente está presente, é uma hierarquia entrelaçada e que nossa auto-referência imanente é de origem hierárquica entrelaçada. A observação feita por um sistema auto-referencial é onde termina a série de von Neumann.

A irreversibilidade e a flecha do tempo

Quando está completa a mensuração? Diz o idealista que ela só se completa quando ocorreu uma observação auto-referencial. Em contraste, alguns físicos argumentam que ela termina em todos os casos em que um detector sinaliza um evento quântico. O que é um detector, em comparação com qualquer velho aparelho de medição? A detecção efetuada pelo detector, dizem eles, é *irreversível*.

Mas o que é irreversibilidade? Há na natureza certos processos que poderiam ser chamados de irreversíveis, uma vez que não podemos saber a direção no tempo ao examinar esses processos da frente para trás. Um exemplo particular seria o movimento de um pêndulo (pelo menos, durante algum tempo). Se filmamos seu movimento e em seguida o projetamos numa tela, de frente para trás, não há diferença observável. Em contraste, um processo irreversível é aquele que não pode ser filmado da frente para trás sem lhe trair o segredo. Suponhamos, por exemplo, que enquanto estamos filmando o movimento do pêndulo em cima da mesa estivemos filmando também uma xícara que caiu e quebrou-se durante a filmagem. Quando passamos o filme de frente para trás, os fragmentos da xícara, saltando do chão e tornando-se inteiros novamente, revelam nosso segredo — que estamos rodando o filme em tempo reverso.

Para compreendermos bem a diferença entre um aparelho de medição reversível e um detector, vejamos um exemplo. Os fótons possuem uma característica de dois valores denominada polarização: um eixo que se situa ao longo (ou é polarizado ao longo) de apenas uma das duas direções perpendiculares. Os óculos de sol Polaroid polarizam luz comum não polarizada. Eles deixam passar apenas os fótons que têm um eixo de polarização paralelo ao das lentes dos óculos. Se quiser submeter esse fato a teste, coloque dois óculos Polaroid perpendiculares entre si e olhe através deles. Você verá apenas escuridão. Por quê? Porque uma lente Polaroid polariza verticalmente os fótons (digamos), ao passo que a outra lente só deixa passar fótons polarizados horizontalmente. Em outras palavras, juntas, as duas lentes atuam como um filtro duplo que exclui toda luz.

Um fóton polarizado a um ângulo de 45 graus em relação à horizontal é uma superposição coerente de estados semipolarizados vertical e horizontalmente. Se o fóton passa através de uma caixa polarizadora com ambos os canais de polarização, horizontal e vertical, ele emerge aleatoriamente no canal polarizado vertical ou horizontalmente. Este fato pode ser visto nas leituras dos ponteiros de detectores colocados atrás de cada canal (Figura 28a).

Suponhamos agora que no arranjo da figura 8a colocamos um polarizador de 45 graus à frente dos fótons, antes que eles sejam detectados (Figura 28b.) Descobrimos que o fóton foi reconstruído de volta em seu estado original de polarização de 45 graus, o que é uma superposição coerente. Ele foi regenerado. O polarizador sozinho, portanto, não é suficiente para medir os fótons — porquanto estes ainda retêm seu potencial de se tornarem uma superposição coerente. Para a mensuração, é necessário um detector em que ocorram processos irreversíveis, tais como uma tela fluorescente ou um filme fotográfico.

Se pensamos em termos de reversão do tempo, o movimento dos fótons polarizados a 45 graus, que passam através da caixa polarizada, e em seguida através do polarizador de 45 graus, é reversível no tempo. Se, contudo, os fótons forem detectados por algum detector com processos irreversíveis, podemos, quando imaginamos o processo de frente para trás, discernir entre para a frente e para trás.

Vale lembrar aqui a história de uma cena rodada para um filme mudo. A heroína deveria estar amarrada aos trilhos, enquanto um trem viria em alta velocidade em sua direção. No roteiro do filme, ela seria salva — o trem pararia no último momento. Uma vez que a estrela (compreensivelmente) relutava em arriscar a vida, o diretor filmou toda a cena de frente para trás — começando com a atriz amarrada aos trilhos e o trem ao seu lado, inteiramente parado. Em seguida, o trem deveria correr para trás. Mas o que é que você pensa que o público viu quando o filme foi projetado de frente para trás? Naqueles dias, os trens funcionavam com uma caldeira que queimava carvão. No filme que rodava para trás, a fumaça corria para dentro da chaminé, em vez de sair e, dessa maneira, revelou o segredo do filme. A evolução da fumaça no tempo era irreversível.

AS NOVE VIDAS DO GATO DE SCHRÖDINGER

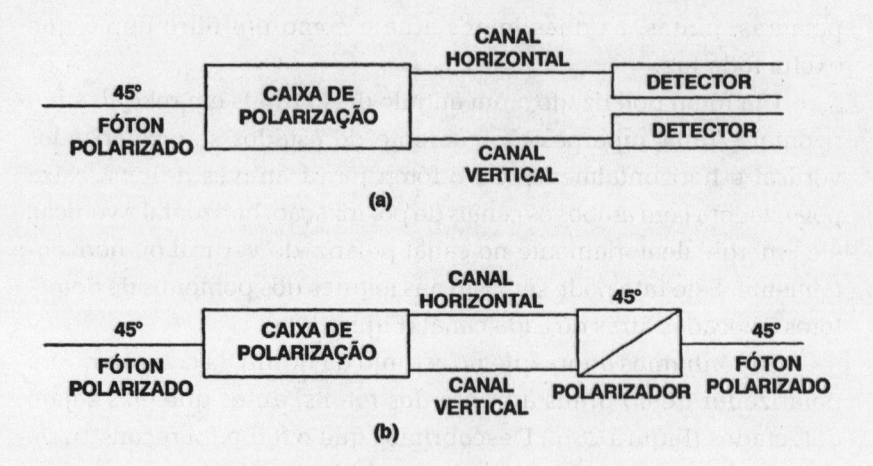

Figura 28   Experimentos com fótons polarizados a 45º.

Significará isso que está próxima a solução do problema da mensuração quântica — e sem supor a participação da consciência? Temos apenas de reconhecer a irreversibilidade de certos aparelhos de medição denominados detectores e, neste caso, poderemos saltar para fora da série de von Neumann. Uma vez que esses detectores tenham feito seu trabalho, a superposição quântica coerente não poderá ser mais regenerada e caberá dizer, por conseguinte, que terminou.[22] Mas será realmente assim?

A pergunta, portanto, passa a ser a seguinte: o detector será suficiente para acabar com a série de von Neumann? A resposta é não. O detector terá de se tornar uma superposição coerente de leituras de ponteiros pela razão muito simples de que, em última análise, ele, também, obedece à mecânica quântica. O mesmo acontecerá com quaisquer aparelhos de medição subsequentes — reversíveis ou "irreversíveis", a série de von Neumann continua.

O ponto é que a equação quântica de Schrödinger é reversível no tempo: ela não muda se o tempo for mudado para o tempo negativo. Qualquer macrocorpo que se enquadre em uma equação de tempo reversível não pode ser realmente irreversível em seu comportamento, conforme foi demonstrado pelo matemático Jules-Henri Poincaré.[23] Por isso mesmo, diz a sabedoria convencional que a irreversibilidade absoluta é impossível. A irreversibilidade aparente que vemos na natureza tem a ver com a pequena probabilidade existente de um macrocorpo complexo refazer seu caminho na evolução para uma configuração que tenha mais ordem relativa.

O estudo da irreversibilidade proporciona uma lição importante. Embora, em última análise, todos os objetos sejam objetos quânticos, a irreversibilidade aparente de alguns macrobjetos permite-nos distinguir aproximadamente entre os clássicos e os quânticos. Podemos dizer que um objeto quântico é aquele que se regenera, enquanto que o clássico tem um período de regeneração muito, muitíssimo demorado. Em outras palavras, embora os objetos quânticos não contenham um registro discernível de sua história — nenhuma memória —, podemos dizer que objetos clássicos, como os detectores, a têm no sentido de precisarem de muito tempo para apagá-la.

Mas surge outra questão importante: se não há irreversibilidade final no movimento da matéria, de que modo a interpretação idealista explica a ideia de um fluxo unidirecional do tempo, a flecha do tempo? Na interpretação idealista, o tempo é uma rua de mão dupla no domínio transcendente, mostrando sinais de irreversibilidade apenas aproximada de movimento de objetos cada vez mais complexos. Quando a consciência produz o colapso da função de onda do cérebro-mente, ela manifesta o tempo unidirecional subjetivo que observamos. A irreversibilidade e a flecha do tempo entram na natureza no processo do próprio colapso, em mensurações quânticas, como suspeitou há muito tempo o físico Leo Szilard.[24]

Parece, portanto, que a irreversibilidade dos detectores não soluciona o problema da mensuração. Essa solução não pode ser invocada, a menos que estejamos dispostos a aceitar a irreversibilidade, sob a forma de aleatoriedade, como sendo ainda mais fundamental do que a mecânica quântica. Há uma proposta para que seja feito exatamente isso.[25]

Suponhamos que a matéria é fundamentalmente aleatória e que o comportamento aleatório de um substrato de partículas, através de flutuações ocasionais, gere o comportamento organizado aproximado que possamos denominar de quântico. Se isso acontecesse, a própria mecânica quântica seria um epifenômeno — como aconteceria com todos os demais comportamentos organizados. Nenhum dado experimental dá apoio a tal teoria, embora ela seja uma solução engenhosa para o problema da mensuração, se puder ser provada. Alguns físicos de fato supõem, contudo, que existe um meio subjacente que causa a aleatoriedade. E traçam uma analogia com o movimento aleatório subjacente das moléculas, que produz o movimento aleatório (denominado movimento browniano) de grãos de pólen na água, quando vistos sob um microscópio. A suposição de um meio subjacente, contudo, contraria o experimento do Aspecto, a menos que se aceite a não localidade. E é difícil aceitar movimento browniano não local no realismo materialista.

As nove vidas

Diz Stephen Hawking: "Toda vez que ouço falar no gato de Schrödinger sinto vontade de sacar uma pistola". Quase todos os físicos sentiram desejo semelhante. Todos querem matar o gato — isto é, o paradoxo do gato —, mas parece que o bichano tem nove vidas.

Na primeira, ele é tratado estatisticamente, como parte de um conjunto. O gato é ofendido (porque sua singularidade é negada nessa interpretação do conjunto), mas não machucado.

Na segunda, é considerado um exemplo da dicotomia quântica/clássica pelos filósofos divisivos do macrorrealismo. O gato recusa-se a trocar sua dicotomia vida/morte por outra dicotomia.

Na terceira, é confrontado com a irreversibilidade e a aleatoriedade, mas diz: "Prove isso".

Na quarta, enfrenta as variáveis ocultas (a ideia de que seu estado nunca se torna dicotômico e é, na realidade, inteiramente determinado por variáveis ocultas) e de que o que acontece continua oculto.

Na quinta, os neocopenhaguistas tentam acabar com ele usando a filosofia do positivismo lógico. Segundo a maioria das conclusões, ele escapa incólume.

Na sexta, ele conhece numerosos mundos. Quem sabe, ele pode ter morrido em algum outro universo, mas, tanto quanto podemos ver, não neste.

Na sétima, conhece Bohr e sua complementaridade, mas é salvo pela pergunta: "O que constitui uma mensuração?"

Na oitava, conhece pessoalmente a consciência (de uma variedade dualista), mas é salvo pelo amigo de Wigner.

Finalmente, na nona, encontra salvação na interpretação idealista. E aqui termina a história das nove vidas do gato de Schrödinger.[26]

capítulo 7

escolho, logo existo

Cabe estudar agora uma questão importante: "O que é consciência?" E como distinguir entre consciência e percepção-consciente?

Infelizmente, não é fácil dar uma definição da primeira. A palavra *consciência* deriva de duas palavras: do verbo latino *scire*, que significa saber, e da preposição *cum*, que significa com. Etimologicamente, portanto, consciência significa "saber com".

No *Oxford English Dictionary*, além disso, há não uma, mas seis definições da palavra *consciência*:

1. Conhecimento conjunto ou mútuo.
2. Conhecimento ou convicção internos, especialmente de nossa própria ignorância, culpa, deficiências etc.
3. O ato ou estado de estarmos conscientes ou cientes de alguma coisa.
4. O estado ou faculdade de estarmos conscientes como condição ou concomitante de todo pensamento, sentimento e vontade.
5. A totalidade das impressões, pensamentos e sentimentos que constituem nosso ser consciente.
6. O estado de estarmos conscientes, considerando isso como a condição normal de uma vida sadia de vigília.

Nenhuma dessas definições é inteiramente satisfatória. Tomadas em conjunto, porém, proporcionam uma ideia aproximada do que é a consciência. Imaginemos uma situação em que entram em jogo todas essas diferentes definições. (Atribuiremos a cada uma delas um subscrito — de 1 a 6). Um buquê de rosas lhe é entregue. O entregador, você e a pessoa que o enviou compartilham todos da mesma consciência$_1$ no tocante ao presente. Faz parte de sua consciência$_2$ que você conheça a história, as associações e as conotações das rosas e do que significam como presente (e, nesta consciência, você pode ou não apreciá-lo). A experiência sensorial de rosas reside na consciência$_3$, por meio da qual você pode aspirar-lhe o aroma, notar-lhe a cor e sentir-lhe os espinhos. Mas é a consciência$_4$ que lhe permite atribuir os significados, considerar os relacionamentos e fazer as escolhas ligadas ao presente (aceitar ou recusar as rosas, por exemplo). A consciência$_5$ é o que o torna o ser único que você é, diferente de sua amada e de qualquer outra pessoa, e que reage de uma forma particular ao presente. E é apenas pela consciência$_6$ que você pode, afinal de contas, receber as rosas e experimentar ou demonstrar qualquer um dos estados precedentes de consciência.

Mas até mesmo essa análise da palavra deixa muito a desejar. A consciência reveste-se de quatro aspectos diferentes. Em primeiro lugar, temos o campo da consciência, às vezes chamado de campo da mente ou espaço de trabalho global.[1] A isso chamo de percepção-consciente. Em segundo, há objetos da consciência, tais como pensamentos e sentimentos, que nesse campo surgem e desaparecem. Em terceiro, há o sujeito da consciência, o experienciador e/ou testemunha. (As definições do dicionário tratam realmente do sujeito da consciência, ou *self* consciente, com o qual nos identificamos.) Em quarto, falamos de consciência como o fundamento de todo o ser.

Uma definição de senso comum da consciência equipara-a à experiência consciente. Falar de um sujeito de consciência sem falar de experiência é o mesmo que falar de um palco de balé sem bailarinas. Note que o conceito de experiência consciente não se restringe à consciência de vigília. O sonho é uma experiência consciente, embora diferente da que temos no estado de vigília. Os estados que experimentamos na meditação, sob o efeito de drogas, nos transes hipnóticos — todos esses estados alterados de consciência envolvem experiências.

O senso comum nos diz que experiências conscientes ocorrem com numerosos concomitantes: alguns internos; outros, externos. Enquanto datilografo esta página, por exemplo, observo minha mente, enquanto meus dedos tocam as teclas da máquina de escrever. Estou pensando: como é que está se saindo esta página? Devo reescrever esta sentença? Estou explicando de menos ou demais? Agora, escuto uma batida à porta do escritório. Levanto a voz: "Quem é?" Nenhuma resposta. Tenho de fazer uma escolha. Ou grito mais alto ou me levanto para ir abri-la.

Os concomitantes externos são fáceis de entender. Eu não me identifico com meus dedos, mesmo quando eles estão ocupados fazendo alguma coisa a que dou valor, como datilografar esta página. Poucos entre nós pensariam em identificar consciência com sensações, impressões sensoriais ou ações motoras. Você pode imaginar-se dizendo "Eu sou minha ida até à porta"? Claro que não. O senso comum nos diz que os concomitantes externos de uma experiência consciente não constituem os elementos fundamentais da consciência.

Quando passamos ao estofo interno da mente — pensamentos, sentimentos, escolhas etc. —, as coisas tornam-se muito menos claras. Numerosas pessoas, por exemplo — seguindo o conceito de Descartes — identificam-se com seus pensamentos: "Penso, logo existo". No caso de outras, ser consciente é sinônimo de sentimentos: "Sinto, logo existo". Alguns podem identificar-se com a capacidade de escolher. Nietzsche, por exemplo, iguala ser e vontade.

Ciência é senso incomum; recorremos a ela quando fracassa o senso comum. Recorrer à psicologia, contudo, em nada adianta. Ou, como disse o eminente cognitivista Ulric Neisser: "A psicologia não está pronta para enfrentar a questão da consciência". Por sorte, a física está. Isso significa voltar à teoria quântica e ao problema da mensuração, que, para começar, abriu a discussão sobre consciência.

A solução idealista do paradoxo do gato de Schrödinger exige que a consciência do sujeito que observa escolha uma faceta da multifacetada superposição coerente vivo-e-morto do gato e, dessa maneira, lhe sele o destino. O sujeito é aquele que escolhe. Não é o *Cogito, ergo sum*, como pensava Descartes, mas o *Opto, ergo sum*: "Escolho, logo existo".

A mente e as leis da mente escondiam-se na noite.

E Deus disse: "Faça-se Descartes", e fez-se a luz.

Mas ela não durou. O demônio gritou: "Hei!

O gato de Schrödinger está aqui! Restabeleça o status quo".

(Com nossas desculpas ao poeta Pope, claro.)

Reconheço, os devotos da física clássica sacudirão a cabeça com ar de desaprovação, porque pensam que não há liberdade de escolha, ou livre-arbítrio, em nosso mundo determinista. Por causa dessa suposição de determinismo causal, tentaram condicionar-nos a acreditar que somos máquinas materiais. Vamos supor que suspendemos por alguns momentos nosso condicionamento. Afinal de contas, resolvemos com nossa hipótese o paradoxo do gato de Schrödinger.

No mesmo espírito de indagação, perguntamos: e daí? Em resposta, abre-se uma porta. Prisioneiros que somos de pensamentos e sentimentos, eles têm origem em contextos antigos, fixos, aprendidos. Acontecerá o mesmo com o livre-arbítrio? Nossas escolhas criam o contexto para nossos atos e, portanto, a possibilidade de um novo contexto surge quando escolhemos. E é justamente essa possibilidade de saltar para fora do velho contexto e entrar em outro, em um nível mais alto, que nos dá liberdade de escolha.

Surgiu uma linguagem característica para descrever especificamente esse tipo de situação — uma estrutura hierárquica de níveis contextuais. Essa linguagem, conhecida como teoria de tipos lógicos, foi criada por Bertrand Russell para solucionar problemas que surgiam na teoria dos conjuntos. A ideia básica de Russell era que um conjunto composto de membros é de um tipo lógico mais alto do que os próprios membros, porque define o contexto para pensar neles. Analogamente, o nome de uma coisa, que representa o contexto da coisa que ela descreve, é de um tipo lógico mais alto do que a própria coisa. Dessa maneira, entre os três concomitantes internos da experiência consciente, sobressai a escolha. Ela é de um tipo lógico mais alto do que pensamentos e sentimentos.

Será a capacidade de escolha, então, o que nos torna conscientes das experiências que escolhemos? Em todos os momentos, enfrentamos literalmente miríades de possibilidades alternativas. Escolhemos entre elas e, quando escolhemos, reconhecemos o curso de nosso devenir. Dessa maneira, a escolha e o reconhecimento da escolha definem nosso *self*. A questão fundamental da consciência do *self* é escolher ou não escolher.

A ideia de que a escolha é a concomitante definidora da consciência do *self* conta com certo apoio experimental. Dados de experimentos na ciência cognitiva indicam que pensamentos e sentimentos, mas não a escolha, surgem como reação à percepção inconsciente de estímulos. Segundo os dados, que descreveremos na seção seguinte, aparentemente não exercemos escolha, a menos que estejamos agindo conscientemente — com percepção-consciente como sujeitos.

Esse fato configura a questão do que significa agir sem percepção--consciente — o conceito do inconsciente. O que em nós é o inconsciente? O inconsciente é aquilo para o qual há consciência, mas não percepção-consciente. Note que não há aqui um paradoxo porque, na filosofia do idealismo, a consciência é o fundamento do ser. Ela é onipresente, mesmo quando nos encontramos em estado inconsciente.

Parte da confusão com o termo *percepção inconsciente* surge das idiossincrasias históricas da etimologia do termo. É o nosso *self* consciente que permanece inconsciente de algumas coisas durante a maior parte do tempo, e de tudo, em um sono sem sonhos. Em contraste, o inconsciente parece permanecer consciente de tudo, durante todo o tempo. Ele jamais dorme. Ou melhor, é o nosso *self* consciente que está inconsciente de nosso inconsciente, e o inconsciente é o que permanece consciente — e temos os dois termos ao avesso. Para maior elucidação do assunto, recomendamos a leitura de *Mentiras essenciais, verdades simples*, de Daniel Goleman.

Quando falamos de percepção inconsciente, portanto, estamos falando de eventos que percebemos, mas que não estamos conscientes de perceber.

Experimentos de percepção inconsciente

Reconheço que a coisa parece esquisita. De que modo pode haver um fenômeno denominado percepção inconsciente? Percepção não é sinônimo de percepção-consciente? Os autores do *Oxford English Dictionary* aparentemente pensam que sim. Não obstante, novos dados recolhidos no laboratório cognitivo apontam para uma distinção entre os dois conceitos — percepção e percepção-consciente de alguma coisa.

A experimentação inicial foi feita com dois macacos. Os pesquisadores Nick Humphrey e Lewis Weiskrantz removeram deles as áreas corticais ligadas à visão. Uma vez que o tecido cortical não se regenera, esperava-se que os macacos permanecessem cegos. Ainda assim, gradualmente, eles recuperaram o suficiente da visão para convencer os pesquisadores de que podiam ver.

Um dos macacos, uma fêmea chamada Helen, era frequentemente levada a passear na coleira. Aos poucos, ela aprendeu a fazer algumas coisas muito esquisitas para uma criatura que devia estar cega. Helen, por exemplo, conseguia subir em árvores. Pegava também comida oferecida quando estava suficientemente perto para que pudesse agarrá-la, mas ignorava-a quando distante demais. Evidentemente, Helen estava vendo, mas com o quê?

Acontece que há uma trilha secundária através da qual estímulos ópticos passam da retina para uma estrutura no metencéfalo chamada colículo superior. Essa visão colicular estava permitindo que Helen visse coisas com o que os pesquisadores batizaram de visão cega.[2]

Por acaso, Nick Humphrey encontrou um sujeito humano com visão cega.[3] Um defeito no córtex desse homem tornara-o cego no campo visual esquerdo de ambos os olhos. Nesse momento, os pesquisadores podiam perguntar ao sujeito o que estava acontecendo na consciência, quando ele executava algumas tarefas permitidas pela visão cega. E as respostas foram estranhas.

Se uma luz lhe era mostrada à esquerda, o lado cego, por exemplo, ele podia apontá-la com precisão. Podia também diferenciar entre cruzes e círculos e linhas horizontais e verticais, tudo isso com o campo visual esquerdo. Mas quando perguntado como via essas coisas, insistia em que não as via. Alegava que simplesmente dava um palpite, a despeito do fato de que sua taxa de acertos estava muito além da que podia ser atribuída ao acaso.

O que é que significa tudo isso? Há agora algum consenso entre os cientistas cognitivos de que a visão cega é um exemplo de percepção inconsciente — percepção sem percepção-consciente de perceber. Como vemos, a percepção e a percepção-consciente não estão necessariamente entrelaçadas.

Provas fisiológicas e cognitivas adicionais de percepção inconsciente foram colhidas em pesquisas realizadas na América e na Rússia.[4] Pesquisadores mediram as respostas elétricas do cérebro de vários sujeitos a uma grande variedade de mensagens subliminares. As respostas eram em geral mais fortes quando uma imagem significativa, como a de uma abelha, era projetada sobre uma tela durante um milésimo de segundo, do que quando usada uma imagem mais neutra, como uma figura geométrica abstrata. (Obviamente, matemáticos não faziam parte do grupo de teste.) Além do mais, quando os sujeitos foram solicitados a mencionar todas as palavras que lhe ocorriam à mente após esses experimentos subliminares, a imagem significativa gerava palavras que eram claramente relacionadas com a imagem mostrada rapidamente. A imagem de uma abelha, por exemplo, provocou a menção de palavras como *ferrão* e *mel*. Em contraste, as imagens geométricas dificilmente provocavam qualquer coisa relacionada com o objeto. Evidentemente, havia percepção da imagem da abelha, mas não consciência total da percepção-consciente dessa percepção.

Esses experimentos foram saudados na imprensa popular como prova experimental do conceito freudiano de inconsciente, que sacudiu o mundo científico no início do século 20. O que, em nós, contudo, é o inconsciente? O inconsciente é aquilo para o qual há consciência (como fundamento do ser), mas não percepção-consciente e nenhum sujeito. De modo que, como percepção inconsciente, estamos falando de eventos que percebemos (isto é, eventos que são captados como estímulos e processados), mas que não temos consciência de estar percebendo. Em contraste, a percepção de forma consciente envolve captar estímulos, processá-los e tornar-se consciente da percepção.

O fenômeno da percepção inconsciente provoca indagações de importância crucial. Estará qualquer um dos três concomitantes comuns da experiência consciente (pensamento, sentimento e escolha) ausente na percepção inconsciente? O experimento sobre mensagens subliminares sugere que o pensamento está presente, uma vez que os sujeitos pensaram nas palavras *ferrão* e *mel* como consequência da percepção inconsciente da imagem de uma abelha. Evidentemente, continuamos a pensar mesmo no inconsciente e pensamentos inconscientes afetam nossos pensamentos conscientes.

No tocante a sentimento, um experimento com pacientes portadores de cérebro cindido gerou provas importantes. Nesses sujeitos, os hemiférios esquerdo e direito do cérebro foram desconectados cirurgicamente, excetuadas as conexões cruzadas nos centros do metencéfalo envolvidas nas emoções e sentimentos. Quando a imagem de um modelo masculino despido foi projetada no hemisfério direito de um sujeito feminino durante uma sequência de padrões geométricos, ela demonstrou embaraço, ficando ruborizada. Quando perguntada por quê, ela negou ter se sentido embaraçada. Não tinha consciência total da percepção-consciente desses sentimentos internos e não podia explicar por que ficara ruborizada.[5] O sentimento, portanto, está também presente na percepção inconsciente, e sentimento inconsciente pode produzir sentimento consciente inexplicável.

Finalmente, cabe perguntar: a escolha ocorre também na percepção inconsciente? Se queremos descobrir esse fato, temos de enviar um estímulo inequívoco ao cérebro-mente, de modo que haja uma escolha de respostas. Em um importante experimento cognitivo, o psicólogo Tony Marcel usou palavras polissêmicas, ou seja, palavras com mais de um significado. Os sujeitos observaram uma tela, enquanto três palavras eram sucessivamente projetadas, uma de cada vez, a intervalos de 600 milissegundos ou um segundo e meio entre os lampejos.[6] Aos sujeitos foi solicitado que apertassem um botão quando reconhecessem conscientemente a última palavra da série. O objetivo inicial do experimento era usar o tempo de reação do sujeito como medida da relação entre congruência (ou a falta dela) entre as palavras e os significados a elas atribuídos em séries tais como mão-palma-pulso (congruente), relógio-palma--pulso (neutra), árvore-palma-punho (incongruente) e relógio-bola--pulso (nenhuma associação). Poder-se-ia esperar que o induzimento da palavra *mão*, por exemplo, seguida pela projeção na tela de *palma* (folha de palmeira), produzisse o significado de *palma*, relacionado com a mão, caso em que melhoraria o tempo de reação do sujeito para reconhecer a terceira palavra, *punho* (congruência). Se a palavra indutora fosse *árvore*, o significado léxico de *palma* como árvore devia ser atribuído, e o reconhecimento do significado da terceira palavra, *pulso*, exigiria um tempo de reação mais longo (incongruente). Na verdade, foi esse mesmo o resultado.

Quando, no entanto, a palavra do meio era escondida por uma máscara, de tal modo que o sujeito a via inconscientemente, mas não conscientemente, não ocorria mais qualquer diferença apreciável em tempo de reação entre os casos congruentes e incongruentes. Esse fato surpreende, porquanto, presumivelmente, ambos os significados da palavra ambígua estavam à disposição da pessoa, pouco importando o contexto indutor, mas nenhum deles foi escolhido de preferência ao outro. Aparentemente, a escolha é um concomitante da experiência consciente, mas não da percepção inconsciente. A consciência de nosso sujeito surge quando é feita uma opção: *Escolhemos, logo existimos.*

Combina. Se não escolhemos, não confessamos reconhecer nossas percepções. O homem com visão cega, portanto, nega ter visto alguma coisa quando evita um obstáculo. A mulher com o córtex cindido ruboriza-se, mas nega ter sentido embaraço.

Talvez, afinal de contas, a psicologia cognitiva possa contribuir para explicar a consciência — especialmente se puder ser usada para submeter a teste ideias baseadas na teoria quântica de sujeito/ *self*. Tanto a teoria quântica quanto esses experimentos cognitivos demonstraram que há base científica para a ênfase que a tradição ocidental põe na liberdade de escolha, como fundamental para a experiência humana.

Note que se a explicação quântica do experimento de Marcel é correta, então ela demonstra indiretamente a existência de superposições coerentes em nosso cérebro-mente. Antes da escolha, o estado do cérebro-mente é ambíguo — tal como o do gato de Schrödinger. Em resposta a uma palavra polissêmica, o estado do cérebro-mente torna-se uma superposição coerente de dois estados. Cada um deles corresponde a um significado diferente de *palma*: árvore ou mão. O colapso consiste da escolha entre um desses estados. (Talvez haja alguma indução para um significado, em virtude de condicionamento. Um californiano, por exemplo, pode sentir ligeira preferência pelo significado de árvore de *palma*. Nesse caso, a ponderação da probabilidade das duas possibilidades não seria igual, mas favoreceria o significado induzido. Haveria, contudo, uma probabilidade não zero para o outro significado, mas persistiria a questão da escolha.)

Escolho, logo existo. Lembre-se, também, de que na teoria quântica *o sujeito que escolhe é um sujeito único, universal, e não nosso ego pessoal, "Eu"*. Além disso, como demonstra um experimento que será discutido no capítulo seguinte, essa consciência optante é também não local.

capítulo 8

o paradoxo Einstein-Podolsky-Rosen

O cenário idealista do colapso quântico depende de a consciência ser não local. Diante disso, impõe-se perguntar se há alguma prova experimental da não localidade. Temos sorte. Em 1982, Alain Aspect e seus colaboradores da Universidade de Paris-Sud realizaram um experimento que demonstrou conclusivamente a não localidade quântica.

Na década de 1930, Einstein ajudou a criar um paradoxo, hoje famoso e conhecido como paradoxo EPR, com o intuito de provar o caráter incompleto da mecânica quântica e reforçar o apoio ao realismo. Dadas as inclinações filosóficas de Einstein, o EPR poderia ter significado "Einstein pela Preservação do Realismo". Ironicamente, o paradoxo voltou como um bumerangue contra o realismo, pelo menos contra o realismo materialista, e o experimento de Aspect fez parte dessa reviravolta.

Lembremo-nos do princípio da incerteza de Heisenberg — em qualquer dado momento, apenas uma de duas variáveis complementares, posição e *momentum*, pode ser medida com absoluta certeza. Isso significa que jamais podemos prognosticar a trajetória de um objeto quântico. Com a ajuda de dois colaboradores, Boris Podolsky e Nathan Rosen (o P e o R do EPR), Einstein construiu um cenário que aparentemente desmente tal imprevisibilidade.[1]

Imaginemos que dois elétrons, que chamaremos de Joe e Moe, interagem entre si durante algum tempo, e em seguida deixam de fazê-lo. Esses elétrons são, claro, gêmeos idênticos, uma vez que é impossível distinguir um elétron de outro. Suponhamos que as distâncias de Joe e Moe a partir de alguma origem em um certo eixo são x_J e x_M, respectivamente, enquanto interagem (Figura 29). Os elétrons estão em movimento e, portanto, têm *momentum*. Podemos designar esses *momenta* (ao longo do mesmo eixo) como p_J e p_M. A mecânica quântica implica que não podemos medir p_J e x_J ou p_M e x_M simultaneamente, em virtude do princípio da incerteza. Mas nos permite de fato medir simultaneamente a distância X entre um e outro ($X = x_J - x_M$) e o *momentum* total de ambos P ($P = p_J + p_M$).

Quando Joe e Moe interagem, disseram Einstein, Podolsky e Rosen, eles se tornam correlacionados porque, mesmo que mais tarde deixem de interagir, medir a posição de Joe (x_J) permite-nos calcular exatamente onde está Moe — o valor de x_M — (uma vez que $x_M = x_J - X$, sendo X a distância conhecida entre eles). Se medimos p_J (o *momentum* de Joe), podemos determinar p_M (o *momentum* de Moe) porque $p_M = P - p_J$, e P é conhecido. Dessa maneira, efetuando a mensuração apropriada de Joe, podemos determinar a posição ou o *momentum* de Moe. Se, contudo, fizermos nossas mensurações de Joe em ocasiões em que Moe não estiver mais interagindo com ele, essas mensurações não poderão, de maneira alguma, produzir qualquer efeito sobre Moe. Os valores da posição e do *momentum* de Moe, por conseguinte, precisam ser simultaneamente acessíveis.

Um objeto quântico correlato (Moe) precisará forçosamente ter valores simultâneos de posição e *momentum*, assim concluía o EPR. Essa observação confirmaria o realismo porque, em princípio, poderíamos, nessa ocasião, determinar a trajetória do movimento de Moe. Em contraste, ela aparentemente comprometia seriamente a mecânica quântica, porque esta concorda com o idealismo ao dizer que é impossível calcular a trajetória de um objeto quântico, porque não existe uma trajetória, mas apenas possibilidades e eventos observados!

Einstein argumentou que se a trajetória de um objeto quântico correlacionado é, em princípio, previsível, mas que a mecânica quântica é incapaz de prevê-la, deveria haver alguma coisa errada com ela. A conclusão favorita que Einstein tirava desse dilema era que a mecânica quântica constituía uma teoria incompleta. Era incompleta na descrição dos estados de dois elétrons correlacionados. Implicitamente, ele apoiava a ideia de que, por trás das cenas, deveria haver variáveis ocultas, parâmetros desconhecidos, que controlariam os elétrons e determinariam sua trajetória.

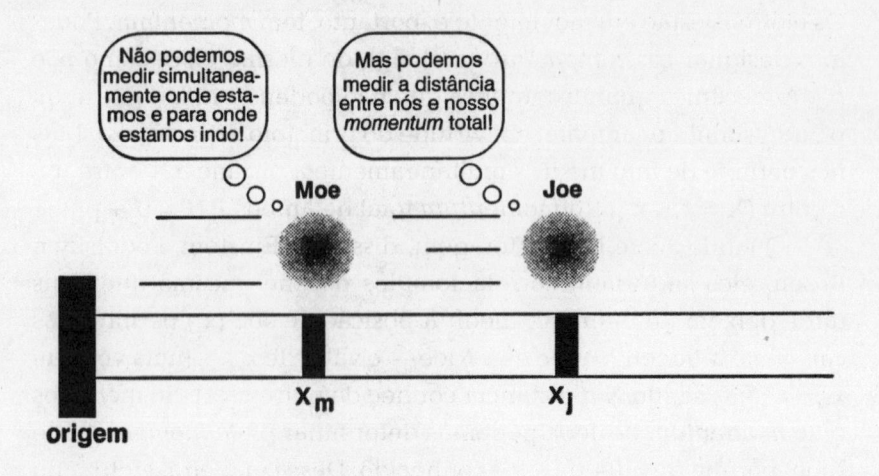

Figura 29   A correlação EPR de Joe e Moe. A distância entre eles $x_j - s_m$ é sempre a mesma, e o *momentum* total de ambos é $p_j + p_m$.

A propósito do conceito de variáveis ocultas, disse o físico Heinz Pagels: "Se imaginamos que a realidade é um baralho, tudo que a teoria quântica faz é prever a probabilidade de que várias mãos sejam distribuídas. Se houvesse variáveis ocultas, isso equivaleria a olhar dentro do baralho e prever as cartas individuais em cada distribuição".[2]

Einstein defendia a ideia de variáveis ocultas deterministas, com a finalidade de desmistificar a mecânica quântica. Ele era um realista, lembre-se. Para Einstein, a mecânica quântica probabilística implicava um Deus jogador e, segundo ele, Deus não joga dados. Em sua opinião, era imperativo que a mecânica quântica fosse substituída por alguma teoria de variáveis ocultas, com o objetivo de restabelecer a ordem determinista no mundo. Infelizmente para ele, a dificuldade para a teoria quântica criada pela análise EPR pode ser solucionada sem variáveis ocultas, conforme observou Bohr. Conta-se, aliás, que Bohr recomendou a Einstein: "Não diga a Deus o que fazer".

Einstein (e Podolsky e Rosen) supunham a doutrina da localidade, com vistas a restabelecer trajetórias e, daí, o realismo materialista. Lembremo-nos de que localidade é o princípio que diz que todas as interações são mediadas por sinais transmitidos através do espaço-tempo. Einstein e seus colegas supunham tacitamente a ideia de que a mensuração da posição (ou *momentum*) do primeiro elétron (chamado Joe) poderia ser feita sem perturbar o segundo (Moe), porque os dois estavam separados no espaço e não interagindo por meio de sinais locais no momento das mensurações. A não interação é o que normalmente esperamos de objetos materiais, porque a relatividade, com seu limite da velocidade da luz para todas as velocidades de sinal, proíbe interação instantânea a distância, ou a não localidade.

A questão pertinente no caso é a separabilidade: estarão separados os objetos quânticos quando não ocorre interação local entre eles, como acontece certamente com objetos que obedecem às leis da física clássica?

Por que o resultado do EPR é considerado um paradoxo? A separabilidade einsteiniana é parte integrante da filosofia do realismo materialista, que ele defendeu durante todo o fim de sua vida. Esta é a filosofia que considera objetos físicos como reais, independentes uns dos outros e da mensuração ou observação que sofrem (a doutrina da objetividade forte). Na mecânica quântica, no entanto, a ideia da realidade de objetos físicos independentes das mensurações que deles fazemos é difícil de sustentar. O motivo de Einstein, portanto, era desacreditar a mecânica quântica e restabelecer o realismo materialista como filosofia básica da física. O paradoxo EPR diz que temos de escolher entre localidade (ou separabilidade) e a completeza da mecânica quântica, e que isso não é escolha, absolutamente, uma vez que a separabilidade é imperativa.

Mas é mesmo? A resposta é um sonoro não, porque, na verdade, a solução do paradoxo EPR reside no reconhecimento de uma inseparabilidade básica dos objetos quânticos. A mensuração de um de dois objetos correlacionados afeta o parceiro correlacionado. Esta foi essencialmente a resposta de Bohr a Einstein, Podolsky e Rosen. Quando um objeto (Joe) de um par correlacionado sofre colapso em um estado de *momentum* p_J, a função de onda do outro entra também em colapso (no estado do *momentum* $P - p_J$), e nada podemos dizer sobre a posição de Moe. E quando Joe sofre colapso através de mensuração de posição em x_j, a função de onda de Moe entra imediatamente em colapso para corresponder à posição $x_J - X$, e não podemos dizer mais coisa alguma sobre seu *momentum*. O colapso é não local, da mesma maneira que a correlação é não local. Os objetos correlacionados-EPR mantêm uma correlação ontológica não local, ou inseparabilidade, e exercem uma influência instantânea, destituída de sinal, de um sobre o outro — difícil como possa se acreditar nisso, do ponto de vista do realismo materialista. A separabilidade é resultado do colapso. Só depois do colapso é que há objetos independentes. O paradoxo EPR, portanto, obriga-nos a admitir que a realidade quântica tem de ser uma realidade não local. Em outras palavras, deve-se pensar em objetos quânticos como objetos em *potentia*, que definem um domínio não local da realidade que transcende o espaço-tempo local e, portanto, situa-se fora da jurisdição dos limites de velocidade einsteinianos.

Bohr, embora compreendesse a inseparabilidade, relutava em ser demasiado explícito sobre metafísica quântica. Nunca foi muito específico, por exemplo, sobre o que entendia por mensuração. De um ponto de vista puramente idealista, dizemos que mensuração significa sempre a observação feita por um observador consciente mediante percepção-consciente. A lição a tirar do paradoxo EPR, portanto, parece ser que um sistema quântico correlacionado contém o atributo de uma plenitude intacta, que inclui uma consciência observadora. Um sistema desse tipo possui uma plenitude nata, de natureza não local, que transcende o espaço.

Mas, antes de desenvolver essa linha de raciocínio, temos de reconhecer que, do ponto de vista puramente experimental, é difícil comprovar a correlação de dois elétrons da maneira exigida pela solução do paradoxo EPR. A função de onda de Moe entra realmente em colapso quando observamos Joe a distância, e quando não estão interagindo? David Bohm, pioneiro no trabalho de decifrar a mensagem da nova física, pensou em uma maneira muito prática de correlacionar elétrons — uma maneira que podemos usar para confirmar experimentalmente a não localidade do colapso.[3]

O elétron tem dois parâmetros de valor denominados *spin*. Pensemos no *spin* como uma flecha que aponta para cima ou para baixo do elétron. Bohm sugeriu que, em certas circunstâncias, podemos fazer com que dois elétrons colidam de tal maneira que, após a colisão, eles seriam correlacionados no sentido em que as flechas dos *spin* de ambos ficariam apontadas em sentido contrário entre si. Dir-se-ia, nesse caso, que os dois elétrons estariam em um estado *singlet*, ou correlacionados em suas polarizações.

A prova da não localidade: o experimento Aspect

Alain Aspect usou o tipo *singlet* de correlação entre dois fótons para confirmar que há uma influência, sem sinal, que opera entre dois objetos quânticos correlacionados. Ele confirmou que a mensuração de um único fóton afeta seu parceiro correlacionado por polarização, sem qualquer troca de sinais locais entre eles.

Imaginemos a situação seguinte: uma fonte de átomos emite pares de fótons e os dois fótons de cada par movem-se em direções opostas. Cada par de fótons é correlacionado por polarização — seus eixos de polarização situam-se ao longo da mesma linha. Dessa maneira, se vemos um fóton através de óculos de sol Polaroid, com eixo de polarização vertical (a maneira como são usados normalmente), uma amiga a distância, no lado oposto dos átomos que emitem a luz, verá o fóton correlacionado apenas se estiver também usando óculos Polaroid com eixo vertical. Se ela inclinar a cabeça, de modo que o eixo de polarização de seus óculos torne-se horizontal, ela não poderá ver seu fóton. Se inclinar a cabeça de uma maneira que lhe permita ver seu fóton, não poderá ver seu parceiro correlacionado, porque o eixo de polarização de seus óculos não está sincronizado com o eixo dos óculos dele.

Os feixes de fótons em si, claro, não são polarizados. Não têm polarização especial, a menos que os observemos com óculos Polaroid. É igualmente provável que se manifestem todas as direções dos feixes. Cada fóton constitui uma superposição coerente de polarizações "ao longo de" e "perpendicular" no tocante a qualquer direção. Nossa observação é que produz o colapso de um fóton com polarização definida — tanto ao longo do eixo quanto perpendicularmente. Em uma longa série de colapsos, haverá tantos colapsos com a denominada polarização ao longo do eixo quantos haverá com a polarização perpendicular.

Suponhamos que as duas figurinhas abaixo comecem com os eixos de polarização de seus óculos na vertical, de modo que ambos vejam um dos fótons correlacionados (Figura 30). Mas, de repente, você inclina a cabeça, de modo que seu eixo de polarização torna-se horizontal, não mais vertical. Com essa manobra (uma vez que você só vê o fóton se ele estiver polarizado horizontalmente), você fez com que o fóton que vê tomasse um eixo de polarização horizontal. Curiosamente, porém, sua amiga não vê mais o outro fóton do par, a menos que ela vire simultaneamente os óculos, porque esse fóton correlacionado tomou também um eixo de polarização horizontal como resultado de sua manobra. Este é um colapso não local, certo?

Se acreditamos realmente no realismo materialista, há algo de estranho nessa construção teórica quântica de eventos, porque alguma coisa que fazemos com um fóton afeta simultaneamente seu parceiro distante. Qualquer que seja a direção em que você muda os

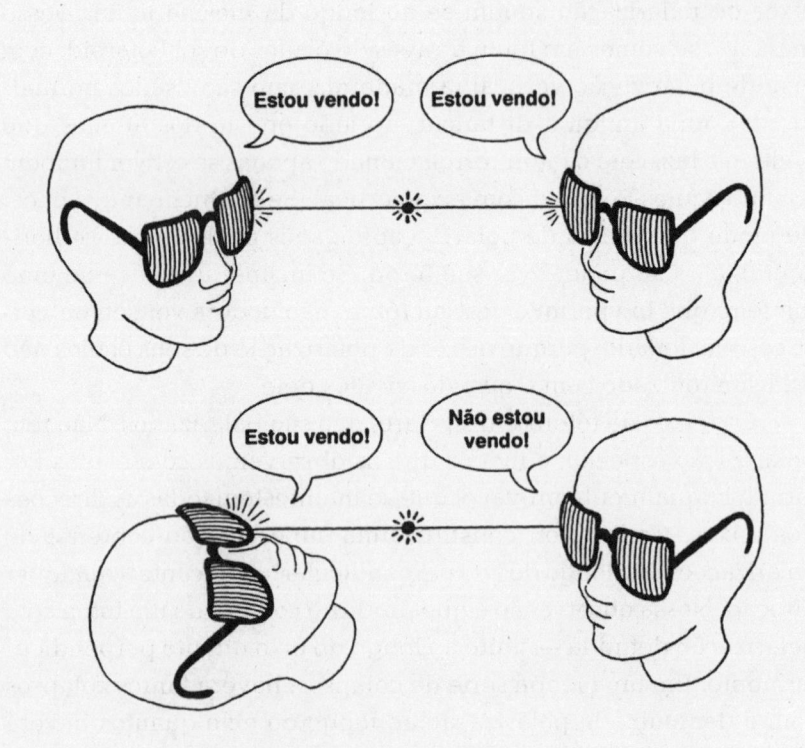

Figura 30   Observações de fótons correlacionados por polarização.

óculos para ver um fóton, o parceiro correlacionado desse fóton sempre adota uma polarização ao longo do mesmo eixo, pouco importando onde está e a qual distância. De que modo o fóton sabe para onde orientar-se, a menos que, de alguma maneira, esteja recebendo notícias do parceiro? E como pode ouvir instantaneamente, desafiando o limite da velocidade da luz imposto aos sinais?

— É muito irritante — escreveu Erwin Schrödinger em 1935 — que a teoria (quântica) permita a um sistema ser dirigido, ou pilotado, para um ou outro tipo de estado, à mercê do experimentador, apesar de ele não ter acesso ao mesmo.[4]

Nos últimos 50 anos, realistas materialistas preocuparam-se com a implicação, para a filosofia que adotam, dessas fortes correlações entre objetos quânticos. Até bem pouco tempo, eles podiam ainda argumentar que um sinal local entre os fótons, para nós desconhecido, mediava a influência, que, por isso, obedecia rigorosamente ao realismo. Alain Aspect e seus colaboradores, porém, provaram em um experimento revolucionário que a influência era instantânea, ocorrendo sem intermediação de qualquer sinal local.[5] Como exemplo, suponhamos que estamos tirando cartas de um baralho. Um amigo, sentado de costas para nós, diz para outras pessoas quais as cartas que estamos tirando — e acerta todas as vezes. Inicialmente, essa correlação entre nós dois poderia ser profundamente desconcertante para possíveis espectadores. No fim, contudo, eles descobririam que, de alguma maneira, estamos enviando um sinal local ao amigo. É assim que funcionam muitos dos chamados truques de mágica. Suponhamos agora que as condições são organizadas de tal maneira que não há tempo para trocarmos um sinal com o amigo. Ainda assim, a mágica correlacionada, o fato de tirarmos a carta e ele dizer corretamente qual é ela, continua a acontecer. Este foi o resultado estranho e de altas consequências do experimento de Alain Aspect.

Ele usou fótons de polarização correlacionada que emergiam em direções opostas, a partir de uma fonte de átomos de cálcio. Um detector foi colocado na trilha de cada feixe de fótons. O aspecto crucial do experimento — e que lhe tornou a conclusão irrefutável — foi a inclusão de um interruptor que, na verdade, mudava a direção da polarização de um dos detectores a cada 10 bilionésimos de segundo (tempo mais curto do que o tempo de viagem da luz ou de qualquer outro sinal local entre duas localizações de detectores). Ainda assim, a mudança da direção de polarização do detector dotado de interruptor mudava o resultado da mensuração na outra localização — exatamente como a mecânica quântica dizia que deveria acontecer.

De que maneira a informação sobre a mudança na direção do detector passava de um fóton para seu parceiro correlacionado? Certamente, não por meio de sinais locais. Não havia tempo suficiente para isso.

Como explicar esse fato? Vamos pensar na comparação feita por Pagels entre a realidade e um baralho. Os resultados do experimento de Aspect assemelham-se a puxar cartas de um baralho em Nova York e cartas idênticas serem tiradas em Tóquio. Impõe-se uma pergunta: o mistério da não localidade está nas próprias cartas ou a consciência do observador entra também em jogo?

Realistas materialistas admitem, relutantemente, que objetos quânticos mantêm correlações não locais e que se estudarmos a sério o cenário do colapso, o colapso quântico terá forçosamente de ser de natureza não local. Eles, contudo, recusam-se a reconhecer a importância desse fato e, assim, ignoram o aspecto mais importante da nova física.

Uma das maneiras de solucionar o paradoxo EPR consiste em postular a existência de um éter por trás do cenário espaço-tempo, onde ocorreriam sinais mais rápidos do que a luz (superluminosos). Essa solução, no entanto, implicaria renunciar também à localidade e ao materialismo, e por isso é inaceitável para a maioria dos físicos. Além disso, os sinais superluminosos tornariam possível viagens no tempo ao passado, perspectiva esta que incomoda, e por bons motivos.

A interpretação óbvia do experimento de Aspect é a minha favorita. De acordo com a interpretação idealista, é o fato de observarmos que produz o colapso da função de onda de um dos dois fótons correlacionados no experimento, obrigando-o a assumir uma certa polarização. A função de onda do fóton parceiro correlacionado também entra imediatamente em colapso. Uma consciência que pode produzir instantaneamente o colapso a distância da função de onda de um fóton terá de ser em si não local, ou transcendente. Em vez de considerar a não localidade como uma propriedade mediada por sinais superluminosos, portanto, o idealista postula que a não localidade é um aspecto essencial do colapso da função de onda do sistema correlacionado — e, portanto, uma característica da consciência.

O palpite de Einstein sobre a incompleteza da mecânica quântica, palpite esse que era a hipótese de trabalho do paradoxo EPR, gerou resultados espantosos. A intuição de um gênio é frequentemente frutífera de maneiras inesperadas, que pouco têm a ver com os detalhes da teoria da pessoa em causa.

Lembro-me, a propósito, de uma história sufista. O Mulla Nasruddin foi certa vez cercado por um bando de arruaceiros que lhe queriam tomar os sapatos. Tentando confundir o mulla, um dos arruaceiros disse, apontando para uma árvore:

— Mulla, ninguém pode subir naquela árvore.

— Claro que alguém pode. Vou mostrar a vocês — disse o mulla, pegando a isca.

Inicialmente, ele pensou em deixar os sapatos no chão, enquanto subia na árvore, mas, refletindo melhor, amarrou-os juntos e pendurou-os no pescoço. Em seguida, começou a subir.

Os rapazes ficaram desanimados.

— Por que está levando os sapatos? — gritou um deles.

— Oh, não sei. Talvez haja uma estrada lá em cima e posso precisar deles! — gritou em resposta o mulla.

A intuição do mulla lhe disse que os arruaceiros poderiam tentar roubar-lhe os sapatos. A intuição de Einstein disse-lhe que a teoria quântica poderia ser incompleta, porque não conseguia explicar elétrons correlacionados. E se o mulla descobrisse que havia uma estrada no alto da árvore, afinal de contas? Este foi, na verdade, o resultado do estudo experimental de Aspect sobre o paradoxo EPR.

Dobra o sino pelo realismo materialista*

O paradoxo do experimento de Aspect é o colapso não local. Poderemos evitá-lo ao supor que os pares de fótons no experimento são emitidos com alinhamento claro de seus eixos de polarização? Embora

---

* No original em inglês *The bell tolls for material realism*, expressão que faz um jogo de palavras com o substantivo "sino" (bell) e o sobrenome do físico irlandês John Bell. [N. de E.]

esse fato seja impossível na mecânica quântica probabilística, poderíamos presumir que variáveis ocultas fizessem esse trabalho? Se essa solução eliminar a não localidade, poderemos salvar o realismo materialista, invocando variáveis ocultas? Não, não podemos. A prova nesse sentido é dada pelo teorema de Bell (nome dado em homenagem ao físico John Bell, que o descobriu), e que mostra que nem mesmo variáveis ocultas poderiam salvar o realismo materialista.[6]

As variáveis ocultas que Einstein tinha esperança que explicassem o paradoxo EPR e reinstalassem em seu lugar o realismo materialista foram, claro, concebidas para serem consistentes com o princípio de localidade. Deveriam atuar de uma forma local, como agentes causais, sobre objetos quânticos, e sua influência viajaria através do espaço-tempo com uma velocidade finita durante tempo finito. A localidade de variáveis ocultas é compatível com a teoria da relatividade e com a crença determinista em causa e efeito local, mas não compatível com os dados experimentais.

Coube a John Bell sugerir um conjunto de relações matemáticas para submeter a teste a localidade das variáveis ocultas. Embora não fossem equações, eram quase tão boas como elas. Elas descreviam um tipo de relação chamada desigualdades (ver referência 6). O experimento de Aspect, além de provar que nenhum sinal local servia de mediador das conexões entre fótons EPR correlacionados, mostrou também que as desigualdades postuladas por Bell não se sustentam no caso de sistemas físicos reais. O experimento de Aspect, portanto, refutava a localidade de variáveis ocultas. No que não é uma coincidência, a mecânica quântica prediz também que desigualdades não se sustentam no caso de sistemas quânticos. O teorema de Bell estabelece que as variáveis ocultas, para serem compatíveis com a mecânica quântica (e com o experimento, como se viu), terão de ser não locais.

Note o tratamento simples, curto e elegante que o físico Nick Herbert deu à desigualdade de Bell.[7]

Dois feixes de fótons correlacionados por polarização movem-se em direções opostas a partir de uma dada fonte. Os parceiros do par correlacionado de fótons são Joe e Moe (J e M). Dois experimentadores se posicionam para observar o grupo J e o grupo M, armados com detectores feitos de cristais de calcita, que servem como seus óculos Polaroid. Vamos chamar esses cristais de calcita de detector J e detector M (Figura 3a). Da mesma maneira que no experimento mostrado na Figura 2, em todas as ocasiões em que o detector *J* e o detector *M* são colocados paralelos entre si (isto é, com eixos de polarização paralelos) a qualquer que seja o ângulo em relação à vertical, ambos os observadores veem um dos fótons correlacionados. Quando um dos detectores é colocado a 90 graus do outro, se um observador vê um fóton, o outro não vê o parceiro correlacionado. Por definição, se um observador vê um fóton, a polarização do mesmo acompanha o eixo de polarização de seu detector de cristal de calcita (polarização esta denotada por *A*), mas se um observador não vê o fóton, a conclusão é que o fóton está polarizado perpendicularmente ao eixo de polarização de seu cristal de calcita (polarização esta denotada por *P*). Notem que agora, com variáveis ocultas, estamos permitindo que os fótons tenham eixos de polarização (correlacionada) definidos independentemente de nossas observações. Este é o ponto crucial: com variáveis ocultas, os fótons têm atributos predispostos.

Dessa maneira, uma sequência sincronizada típica de detecção efetuada por dois observadores distantes, com direções paralelas de seus detectores, mostrará um padrão de acerto perfeito, como o seguinte:

Joe: *A P A A P P A P A P A A A P A P P P*
Moe: *A P A A P P A P A P A A A P A P P P*

Com os detectores colocados em ângulos retos, veremos uma sequência perfeita de erros, tal como:

Joe: *P A P A A P A P P A A A P A P P P A*
Moe: *A P A P P A P A A P P P A P A A A P*

Nenhum desses resultados surpreende mais. Uma vez que as polarizações dos fótons são nesse momento predispostas, não há colapso envolvido. (Note que os feixes individuais são despolarizados, porque em uma sequência longa cada observador vê uma mistura de 50–50 de fótons *A* e *P*).

Podemos definir uma quantidade *Correlação de Polarização* (*Polarization Correlation*), ou *PC*, que depende do ângulo existente entre os detectores. Obviamente, se os detectores estiverem exatamente no mesmo ângulo (*PC* = 1), temos uma correlação perfeita. Se estão em ângulos retos (*PC* = 0), temos uma anticorrelação perfeita.

Neste ponto, Bell formulou a seguinte pergunta: qual o valor de *PC* para um ângulo intermediário? Obviamente, o valor tem de se situar entre zero e um. Suponhamos que, para o ângulo *A*, o valor de *PC* é de ¾. Isso significa que, com tal colocação dos detectores (Figura 31b), no caso de cada quatro pares de fótons, o número de acertos (em média) é de três e o de erros é de um, como na sequência de detecção seguinte:

Joe: *A P P P P A P P A P A A P A A A*
Moe: *A P A P P A A P A P P A P A P A*

Se pensarmos em polarizações como mensagens de código binário, as mensagens não são mais as mesmas para os dois observadores. Há um erro na mensagem de Moe (em comparação com a de Joe), de uma em cada quatro observações.

Um exemplo da relação de desigualdade descrita por Bell torna-se agora claro. Comecemos com ambos os detectores em paralelo; as sequências observadas agora são idênticas. Mudemos a colocação de Moe em um ângulo *A* (Figura 31b) e as sequências deixam de ser as mesmas. Nesse momento, elas contêm erros — em média, um erro em cada quatro observações. De idêntica maneira, voltemos à posição paralela e, dessa vez, mudemos a colocação de Joe no mesmo ângulo *A* (Figura 31c). Mais uma vez, ocorrerá, em média, um erro a cada quatro observações. Este resultado nada tem a ver com a distância que separa os dois detectores e observadores. Um deles poderia estar em Nova York e o outro em Los Angeles, com a fonte em algum lugar entre eles.

Se o princípio de localidade é válido, se as variáveis ocultas postuladas que levam os fótons a tomar o eixo de polarização particular exigido pela situação são locais, podemos dizer o seguinte com absoluta certeza: o que fazemos com o detector de Joe em nada pode alterar a mensagem de Moe, pelo menos não instantaneamente. E vice-versa. Dessa maneira, após começar com orientações paralelas, se o observador Joe gira o detector do mesmo nome no ângulo *A*, e se ao mesmo tempo o observador Moe gira o detector Moe na direção oposta e no mesmo ângulo (de modo que os dois detectores se encontram nesse momento no ângulo 2A, Figura 3d), qual será a taxa de erro? Se for válida a localidade das variáveis ocultas, cada manobra ocasionará uma taxa de erro de uma em cada quatro observações, de modo que a taxa total de erro será de duas em quatro. Não obstante, pode acontecer que, de vez em quando, o erro de Joe cancele o de Moe. Dessa maneira, a taxa de erro será menor do que ou igual a 2/4: uma desigualdade de Bell. A mecânica quântica, no entanto, prognostica uma taxa de erro de ¾: uma desigualdade de Bell. A mecânica quântica, no entanto, prevê uma taxa de erro de ¾ (a prova da qual está além do escopo deste livro). E o teorema de Bell é o seguinte: uma teoria de variáveis locais ocultas é incompatível com a mecânica quântica.

As desigualdades de Bell, note-se, foram investigadas experimentalmente. Em 1972, dois cientistas de Berkeley, John Clauser e Stuart Freedman, descobriram que as desigualdades são, na verdade, violadas e que a mecânica quântica é confirmada.[8] Em seguida, Aspect provou em experimento que não poderá haver absolutamente sinais locais entre os dois detectores.

Note-se ainda como o trabalho de Bell (e o de Bohm, também, uma vez que seu trabalho inspirou a ideia de medir a correlação da polarização) abriu caminho para o experimento de Aspect, que provou a não localidade da mecânica quântica. Agora o leitor compreenderá por que, em uma conferência de físicos em 1985, um grupo deles cantou, com a música de *Jingle Bells*, o seguinte *jingle*:

Singlet Bohm, singlet Bell
Singlet all the way.
Oh, what fun is to count
Correlations every day.

De acordo com o teorema de Bell e o experimento de Aspect, se existem, as variáveis ocultas devem ser capazes de afetar instantaneamente objetos quânticos correlacionados, mesmo que eles estejam separados por uma galáxia inteira. No experimento de Aspect, quando um experimentador muda a direção de seu detector, variáveis ocultas manipulam não só o fóton que chega a esse detector, mas também seu parceiro distante. As variáveis ocultas podem agir não localmente. O teorema de Bell arrasa o dogma de causa local, efeito local da física clássica. Mesmo que se postulem variáveis ocultas para formular uma interpretação causal da mecânica quântica, como faz David Bohm, essas variáveis terão de ser não locais.

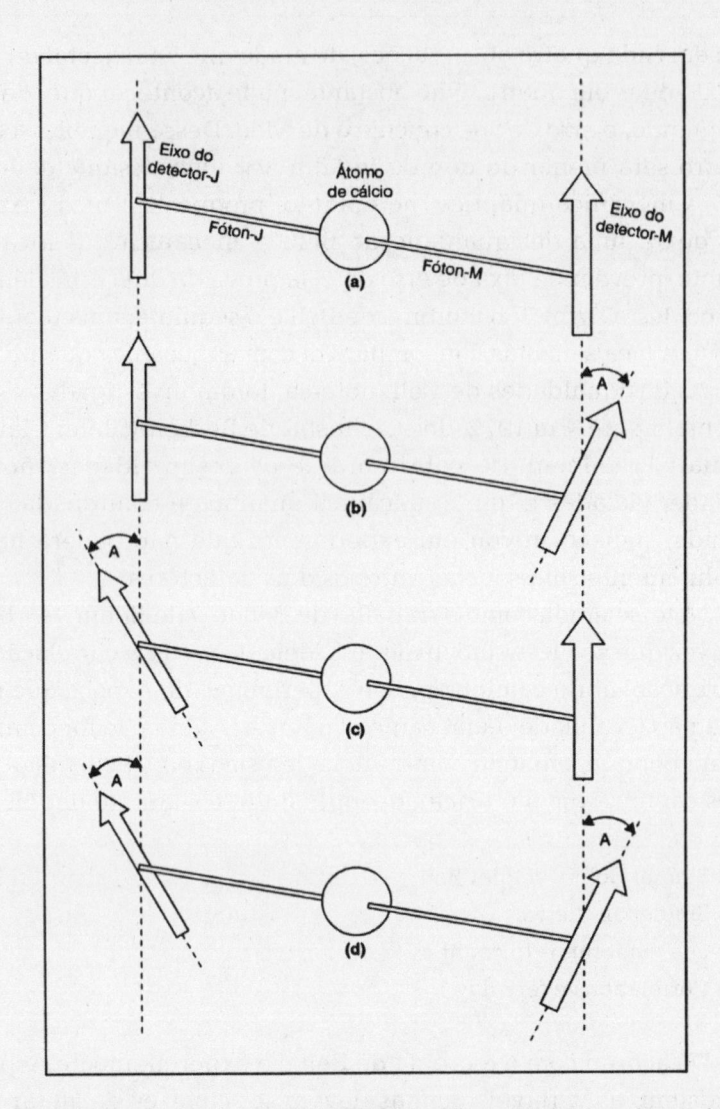

Figura 31   Maneira como surge uma desigualdade de Bell. Se as variáveis ocultas são locais, a taxa de erro (o desvio da correlação perfeita) no arranjo (d) deveria ser, no máximo, a soma das taxas de erro dos dois arranjos mostrados em (b) e (c).

David Bohm compara o experimento de Aspect a um peixe que é visto como duas imagens diferentes em dois diferentes receptores de televisão. O que quer que um peixe faça, o outro faz, também. Se for suposto que as imagens do peixe constituem a realidade primária, esse fato parece estranho, embora, em termos do peixe "real", tudo isso seja muito simples.

A analogia de Bohm lembra a alegoria de Platão, de imagens na caverna, mas com uma diferença. Na teoria de Bohm, a luz que projeta a imagem do peixe real não é a luz da consciência criativa, mas a de variáveis frias, causais, ocultas. Segundo Bohm, o que acontece no espaço-tempo é determinado pelo que acontece em uma realidade não local, além do espaço-tempo. Se este fosse o caso, então nosso livre-arbítrio e criatividade seriam, em última análise, ilusões e não haveria um significado real no drama humano.[9] A interpretação idealista promete justamente o oposto: a vida está permeada de significado.

O que acontece lembra um pouco a diferença entre um filme e uma improvisação no palco. A ação e o diálogo no filme são fixos e determinados; na improvisação ao vivo, porém, variações são possíveis.

De acordo com a interpretação idealista, a violação das desigualdades descritas por Bell implica correlação não local entre os fótons. Não há a menor necessidade de variáveis ocultas como explicação. Claro, para gerar o colapso da função de onda de fótons correlacionados não locais a consciência terá de agir não localmente.

Voltando à analogia de Bohm, do peixe e de suas imagens em dois receptores de televisão, a interpretação idealista concorda com ele no sentido de que o peixe existe em uma diferente ordem de realidade; essa ordem, contudo, é uma ordem transcendente na consciência. O peixe "real" é uma forma-possibilidade já existente na consciência. No ato de observação, as imagens do peixe surgem simultaneamente no mundo da manifestação como a experiência subjetiva da observação.

Vejamos outra faceta do experimento de Aspect. Esse experimento e o conceito de não localidade quântica permitiram que algumas pessoas alimentassem a esperança de que, de alguma maneira, estaria envolvida uma violação do princípio da causalidade — a ideia de que a causa precede o efeito. Não necessariamente. Uma vez que cada observador no experimento de Aspect vê sempre uma mistura aleatória de 50–50 de As e Ps, jamais poderíamos enviar uma mensagem por meio deles. A correlação que vemos entre os dados dos dois observadores aparece depois de compararmos os dois conjuntos. Só então o significado surge em nossa mente. Por isso, o que o teorema de Bell e o experimento de Aspect implicam não é uma violação da causalidade, mas que eventos que ocorrem simultaneamente em nosso mundo de espaço-tempo podem ser relacionados significativamente com uma causa comum que reside em um reino não local, fora do espaço e do tempo. Essa causa comum é o ato do colapso não local produzido pela consciência. (O padrão de significado encontrado após o fato é importante e voltará a ser comentado neste livro.)

O experimento de Aspect, portanto, não indica uma transferência de mensagem, mas uma comunicação na consciência, um compartilhamento inspirado por uma causa comum. O psicólogo Carl Jung cunhou a palavra *sincronicidade* para descrever coincidências significativas experimentadas ocasionalmente por indivíduos, coincidências que ocorrem sem uma causa, exceto talvez uma causa comum no domínio transcendente. A não localidade do experimento de Aspect ajusta-se perfeitamente à descrição de sincronicidade dada por Jung: "Fenômenos síncronos provam a ocorrência simultânea de equivalências significativas em processos heterogêneos, sem relações causais; em outras palavras, provam que um conteúdo percebido por um observador pode, na mesma ocasião, ser representado por um evento externo, sem qualquer conexão causal. Disso se segue que a psique não pode ser localizada no tempo ou que o espaço é relativo à psique".[10] Jung prossegue, dizendo em um *insight* que cabe considerar espantoso: "Uma vez que psique e matéria estão contidos em um único e mesmo mundo, e além disso estão em contato recíproco contínuo, e em última análise, repousam sobre fatores irrepresentáveis, transcendentes, não só é possível, mas até altamente provável, que psique e matéria sejam dois aspectos diferentes da única e mesma coisa".[11] Essa caracterização será útil em nosso estudo do problema cérebro-mente.

Se sincronicidade ainda parece um conceito vago, talvez uma historinha nos ajude a compreendê-la. Um rabino cruzava uma praça de cidade quando, inesperadamente, um homem caiu de um terraço em cima dele. Uma vez que a queda foi aparada pelo rabino, nada aconteceu ao homem. O pescoço do pobre rabino, no entanto, foi quebrado. Uma vez que este rabino era um homem sábio e respeitado, que sempre aprendia e ensinava com as experiências de vida, seus discípulos perguntaram:

— Rabino, que lição há em seu pescoço ter sido quebrado?

E ele respondeu:

— Bem, como vocês ouvem geralmente dizer, assim como plantamos, assim colhemos. Mas olhe só o que me aconteceu. Um homem cai de um terraço e me quebra o pescoço. Alguém semeia e alguém mais colhe.

Isso é sincronicidade.

Acontece o mesmo com dois fótons ou elétrons correlacionados, ou com qualquer outro sistema quântico. Observe um deles e o outro é afetado instantaneamente, porque uma consciência não local está produzindo sincronicamente o colapso de ambos.

Jung tinha um termo para o domínio transcendente da consciência, na qual reside a causa comum de todos os eventos síncronos — o inconsciente coletivo. Foi denominado *inconsciente* porque, normalmente, não estamos cientes da natureza não local desses eventos. Empiricamente, Jung descobriu que, além do inconsciente pessoal freudiano, há um aspecto coletivo transpessoal de nosso inconsciente que tem de operar fora do espaço-tempo, tem de ser não local, uma vez que parece ser independente de origem geográfica, cultura ou tempo.

As correlações não locais do teorema de Bell e do experimento de Aspect são coincidências acausais e seu significado — tais como os eventos de sincronicidade — segue o padrão de emergir sempre após o fato, quando os observadores comparam dados. Se essas correlações são exemplos da sincronicidade junguiana, então o aspecto de consciência não local aqui envolvido terá de ser relacionado com o conceito de Jung relativo ao inconsciente coletivo. Nossa consciência não local produz o colapso da onda de um objeto quântico e escolhe o resultado do colapso quando o observamos, mas, habitualmente, escapa-nos a não localidade do colapso e a escolha. Para uma discussão ulterior do assunto, ver o Capítulo 14.

A física torna-se um elo com a psicologia

Minha interpretação da mecânica quântica abre caminho para a aplicação da física à psicologia. Debate ulterior dessa interpretação talvez seja útil, contudo, uma vez que o atrito do debate produz iluminação.

Se não percebemos as ações da consciência não local, ela não será, talvez, outra suposição desnecessária, tal como a das variáveis ocultas? Embora possamos certamente considerar a consciência não local como semelhante às variáveis ocultas, poderíamos, com igual facilidade, conceder que a interpretação idealista sugere uma nova maneira de focalizar essas variáveis. A consciência não local não constitui parâmetros causais, como os imagina Bohm, mas opera através de nós. Ou, mais corretamente, nós somos a consciência — apenas sutilmente velada (um véu que pode ser penetrado em extensões variadas, como testemunharam místicos através dos séculos). Além disso, a consciência não local opera não com continuidade causal, mas com descontinuidade criativa — de um momento a outro, de um evento a outro, como acontece quando é gerado colapso da função de onda do cérebro-mente. A descontinuidade, o salto quântico, é o componente essencial da criatividade. E é precisamente o salto para fora do sistema que se torna necessário para que a consciência veja a si mesma, como em auto-referência.

Em certa ocasião, a mecânica quântica probabilística estimulou filósofos a examinar com novos olhos o problema do livre-arbítrio. Se acreditamos ainda em materialismo, contudo, a probabilidade fornece apenas uma pálida versão do livre-arbítrio. Quando estamos encalhados em uma encruzilhada em forma de *T*, que caminho devemos tomar? Nossa livre escolha será determinada por probabilidades mecânicas quânticas ou será resultado de algum determinismo clássico, que atua em nosso inconsciente? A diferença simplesmente não é tão importante assim. Há outras situações em que exercemos autêntica liberdade de escolha.

Vejamos o trabalho criativo. Na criatividade, damos constantemente saltos que nos lançam como de uma catapulta para fora do contexto de nossas experiências passadas. Nesses casos, temos de exercer a liberdade de ficarmos abertos a um novo contexto.

Ou pensemos em um caso em que temos de tomar uma decisão moral. A crença religiosa talvez sugira que valores morais devem ser ditados pela autoridade. Ainda assim, examinando com cuidado o processo pelo qual seres humanos tomam decisões morais, descobrimos que a autêntica decisão moral baseada em fé e valores requer autêntica liberdade de escolha — a liberdade de mudar o contexto da situação. Como um exemplo, vejamos a luta pela independência em relação aos denominados governos imperiais benevolentes. Levantes violentos convencionais contra governantes tornam-se rapidamente antiéticos, certo? Gandhi conseguiu, ainda assim, expulsar os britânicos porque pôde mudar o contexto, da luta da Índia pela independência, ao usar repetidamente sua única arma: a escolha criativa. Seus métodos eram protestos não violentos contra os imperialistas e não cooperação com o governo — métodos éticos, mas também eficazes.

Mais importante ainda, consideremos a percepção do significado, que constitui um aspecto comum de numerosos fenômenos interessantes no reino subjetivo. Vemos um livro sobre uma mesa. Uma pessoa pega-o e pronuncia um som sem sentido, atraindo efetivamente nossa atenção para o *livro*. De repente, compreendemos o significado do comportamento da pessoa. Ela está pronunciando, em sua língua, a palavra relativa a livro. De que modo o significado dessa ação surgiu em nossa consciência? Ela implica não localidade — um salto para fora de nosso sistema local de espaço-tempo.

A natureza extraordinária dessa comunicação talvez não nos seja óbvia, tão conhecida ela é. Imaginemos, no entanto, que somos a jovem Helen Keller, surda e cega desde a infância. Quando Annie Sullivan alternadamente lhe manteve a mão sob a *água* e escreveu a palavra água na palma de sua mão, Annie estava usando o mesmo contexto de comunicação que no exemplo referente à palavra *livro*. Helen deve ter pensado que a professora estava louca, até que o significado dos atos dela irrompeu — até que Helen deu um salto dos contextos em que vivia para um novo contexto.

— Quando mais nos parece compreensível, mais o universo parece sem sentido — disse Steven Weinberg, Prêmio Nobel de Física, à conclusão de um livro popular sobre cosmologia.[12] Concordamos. Conceitos tais como consciência não local e unitiva e a ideia de colapso não local tornam o universo menos compreensível para o cientista materialista. Esses conceitos, no entanto, tornam também o universo muito mais significativo para todos os demais.

A visão a distância como evento quântico não local

Na interpretação idealista, a observação de correlações não locais quânticas constitui também uma manifestação inconfundível da não localidade da consciência. Poderemos, em vista disso, encontrar corroboração da não localidade quântica em experiências subjetivas? Há tal evidência? Há. Controversa, mas interessante.

Suponhamos que a imagem de uma estátua que nunca vimos aparece em nossa mente com tal clareza que poderíamos até desenhá-la. Suponhamos ainda que um amigo nosso está realmente olhando para a estátua no exato momento em que a imagem surge em nossa mente. Isso seria telepatia, ou visão a distância, e poderia muito bem constituir um exemplo de comunicação por meio de uma consciência não local.

Um cientista cético poderia suspeitar que sabíamos de antemão o que nosso amigo estaria vendo. Suponhamos, portanto, que uma dupla de pesquisadores se certificasse, com a ajuda de um computador, que nem nós nem nosso amigo (nem os pesquisadores, por falar nisso) saberíamos antecipadamente que objeto seria visto, mas apenas o tempo em que a transmissão telepática ocorreria.

O cético poderia ainda objetar que um desenho está sujeito à interpretação. Poderíamos chegar objetivamente à conclusão de que nosso desenho representa o que nosso amigo viu? Em vista disso, os pesquisadores convocam juízes imparciais — ou melhor ainda, um computador — para casar dezenas de nossos desenhos com dezenas de sítios vistos a distância. A correlação ainda se manterá. Esperaríamos que o cientista cético mudasse de opinião sobre a questão da telepatia?

Experimentos desse tipo foram realizados em numerosos laboratórios diferentes, com resultados positivos alegados por sujeitos psíquicos e não psíquicos.[13] Por quê, então, a telepatia não foi ainda reconhecida como uma descoberta cientificamente plausível? Uma das razões, do ponto de vista científico, é que os dados sobre percepção extrassensorial (PES) não são rigorosamente replicáveis — ou o são apenas estatisticamente. Mas há uma apreensão correlata, a de que se a PES fosse possível, nós seríamos capazes de transferir, de alguma maneira, mensagens significativas através da mesma, perspectiva esta que criaria o caos em um mundo bem organizado de causalidade. A razão mais importante para o ceticismo sobre a PES, contudo, talvez seja que ela aparentemente não envolve quaisquer sinais locais enviados aos nossos órgãos dos sentidos, e por isso é proibida pelo realismo materialista.

Podemos tentar explicar os dados sobre visão a distância como experiências de correlação não local, que surge em nossa experiência porque nossa mente é quântica. (Se precisar fazer isso, suspenda por um momento sua incredulidade.) Em termos do experimento de não localidade quântica de Aspect, a questão da PES parece ser de seleção. Apenas os dois psíquicos correlacionados, tais como os dois fótons no experimento de Aspect, compartilham não localmente a informação. Nesse experimento, a escolha da rotina experimental, a fonte dos fótons e o significado atribuído aos dados revelam que os fótons são correlacionados.[14] Analogamente, a correlação dos indivíduos psíquicos no experimento de visão a distância deve estar forçosamente relacionada com a preparação do experimento, a organização do mesmo e o significado atribuído aos dados.

A acausalidade e o significado na visão a distância (e, talvez, na PES em geral) configuram um forte argumento pela interpretação desses fenômenos como eventos de sincronicidade, ocasionados por colapso quântico não local. Não podemos obter sob medida sincronicidade ou fenômenos acausais. Lembre-se de que a razão para o colapso quântico não local não entrar em conflito com o princípio da causalidade é que ele evita o ditado de mensagens.

E, por tudo isso, o mesmo poderia acontecer com a visão a distância. Talvez a comunicação não local entre psíquicos não implique transferência de informação instrumental. A correlação entre a visão a distância por um psíquico e o desenho do objeto pelo psíquico correlato é estatística e o significado da comunicação só se torna visível depois que o desenho é comparado com o local visto. Analogamente, no experimento de Aspect, o significado da comunicação entre os fótons correlatos só se torna aparente depois de serem comparados os dois conjuntos de observações distantes.[15]

Um experimento recente realizado pelo neurofisiologista mexicano Jacobo Grinberg-Zylberbaum e seus colaboradores fornece apoio direto à ideia da não localidade em cérebros-mentes humanos — experimento esse que é o equivalente cerebral ao experimento de Aspect (com fótons).[16] Dois sujeitos são instruídos a interagir durante um período de 30 ou 40 minutos, até que começam a sentir que se estabeleceu uma "comunicação direta". Ambos entram em seguida em gaiolas de Faraday (espaço fechado metálico que bloqueia todos os sinais eletromagnéticos) separadas. Sem que ele ou sua parceira saibam, a um dos sujeitos é mostrado nesse momento um sinal luminoso piscante que produz um potencial evocado (uma resposta eletrofisiológica produzida por um estímulo sensorial e medido por EEG) no cérebro estimulado pela luz. Mas, espantosamente, enquanto os parceiros no experimento mantêm a comunicação direta, o cérebro não estimulado acusa também uma atividade eletrofisiológica denominada potencial de transferência, muito parecida com a forma e força do potencial evocado no cérebro estimulado. (Em contraste, sujeitos de controle não demonstram qualquer potencial de transferência.) A explicação simples é a não localidade quântica: os dois cérebros-mentes agem como um sistema correlacionado não localmente — a correlação estabelecida e mantida por meio de consciência não local —, em virtude da natureza quântica do cérebro.

É importante notar que nenhum dos sujeitos participantes do experimento jamais comunicou qualquer experiência consciente relacionada com o aparecimento do potencial de transferência. Nenhuma informação no nível subjetivo, portanto, foi transferida e tampouco ocorreu qualquer violação do princípio de causalidade. O colapso não local e a semelhança subsequente dos potenciais evocados e transferidos dos sujeitos têm de ser vistos como um ato de sincronicidade. A importância da correlação torna-se clara apenas depois que comparamos os potenciais. Esta situação é semelhante à do experimento de Aspect.[17]

Podemos encontrar também prova de não localidade no tempo? Há alguma verdade nos denominados incidentes precognitivos que, às vezes, se tornam públicos? Há a alegação, por exemplo, de que alguém previu o assassinato de Robert Kennedy. É difícil planejar um experimento de precognição. Por isso mesmo, não vejo muita vantagem em discutir se ou não um certo psíquico teve de fato ou não uma precognição autêntica. Há, contudo, uma análise inteligente do paradoxo do gato de Schrödinger que, pelo menos falando ingenuamente, necessita da ideia de não localidade no tempo. De acordo com o que dissemos antes sobre a necessidade de a consciência produzir o colapso da dicotomia do gato vivo/morto, o gato permanece no limbo até que o observemos. Suponhamos que colocamos negro-de-fumo no chão, no lado de fora da gaiola, e providenciamos para que um dispositivo automático abra-a após uma hora. Suponhamos que chegamos à cena após outra hora e descobrimos o gato ainda vivo. Pergunta: as pegadas do gato aparecerão no negro-de-fumo? Se aparecem, como foi que ele deixou essas pegadas? Uma hora antes o gato ainda estava no limbo. A ideia de não localidade no tempo proporciona a maneira mais fácil de resolver um paradoxo como esse, à maneira sugerida no experimento da escolha retardada.

Experiências fora do corpo

Haverá outros fenômenos parapsicológicos, além da visão a distância, que possam ser explicados pelo modelo de consciência quântico/idealista? Embora seja prematuro dizer categoricamente que existem, há indicações a sugerir que será melhor deixarmos a mente aberta no tocante a essa questão.

Numerosas pessoas afirmam que experimentam realmente sair do corpo. Durante essas sortidas, podem entreouvir o que dizem amigos, observar cirurgias a que são submetidos ou mesmo viajar a locais distantes.[18] Este fenômeno é denominado experiência fora do corpo (EFC). É inegável a semelhança da EFC com uma transmigração do "Eu" da mente para fora do corpo, mas como é que isso pode acontecer? A coisa toda lembra um bocado o dualismo mente-corpo.

A validade da experiência fora do corpo como fenômeno autêntico da consciência conta com um número cada vez maior de crentes. Por exemplo, leiam o *Recollections of Death*, de Michael Sabom, que contém um estudo importante e sistemático da EFC, em conexão com as experiências de quase morte. Na qualidade de cardiologista, com acesso a fichas clínicas, Sabom contou com a vantagem excepcional de poder confirmar numerosos detalhes técnicos de relatos feitos por sujeitos-pacientes de EFC sobre intervenções médicas de urgência realizadas em seus corpos virtualmente mortos. Os sujeitos descreveram, com grande exatidão, procedimentos que estavam claramente fora dos campos de visão de seu corpo físico.

Uma vez que esses sujeitos tinham extensas histórias médicas, com repetidos internamentos em hospitais e experiência com procedimentos hospitalares, não seria de surpreender se estivessem dando palpites bem informados. Com vistas a eliminar essa possibilidade, Sabom usou um grupo de controle de pacientes com histórias médicas semelhantes, incluindo crises de quase morte, mas que não experimentaram EFCS. Quando solicitados a descrever o que pensavam que acontecera na sala de emergência, enquanto se encontravam em condições de quase morte, os pacientes de controle fizeram relatos com numerosos erros e correlações muito escassas, mesmo de uma maneira geral, com os fatos realmente acontecidos. Inicialmente cético, Sabom tomou grande cuidado ao conduzir as investigações e avaliar os resultados, de acordo com os rigorosos padrões da metodologia dos laboratórios de psicologia modernos.

Pode a mente realmente deixar o corpo? Em experiências psíquicas do tipo EFC parece certamente que isso acontece. Essa indagação legítima não pode ser ignorada arrogantemente, mencionando-se alucinação, como cientistas materialistas, com fixidez no princípio de localidade, costumam às vezes fazer. Sabom, que pesquisou extensamente a questão de a EFC ser ou não alucinação, diz o seguinte: "Ao contrário da experiência de quase morte (EQM), as alucinações autoscópicas (autovisualização) consistem de: 1) o corpo físico ('o original') perceber a imagem projetada ('o duplo'); 2) envolver interação direta entre o 'original' e o 'duplo'; 3) ser percebidas como irreais e 4) provocar geralmente emoções negativas. Por essas razões, a alucinação autoscópica não parece ser uma explicação plausível da EQM".[19]

Para ser inteiramente franco, quando tomei conhecimento da EFC em princípios da década de 1980, fiquei impressionado com essa e outras pesquisas e comecei a procurar uma maneira alternativa de encarar o fenômeno, que me permitisse explicá-lo em um contexto científico — sem recorrer à alucinação nem à transmigração da mente. Por alguma razão, mentes desencarnadas, ou corpos astrais, como são chamados em alguns círculos, observando seus corpos físicos numa mesa de operação, eram para mim uma explicação comum e simplista de um fenômeno que eu só poderia aceitar como percepção subjetiva de uma ilusão de óptica.

Um exemplo de ilusão de óptica comum pode tornar clara a distinção. Sempre me senti fascinado com a ilusão da Lua: o fato de a Lua no horizonte parecer na natureza muito maior ao olho do que em uma fotografia. Experimentos detalhados realizados por cientistas, bem como meus estudos despretensiosos sobre o fenômeno, convenceram-me de que o que acontece é uma ilusão de tamanho.[20] Quando a Lua está no horizonte, o cérebro é enganado e levado a percebê-la como estando a uma distância maior do que quando ela está alta no firmamento. O cérebro, em consequência, compensa, fazendo com que a imagem pareça maior.

Continuei obcecado com a ideia de que a EFC teria de ser algum tipo de ilusão, mas do quê? Entrementes, eu estava lendo também a literatura pertinente a visão a distância. Subitamente, ocorreu-me que a EFC teria de ser uma construção ilusória desse tipo de visão, que é a visão não local fora de nosso campo de visão físico. Objetivamente, era isso o que faziam os sujeitos da quase morte estudados por Sabom. Mas, por que a ilusão de estar fora do corpo?

Quando veem ou ouvem alguma coisa fora de seu campo de percepção sensorial, crianças muito jovens enfrentam uma dificuldade inversa à experimentada pelo adulto que vê a distância. A dificuldade da criança, a de externalizar o universo, decorre do fato de que toda a nossa percepção-consciente do mundo externo ocorre realmente dentro de nossa cabeça, uma vez que as imagens ópticas e auditivas são formadas no interior do cérebro. Aos poucos, usando extensamente os sentidos do tato e do paladar, crianças aprendem a externalizar o mundo. Desenvolvem discriminações perceptuais que lhes permitem reconhecer efeitos de distância quando veem e escutam.

No caso do adulto, a experiência incomum de visão a distância de um objeto situado fora do campo visual terá de produzir muito mais caos cognitivo do que o experimentado pela criança. O sistema de percepção condicionado e enraizado do adulto diz que o objeto está em algum outro lugar e, por conseguinte, ele teria de estar "lá" para vê-lo. Como na ilusão da Lua, o cérebro é enganado e levado a interpretar a visão distante não local como experiência fora do corpo. Portanto, se o indivíduo está observando a cirurgia a que se submete sob anestesia, sua alma, ou corpo astral, deve estar obrigatoriamente pairando perto do teto ou do outro lado da sala — uma vez que essas são as localizações das quais parece estar presenciando o ato.

Logo que compreendi que a EFC poderia ser um fenômeno de visão a distância, um véu foi erguido. Havia, finalmente, uma explicação da EFC que poderia acabar com o ceticismo do cientista. A não localidade de nossa consciência é o elemento fundamental para solucionar o paradoxo.

Incidentalmente, se não acreditamos na não localidade da visão a distância e achamos que devem estar em ação alguns tipos de sinais locais que ainda não descobrimos, é bom saber que pesquisadores, especialmente na Rússia, procuraram durante anos esses sinais, sem encontrá-los.[21] Alguns dos experimentos realizados exigiam que os psíquicos demonstrassem sua PES quando dentro de gaiolas de Faraday. Essas gaiolas, no entanto, aparentemente não exercem efeito demonstrável sobre a capacidade de PES.

Além do mais, sinais locais espalham-se a partir da fonte emissora pelo espaço circundante e, por isso, a intensidade em um ponto longe da fonte diminui com a distância. Quanto mais longe o ponto, menos intenso o sinal que lhe chega. Em contraste, na comunicação não local, essa atenuação não ocorre. Uma vez que a prova indica que não há atenuação com o espaço na visão a distância, esta tem de ser de natureza não local.[22] É lógico concluir, portanto, que fenômenos psíquicos, como a visão a distância e experiências fora do corpo, constituem exemplos de operação não local da consciência.

Toda e qualquer tentativa de explicar um fenômeno não compreendido simplesmente dizendo que se trata de uma alucinação torna-se irrelevante, quando uma teoria científica coerente pode ser aplicada. A mecânica quântica dá sustento a tal teoria, ao fornecer apoio crucial para o caso da não localidade da consciência, e lança um desafio empírico ao dogma da localidade como princípio limitador universal.

Talvez ainda mais surpreendente, a tese não local da consciência soluciona paradoxos não só da percepção extrassensorial, mas também da percepção comum, conforme veremos no capítulo seguinte.

É provável, à medida que se torna claro que o teorema de Bell e o experimento de Aspect tocaram os dobres de finados do realismo materialista, que acabe a resistência do cientista à aceitação da validade de experimentos de visão a distância e outros fenômenos parapsicológicos. Em um encontro recente da Sociedade de Física, entreouviu-se um cientista dizer a outro: "Todo aquele que não ficar incomodado com o teorema de Bell deve ter pedras dentro da cabeça".[23] Ainda mais encorajador, uma pesquisa de opinião, feita entre físicos em uma conferência, revelou que nada menos de 39% deles sentiam-se, realmente, incomodados com o teorema de Bell. Diante de uma percentagem tão alta de cientistas incomodados, poderemos muito bem esperar que o paradigma idealista da física tenha oportunidade de obter uma audiência imparcial.

capítulo 9

a reconciliação entre realismo e idealismo

Não há como salvar o realismo materialista. Neste caso, duas importantes perguntas pedem resposta: em primeiro lugar, por que o macrouniverso parece tão realista? Em segundo, se não houver algum tipo de realismo, de que modo podemos fazer ciência? A solução é que o realismo materialista pode ser incorporado ao idealismo monista. Antes de estudarmos como fazer assim, vejamos por que a mecânica quântica precisa absolutamente de uma interpretação. Por que precisamos de uma filosofia para compreendê-la? Por que não pode ela falar por si mesma? Segue-se um sumário de razões:

1. O estado de um sistema quântico é determinado pela equação de Schrödinger. A solução dessa equação, a função de onda, porém, não se relaciona diretamente com coisa alguma que observemos. A primeira pergunta da interpretação, portanto, é o que a função de onda representa: um objeto único? Um grupo de eventos semelhantes? Um conjunto de objetos? O quadrado de uma função de onda determina probabilidades, mas como devemos entendê-las? Este fato exige interpretação. Preferimos a interpretação de um único objeto, mas isso continua a ser uma questão de filosofia.

2. Objetos quânticos são regulados pelo princípio da incerteza, de Heisenberg: é impossível medir simultaneamente, e com precisão, pares de variáveis conjugadas, tais

como posição e *momentum*. Esta questão será puramente de mensuração (o efeito de sondas quânticas que aplicam um volume incontrolável de energia ao objeto que medem), ou o princípio da incerteza decorre da natureza das coisas? Esse princípio surge da natureza dos pacotes de ondas, que temos de construir a fim de obter, de ondas, partículas localizadas. Repetindo, essa resposta depende de interpretação e filosofia.

3. O paradoxo da dualidade onda-partícula — que objetos quânticos apresentam simultaneamente aspectos de onda e partícula — precisa de uma solução, o que implica interpretação e filosofia.

4. Que realidade física, se é alguma, poderia ter uma superposição coerente? Poderemos resolver efetivamente o paradoxo do gato de Schrödinger sem pensar seriamente nesse tipo de questão? Uma análise desse tipo implica invariavelmente interpretação e metafísica.

5. A descontinuidade e os saltos são realmente aspectos fundamentais do comportamento de sistemas quânticos? Em particular, demonstramos acima que o colapso de uma função de onda, ou superposição coerente, em uma situação de mensuração, é um evento descontínuo. Mas o colapso é necessário? Poderemos formular interpretações que evitem o colapso e, destarte, a descontinuidade? Note que a motivação para buscar tais interpretações é reforçar uma posição filosófica: a do realismo.

6. O princípio de correspondência de Bohr afirma que em certas condições (por exemplo, no caso de níveis de energia muito próximos, nos átomos) os prognósticos da mecânica quântica reduzem-se aos da mecânica clássica. Esse fato assegura que podemos, na maioria das situações, usar a mecânica clássica para fazer prognósticos sobre macrobjetos, mas assegurará que aparatos de medição se comportarão classicamente, quando necessário? Alguns físicos (realistas, todos eles) pensam que esta é uma questão de filosofia.

7. O teorema de Bell e o experimento de Aspect obrigam-nos a perguntar como devemos interpretar o significado da não localidade quântica. Esta obrigação encerra sérias repercussões para nossa filosofia.

O realismo materialista, posto em situação difícil pela mecânica quântica, enfrenta problemas em todas as ocasiões em que surge a questão da natureza da realidade quântica — seja em conexão com o princípio da incerteza, seja com a dualidade onda-partícula, ou com as superposições coerentes. Em todas as ocasiões em que perguntamos se há algum outro tipo de realidade, além da realidade material, colocamos o realismo materialista na berlinda. Analogamente, uma descontinuidade autêntica aponta para uma ordem transcendente de realidade e, destarte, para uma falha do realismo materialista.

Os paradoxos da mensuração quântica (o do gato de Schrödinger, por exemplo) são dificuldades inaceitáveis para o realista materialista. Um gato materialmente real, sem outra ordem de realidade onde possa existir, terá de enfrentar de frente o problema da superposição coerente. Poderá um gato estar realmente morto e vivo ao mesmo tempo?

Finalmente, a não localidade Bell-Aspect é o desafio final ao realismo materialista. Há apenas duas alternativas e nenhuma delas compatível com a filosofia materialista estrita. Renunciar à localidade em favor de sinais mais rápidos do que a luz em um reino além do espaço-tempo é obviamente um salto além da ordem materialista, como também a aceitação de variáveis ocultas não locais. Renunciar à objetividade forte ou aceitar qualquer tipo de papel para a observação consciente relega o realismo materialista à condição de um monte de teorias obsoletas, que incluem a terra plana, o éter e o flogístico (a substância jamais encontrada que foi sugerida como o agente ativo no calor e na luz da combustão).

Poderemos reconciliar com o idealismo uma teoria de muitos mundos?

Os vários modelos propostos para resolver o paradoxo do gato de Schrödinger têm falhas, com exceção de três — a teoria de numerosos mundos, a teoria das variáveis não locais e a presente teoria, baseada no idealismo monista. Nas discussões do capítulo anterior encontramos razões suficientes para questionar a interpretação das variáveis ocultas. O idealismo conta aqui com uma clara vantagem. Poderá a interpretação idealista alegar também vantagem sobre a teoria de numerosos mundos?

Essa teoria tenta resolver as perplexidades criadas pelo paradoxo do gato de Schrödinger ao postular que o universo se divide em dois ramos: o primeiro, com um gato morto e um observador pesaroso, e o segundo com um gato vivo e um observador feliz. Tente, contudo, usá-la para solucionar o paradoxo da não localidade quântica. Uma mensuração, neste caso, de um elétron correlacionado continua a dividir o mundo de seu parceiro, que se encontra a distância, e instantaneamente. Essa interpretação, portanto, parece comprometer a localidade e, daí, não reforça absolutamente o realismo materialista.

Mas ainda que não o ajude, a teoria de muitos mundos deve, com certeza, ser considerada como alternativa viável à interpretação idealista. A alternativa de muitos mundos (tal como a teoria de variáveis ocultas não locais), porém, ignora muitos dos aspectos revolucionários da interpretação de Copenhague. Em contraste, o idealismo monista decola a partir do ponto em que a interpretação de Copenhague se torna vaga, e declara explicitamente que as ondas quânticas, ou superposições coerentes, são reais, mas existem em um domínio transcendente que se situa além da realidade material e em acréscimo a ela.

Na verdade, a ideia de muitos mundos pode ser facilmente incorporada à interpretação idealista. Quando examinamos com cuidado essa teoria, descobrimos que ela emprega a observação consciente. Como definir, por exemplo, quando corre uma bifurcação no universo? Se isso acontecer quando houver uma mensuração, então, por definição, a mensuração da mesma envolve o papel de um observador.

De acordo com a interpretação idealista, as superposições coerentes existem em um domínio transcendente como arquétipos informes de matéria. Suponhamos que os universos paralelos da teoria de numerosos mundos não são materiais, mas arquetípicos em conteúdo. Suponhamos ainda que são universos da mente.[1] Neste caso, em vez de dizer que cada observação projeta um ramo do universo material, poderíamos dizer que *cada observação cria uma trilha causal no contexto de possibilidades, no domínio transcendente da realidade*. Uma vez feita a escolha, todas menos uma das trilhas são excluídas do mundo da manifestação.

Note como essa maneira de reinterpretar o formalismo de muitos mundos dispensa a proliferação dispendiosa de universos materiais.

Um dos aspectos atraentes da teoria de numerosos mundos é que a existência de muitos deles torna mais palatável aplicar a mecânica a todo o cosmo. Uma vez que a mecânica quântica é uma teoria probabilística, físicos sentem-se constrangidos em pensar em uma função de onda para todo o universo, como foi proposta por Stephen Hawking.[2] Eles se perguntam se podemos atribuir significado a tal função de onda, se há apenas uma. A teoria dos muitos mundos, mesmo no domínio transcendente, ajuda a solucionar esse problema.

A questão realmente cosmológica pode ser agora respondida: como poderá o cosmo ter existido nos últimos 15 bilhões de anos se, durante a maior parte desse tempo, não havia observadores conscientes para gerar o colapso de quaisquer funções de onda? Muito simples. O cosmo jamais surgiu em forma concreta e tampouco permanece em forma fixa. Universos passados, um após outro, não podem ser vistos como pinturas em uma tela, das quais eventos presentes se desenrolam com o tempo, embora, se pensarmos bem no assunto, este universo que se desdobra seja a maneira como os realistas materialistas o descrevem.

Sugiro que o *universo existe como* potentia *informe em uma miríade de ramos possíveis, no domínio transcendente, e que se torna manifesto apenas quando observado por seres conscientes.* Para sermos exatos, há aqui o mesmo círculo vicioso que dá origem à auto-referência discutida no Capítulo 6. E são essas observações auto-referenciais que tecem a trama da história causal do universo, rejeitando as miríades de alternativas paralelas que jamais encontram o caminho para a realidade material.

Essa maneira de interpretar nossa história cosmológica pode, talvez, ajudar a explicar os aspectos enigmáticos da evolução da vida e da mente, isto é, que só há uma probabilidade muito remota de evolução da vida a partir de matéria pré-biótica, por meio de mutações benéficas que resultaram no aparecimento do homem. Uma vez que reconheçamos que a mutação biológica (que inclui a mutação de moléculas pré-bióticas) é um evento quântico, compreendemos que *o universo bifurca-se em todos os eventos desse tipo no domínio transcendente, transformando-se em muitos ramos, até que em um deles há um ser senciente que pode olhar com percepção-consciente e completar uma mensuração quântica.* Nesse ponto, a trilha causal que leva a esse ser senciente entra em colapso e se transforma em realidade espaço-tempo. John Wheeler chama a esse tipo de cenário de fechamento do circuito do significado, por meio de "participação do observador".[3] O significado surge no universo quando seres sencientes o observam, escolhendo trilhas causais entre miríades de possibilidades transcendentes.

Se com isso parece que estamos recriando uma visão antropocêntrica do universo, que assim seja. O tempo e o contexto estão maduros para um forte princípio antrópico — para a ideia de que "observadores são necessários para criar o universo".[4] É tempo de reconhecer a natureza arquetípica dos mitos de criação da humanidade (encontrados no *Livro do Gênese*, na tradição judaico-cristã, nos *Vedas*, na tradição hindu, e em numerosas outras tradições religiosas). O cosmo foi criado por nossa causa. Esses mitos são compatíveis com a física quântica, e não contraditórios a ela.

Um grande mal-entendido surge porque tendemos a esquecer o que Einstein disse a Heisenberg: o que vemos depende das teorias que usamos para interpretar nossas observações. (Claro, Immanuel Kant e William Blake já nos haviam dito isso antes, mas eles foram indivíduos que se anteciparam ao seu tempo.) A maneira como reconstruímos o passado depende sempre das teorias que usamos. Pensem, por exemplo, como o homem via o amanhecer e o anoitecer antes e depois da revolução copernicana. O modelo heliocêntrico de Copérnico desviou a atenção de nós — não éramos mais o centro do universo. Mas agora a maré está virando. Claro, nós não somos o centro geográfico, mas não é este o problema. *Somos o centro do universo porque somos seu significado.*

A interpretação idealista reconhece cabalmente este aspecto dinâmico do passado — que a interpretação daquilo que vemos muda com nossas noções conceituais, tal como um mito.[5] Tampouco temos de ser chauvinistas: podemos com igual facilidade supor que o universo, que através de um colapso se transformou na realidade física espaço-tempo, é um universo com a possibilidade de evolução do maior número possível de seres inteligentes, autoconscientes, em bilhões e bilhões de planetas por todo este universo em expansão.

Como pode um cosmo idealista criar a aparência de realismo?

Se a realidade consiste, em última análise, de ideias manifestadas pela consciência, de que modo explicar tanto consenso? Se o idealismo vence o debate filosófico e se o realismo é uma filosofia falsa, de que modo podemos fazer ciência? Disse David Bohm que ciência não pode ser praticada sem realismo.

Há alguma verdade na declaração de Bohm. Apresentarei, no entanto, argumentação lógica convincente de que a essência do realismo científico pode ser abrigada sob o largo guarda-chuva do idealismo.

Para tratar essa questão sob todos os aspectos, pensemos na origem da dicotomia realismo/idealismo no paradoxo da percepção. O artista René Magritte desenhou a representação de um cachimbo, mas com a legenda: *Ceci n'est pas une pipe* (Isto não é um cachimbo). Então, o que é? Suponhamos que dizemos: "Isto é o desenho de um cachimbo". É uma boa resposta, mas, se formos realmente mestres no assunto, diremos: "Veja a imagem criada em minha mente (cérebro) pelas impressões sensoriais do desenho de um cachimbo". Exatamente. Ninguém jamais viu um quadro em uma galeria de arte. O que vemos sempre é um quadro em nossa cabeça.

Claro, o desenho não é o objeto. O mapa não é o território. Há mesmo, lá fora, um desenho? Tudo o que sabemos com certeza é que há algum tipo de desenho em nosso cérebro, uma imagem realmente teórica. Em todos os casos de percepção, é essa imagem teórica, profundamente privada, que na realidade vemos. Supomos que os objetos que vemos em volta são objetos empíricos de uma realidade comum — inteiramente objetivos e visíveis, inteiramente sujeitos ao exame empírico. Ainda assim, na verdade, nosso conhecimento sobre eles é sempre reunido através de meios subjetivos e privados.[6]

Surge, destarte, o velho quebra-cabeças filósofico sobre o que é real: a imagem teórica que realmente vemos, mas apenas privadamente, ou o objeto empírico que não parecemos ver diretamente, mas sobre o qual formamos um consenso?

A privacidade interior da imagem teórica não seria problema, e nem haveria uma dicotomia discernível, se houvesse sempre uma correspondência exata entre essa imagem e um objeto empírico, que outras pessoas pudessem confirmar imediatamente. Mas isso não acontece; há ilusões de óptica. Há experiências criativas e místicas de imagens subjetivas que não correspondem necessariamente a qualquer coisa na realidade consensual imediata. A autenticidade de imagens teóricas, portanto, é suspeita, o que, por seu lado, compromete também a autenticidade dos objetos empíricos, porque nunca os experimentamos sem a intermediação de uma imagem teórica. E este é o paradoxo da percepção: aparentemente, não podemos confiar na autenticidade de nossa imagem teórica ou do objeto público, empírico, consensual. Os "ismos" filosóficos nascem desses paradoxos.

Historicamente, duas escolas de filosofia debateram o que efetivamente é real. A escola idealista acredita que a imagem teórica é mais real e que a denominada realidade empírica constitui apenas ideias na consciência. Em contraste, os realistas sustentam que deve haver objetos reais lá fora — objetos sobre os quais formamos um consenso, objetos que são independentes do sujeito.

Na prática, essas duas opiniões têm seus usos. Sem alguma forma de realismo, sem alguma presunção de que há objetos empíricos independentes do observador, a ciência seria impossível. Concordamos. Sem a conceituação e validação de ideias teóricas, contudo, a ciência é igualmente impossível.

Por essas razões, precisamos transcender o paradoxo. Isso foi feito pelo filósofo Gottfried Leibniz e, posteriormente, por outro filósofo, Bertrand Russell, com uma ideia aparentemente absurda: ambas as opiniões podem ser corretas se tivermos duas cabeças, com o objeto empírico dentro de uma delas mas fora da outra.[7] Um objeto empírico estaria fora do que poderíamos chamar de nossa pequena cabeça e, dessa forma, o realismo seria validado; o objeto estaria simultaneamente dentro de nossa grande Cabeça e, dessa maneira, seria nela uma ideia teórica, o que satisfaria o idealista. Graças a uma inteligente manobra filosófica, o objeto tornou-se simultaneamente um objeto empírico fora de cabeças empíricas e uma imagem teórica dentro de uma Cabeça teórica abrangente.

Mas poderíamos perguntar: essa grande Cabeça teórica é simplesmente teórica ou tem de fato uma realidade empírica?

A trama se complica quando nos damos conta de que essa grande Cabeça abrange todas as pequenas cabeças empíricas e é em si objeto de exame empírico. Suponhamos que levemos a sério a ideia dessa grande Cabeça.

Examinando bem o assunto, suspeitamos que a grande Cabeça não tem de ser separada, mas que pode ser constituída de todas as cabeças empíricas (isto é, não há razão para postular mais de uma dessas Cabeças, uma vez que ela contém em si toda a realidade empírica; todos nós podemos estar compartilhando de uma única Cabeça). Suponhamos que a cabeça, o cérebro, são partes de uma consciência que tem dois aspectos, duas maneiras diferentes de organizar a realidade: um aspecto local, inteiramente confinado ao cérebro empírico, e uma outra consciência global, que abrange a experiência de todos os objetos empíricos, incluindo o cérebro empírico.

O leitor reconhecerá a não localidade na última frase. O conceito de não localidade trouxe respeitabilidade às sugestões aparentemente absurdas de Leibniz e Russell. Se, em acréscimo às maneiras locais de coletar dados, há um princípio organizador não local conectado com o cérebro-mente, uma consciência não local, o que é que acontece? Isso equivale a termos duas cabeças e fica resolvido o paradoxo da percepção.[8]

Note como nossas considerações sobre a realidade assemelham-se àquelas que os autores dos *Upanishads* descobriram por intuição há milênios:

> Está em tudo isso
> Está fora de tudo isso.[9]

Além disso, idealismo e realismo podem ser agora válidos. Ambos estão certos. Isso porque, se o cérebro-mente é um objeto em uma consciência não local que abrange toda a realidade, então o que denominamos realidade empírica objetiva está nessa consciência. É uma ideia teórica dessa consciência — e, portanto, o idealismo é válido. Quando, no entanto, essa consciência torna-se imanente como experiência subjetiva em uma parte de sua criação (no cérebro-mente que está localizado em nossa cabeça) e olha, através da maneira como organiza as percepções sensoriais, para outras partes localmente separadas da criação como sendo objetos, então a doutrina do realismo é útil para estudar as regularidades do comportamento dos mesmos.

Agora, passemos à questão importante: por que há tanto consenso? Por duas razões o mundo fenomenal parece esmagadoramente objetivo. Em primeiro lugar, corpos clássicos possuem massas imensas, o que significa que suas ondas quânticas se espalham com grande lentidão. O pequeno espalhamento torna bem previsíveis as trajetórias do centro da massa de macrobjetos (sempre que olhamos, encontramos a Lua onde esperamos que ela esteja), criando, dessa maneira, uma aura de continuidade. Continuidade adicional é imposta pelo aparato perceptual de nosso próprio cérebro-mente.

Em segundo, e ainda mais importante, a complexidade dos macrocorpos implica um tempo de regeneração muito longo. Esse fato lhes permite construir memórias, ou registros, por mais temporários que possam ser em um cálculo final. Por causa desses registros, somos tentados a olhar o mundo em termos causais, empregando um conceito de tempo unidirecional, independente da consciência.

Conglomerados de objetos quânticos, que podemos chamar de clássicos, são necessários, como aparelhos de medição, na extensão em que podemos definir-lhes as trajetórias aproximadas e falar em sua memória. Sem esses objetos clássicos, seria impossível a mensuração de eventos quânticos no espaço-tempo.

Na consciência não local, todos os fenômenos, mesmo os denominados objetos empíricos, clássicos, são objetos da consciência. É nesse sentido que os idealistas dizem que o mundo é feito de consciência. Evidentemente, a tese idealista e a opinião quântica convergem, se aceitamos a solução não local do paradoxo da percepção.

Confio em minha intuição, de que a interpretação idealista da mecânica quântica é a correta. Entre todas as interpretações, esta é a única que promete levar a física para uma nova arena: a arena do problema cérebro-mente-consciência. Se a história pode servir de guia, todas as ideias inovadoras na física lhe ampliam a arena. Poderão a mecânica quântica e a filosofia do idealismo, juntas, formar a base de uma ciência idealista capaz de solucionar os espinhosos paradoxos do problema mente-corpo que nos têm confundido durante milênios? Sim, acredito que podem. Na parte seguinte deste livro tentarei preparar o terreno para essa solução.

Abraham Maslow escreveu: "Se há alguma regra básica da ciência, ela é, em minha opinião, a aceitação da obrigação de reconhecer e descrever toda a realidade, tudo o que existe, tudo o que acontece... No seu melhor aspecto, ela (a ciência) é inteiramente aberta e nada exclui. E não tem 'requisitos de admissão'".[10]

Com a ciência idealista chegamos a uma ciência que não tem requisitos de admissão, que não exclui o subjetivo nem o objetivo, o espírito ou a matéria e é, portanto, capaz de integrar as dicotomias profundas de nosso pensamento.

PARTE 3

REFERÊNCIA AO *SELF*: COMO O UNO TORNA-SE MUITOS

Há séculos Descartes descreveu mente e corpo como realidades separadas. Esse cisma dualístico ainda impregna a maneira como vemos a nós mesmos. Nesta parte do livro, demonstraremos que um monismo baseado na primazia da matéria é incapaz de exorcizar o demônio do dualismo. O que de fato lança uma ponte sobre o cisma é ciência idealista — uma aplicação da física quântica interpretada de acordo com a filosofia do idealismo monista.

Veremos que a ciência idealista não só elimina o cisma da relação mente-corpo mas responde também a algumas perguntas que confundiram filósofos durante numerosas eras — questões como: de que modo uma consciência una torna-se muitas? Como o mundo de sujeitos e objetos surge de um ser uno? As respostas a essas perguntas são encontradas em conceitos como hierarquia entrelaçada e autorreferência — a capacidade de um sistema de se ver como separado do mundo.

Na Índia, conta-se uma lenda belíssima sobre a origem do rio Ganges. Na verdade, o Ganges nasce em uma geleira nas alturas dos Himalaias. Diz a lenda, no entanto, que o rio tem origem no céu e que chega à Terra através das tranças entrelaçadas dos cabelos de Shiva. Um famoso cientista indiano, Jagadish Bose, que teve ideias de vasto alcance sobre a consciência das plantas, escreveu em suas memórias que, na infância, ouvia o som do Ganges e se perguntava sobre o significado da lenda. Ao chegar à idade adulta, descobriu uma resposta: caráter cíclico. A água evapora-se e forma nuvens, em seguida cai como neve nos picos mais altos da montanha. A neve derrete-se e se transforma na fonte dos rios, que em seguida descobrem seu caminho para o oceano, mas apenas para evaporar-se mais uma vez, enquanto o ciclo continua.

Eu, também, ao tempo de jovem, passei horas às margens do Ganges, pensando no significado da lenda. De alguma maneira, eu não achava que Bose dera a resposta final ao significado. Natureza cíclica, claro, mas qual o significado das tranças entrelaçadas de Shiva? Eu não sabia como responder a essa pergunta, não nessa ocasião.

Após olhar para muitos diferentes rios, a lenda continuou a me deixar confuso, até que li o *Gödel, Escher, Bach: An Eternal Golden Braid,* de Doug Hofstadter. Na lenda, o rio Ganges (outro nome da mãe divina) simboliza o princípio informe por trás da forma manifesta, os arquétipos platônicos; e Shiva é o princípio sem forma por trás da consciência do *self* manifesta, o inconsciente. As tranças entrelaçadas de Shiva representam uma hierarquia entrelaçada (a trança dourada eterna de Hofstadter). A realidade nos chega em forma manifesta por meio de uma hierarquia entrelaçada, exatamente como o Ganges desce ao mundo da forma através das tranças de Shiva.

Descobriremos que essa resposta nos leva à ideia de um espectro de consciência do *self*. Descobriremos que há um *self* além do ego. O estudo desse *self* maior permite-nos integrar as várias teorias de personalidade da psicologia moderna — o behaviorismo, a psicanálise e a transpessoal — com a visão do *self* que é expressada nas grandes tradições religiosas do mundo.

capítulo 10

análise do problema
mente-corpo

Antes de estudarmos a maneira como a filosofia idealista e a teoria quântica podem ser aplicadas ao problema mente-corpo, vamos passar em revista a filosofia moderna predominante. Todos nós compartilhamos uma intuição irresistível de que a mente é separada do corpo. Sentimos também a intuição conflitante de que mente e corpo são a mesma coisa — como acontece, por exemplo, quando sofremos dor corporal. Além disso, intuímos que temos um *self* separado do mundo, um *self* individual que está consciente do que acontece em nossa mente e corpo, um *self* que, pela vontade (livremente?) determina algumas das ações do corpo. Os filósofos do problema mente-corpo estudam justamente essas intuições.

Em primeiro lugar, alguns deles postulam que é correta nossa intuição de uma mente (e consciência) separadas do corpo. Estes são os dualistas. Outros, os monistas, negam o dualismo. Estes se dividem em duas escolas. A primeira, dos monistas materialistas, acha que o corpo é de importância fundamental e que mente e consciência são apenas epifenômenos do mesmo. A segunda escola, os idealistas monistas, fala na primazia da consciência, sendo mente e corpo epifenômenos da consciência. Na cultura ocidental, especialmente em tempos recentes, os monistas materialistas dominam a escola monista. No Oriente, por outro lado, o idealismo monista continua a ser uma força.

São muitas as maneiras de pensar no problema mente-corpo, inúmeros os caminhos para chegar a conclusões e um sem-número de sutilezas a serem explicadas. Enquanto iniciamos uma visita ao que chamarei de Universidade de Estudos Mente-Corpo, gostaria que o leitor mantivesse em mente essas sutilezas. Imagine que todos os grandes pensadores que se ocuparam do problema mente-corpo estão aqui, agora, na Universidade, onde o corpo docente, através de toda a história, vem ensinando as soluções — velhas e novas, dualistas e monistas — do problema mente-corpo. Mas antes de cruzar os portões da universidade impõe-se uma palavra de cautela: conserve seu ceticismo e compare sempre qualquer filosofia com sua própria experiência, antes de se decidir por alguma.

Você encontrará *facilmente* a universidade — há em volta dela um aroma embriagador. Aproximando-se mais, descobrirá que a origem do aroma é uma fonte denominada Significado, situada logo na entrada. O elixir que flui da fonte está sempre mudando, mas com um aroma sempre atraente.

Você cruza os portões e olha em volta. Os prédios são de dois tipos diferentes. Em um dos lados da rua, você verá uma estrutura antiga, muito elegante. Você tem uma fraqueza pela arquitetura clássica, assim, é para lá que se dirige. O moderno arranha-céu no outro lado pode esperar.

Ao aproximar-se do prédio, porém, um piqueteiro o detém e lhe entrega um panfleto, onde se lê

Cuidado com o dualismo

Os dualistas estão se aproveitando de sua ingenuidade para lhe ensinar ideias ultrapassadas. Pense no seguinte: suponha que um robô em uma fábrica japonesa de automóveis seja consciente e que você lhe pergunte a opinião sobre o problema mente-corpo. De acordo com nosso líder, Marvin Minsky, "Quando perguntamos a essa criatura que tipo de ser ela é, ela simplesmente não pode responder imediatamente. Tem de inspecionar antes seus modelos. E terá de responder dizendo que acha que é um ser dual — que parece ter duas partes —, uma "mente" e um "corpo".[1] O pensamento de robô é pensamento primitivo. Não caia nessa. Insista no monismo para obter soluções modernas, científicas e sofisticadas.

— Mas — diz você, discordando do piqueteiro — às vezes, eu mesmo penso assim, como mente e corpo separados. Você não está dizendo... Mas, afinal de contas, quem foi que lhe perguntou alguma coisa? E quanto à sua informação, eu gosto da sabedoria antiga. E vou querer conferir por mim mesmo, se fizer o favor de sair do meu caminho.

O piqueteiro dá um passo para o lado, encolhendo os ombros. Em frente ao prédio há um poste com um letreiro, onde se lê: "Galeria do Dualismo, René Descartes, Diretor." A primeira sala onde entra envolve-o em nostalgia. Um homem de meia-idade, um professor, supõe você, olha silenciosamente para o teto. Por alguma razão, a familiaridade daquele rosto lhe dá a impressão de que o reconhece. De repente, você vê a tabuleta na mesa: *Cogito, ergo sum*. Claro! Este homem tem de ser René Descartes.

Com um sorriso bondoso, Descartes retribui-lhe o cumprimento. Os olhos dele brilham enquanto responde com voz cheia de dignidade a seu pedido de uma explicação da relação mente--corpo. E é elegante sua explicação do *Cogito, ergo sum*:

— Posso duvidar de tudo, até de meu corpo, mas não posso duvidar que penso. Não posso duvidar da existência de minha mente pensante, mas posso duvidar do corpo. Obviamente, mente e corpo têm de ser coisas diferentes.

Continua ele dizendo que há duas substâncias independentes, a substância da alma e a substância física. A primeira é indivisível. Mente e alma — a parte indivisível, irredutível, da realidade, responsável por nosso livre-arbítrio — são feitas dessa substância da alma. A substância física, por outro lado, é infinitamente divisível, redutível e governada por leis científicas. Mas só a fé governa a substância da alma.

— O livre-arbítrio é evidente por si mesmo — diz ele em resposta a uma pergunta — e só nossa mente pode saber disso.

— Porque ela é independente do corpo? — você pergunta.

— Exatamente.

Mas você não está satisfeito. Lembra-se de que o dualismo cartesiano de mente e corpo viola as leis de conservação da energia e *momentum*, que a física comprova além de qualquer dúvida. De que maneira poderia a mente interagir com o mundo sem, ocasionalmente, intercambiar energia e *momentum*? Ora, no mundo físico, descobrimos sempre que a energia e o *momentum* de objetos são conservados e que permanecem exatamente os mesmos. Logo que surge uma oportunidade, você engrola uma desculpa e deixa a sala de Descartes.

A sala contígua tem o nome de Gottfried Leibniz gravada na porta. Ao entrar, o professor Leibniz pergunta cortesmente:

— O que era que você estava fazendo lá dentro, com o velho Descartes? Todo mundo sabe que o interacionismo do bom Descartes não dá nem para a saída. De que modo pode uma alma imaterial ser tão materialmente localizada na glândula pineal?

— O senhor tem uma explicação melhor?

— Claro. Nós chamamos a isso de paralelismo psicofísico. — E resume: — Eventos mentais ocorrem independentes de, mas paralelos aos, eventos fisiológicos que têm lugar no cérebro. Nenhuma interação, nada de perguntas embaraçosas.

E sorri bondosamente.

Mas você está desapontado. A filosofia não lhe explica a intuição de que tem livre-arbítrio, que o seu *self* exerce poder causal sobre o corpo. A coisa toda parece suspeitosamente como varrer a sujeira para baixo do tapete — fora da vista, fora das vistas. Enquanto você ri para si mesmo com o trocadilho privado, nota que alguém lhe acena.

— Eu sou o professor John Q. Monist. Sua cabeça deve estar a mil com toda essa lengalenga dualista sobre a mente — diz ele.

Você reconhece uma crescente fadiga mental e ele responde, parecendo um pouco sarcástico:

— A mente é o fantasma na máquina.

Em resposta à sua óbvia confusão, ele continua:

— Um indivíduo chegou em visita a Oxford e o levaram para conhecer todos os *colleges*, os prédios, e tudo mais. Finalmente, ele quis saber onde ficava a universidade. Ele não compreendia que os *colleges* são a universidade. A universidade é um fantasma.

— Eu acho que a mente deve ser algo mais do que o fantasma. Afinal de contas, eu, de fato, tenho consciência do *self*...

O homenzinho interrompe-o:

— Tudo é miragem. O problema consiste em usar linguagem imprópria — diz, secamente. — Procure os monistas, no outro lado. Eles lhe explicarão tudo.

Talvez o homem tenha razão; os monistas, quem sabe, são os mestres da verdade, afinal de contas. Sem a menor dúvida, são muitas as salas no prédio imenso e elegante no outro lado da rua.

Mas lá você encontra também um piqueteiro.

— Antes de entrar — implora o homem —, eu queria apenas que ficasse ciente de que eles tentarão enrolá-lo com materialismo tipo nota promissória. Insistirão em que deve lhes aceitar as alegações porque, "com toda a certeza", a prova não tarda.

Você promete tomar cuidado e o homem dá um passo para o lado.

— Vou fazer figa — diz ele, cruzando os dedos.

O saguão é barulhento, porém a maior parte do barulho parece vir de um auditório, onde um cartaz informa que a palestra será sobre Behaviorismo Radical. No auditório, um homem anda de um lado para o outro, atrás de uma tribuna, dirigindo-se a uma plateia pouco numerosa. Aproximando-se mais, você descobre que o orador está falando sobre a obra de B. F. Skinner, o famoso behaviorista. Claro! O cartaz em frente à escola indica que Skinner é o diretor e, naturalmente, sua obra aqui teria destaque.

— De acordo com Skinner, o problema mentalista pode ser evitado se pesquisarmos diretamente as causas físicas prévias, ladeando, ao mesmo tempo, sentimentos ou estados mentais intermediários — diz nesse momento o palestrante. — Estudem, apenas, os fatos que podem ser observados objetivamente no comportamento de qualquer pessoa, em relação à sua história ambiental prévia.[2]

— Skinner quer dispensar a mente — nenhuma mente, nenhum problema mente-corpo —, da mesma maneira que o paralelismo tenta eliminar o problema da interação. Para mim, isso parece mais fugir do problema do que resolvê-lo — diz você ao professor na sala ao lado.

— Verdade. O behaviorismo radical é de um escopo limitado demais. Devemos estudar a mente, mas apenas como epifenômeno do corpo. O epifenomenalismo — explica o professor — é a ideia — a única ideia, por falar nisso, que extrai sentido do problema mente-corpo — que mente e consciência são epifenômenos do corpo, secretados pelo cérebro, da mesma forma que o fígado secreta bile. Agora, diga, o que é mais que eles podem ser?

— É seu o trabalho de me dizer. O senhor é o filósofo. Explique como o epifenômeno da consciência do *self* surge do cérebro.

— Não descobri ainda. Mas, com toda a certeza, vamos descobrir. É apenas uma questão de tempo — insiste ele, dedo em riste.

— Materialismo tipo nota promissória, exatamente como avisou o piqueteiro! — você murmura, e vai embora.

Na sala do outro lado do corredor, o Professor Identidade mostra-se insistente.[3] Ele não quer que você deixe o departamento dele sem receber antes uma aragem da verdade. Para ele, a identidade é a verdade — mente e cérebro são idênticos. São dois aspectos da mesma coisa.

— Mas isso não explica minhas experiências com a mente. Se isso é tudo o que o senhor tem a dizer, não estou interessado — você declara, dirigindo-se de mansinho para a porta.

O Professor Identidade, porém, insiste para que você compreenda a posição dele. Diz que você precisa aprender a substituir termos mentais em sua linguagem por termos neurofisiológicos, porque, correspondente a cada estado mental, há, em última análise, um estado fisiológico, que é o produto genuíno.

— Outra pessoa anda pregando um troço parecido — paralelismo, é como o chama.

Você se sente realmente satisfeito porque pode, nesse momento, jogar fora os termos filosóficos, sem cometer deslizes.

Com suavidade bem treinada, o Professor Identidade dá outra interpretação da teoria da identidade:

— Mesmo que o mental e o físico sejam a mesma coisa, distinguimos entre eles porque representam maneiras diferentes de conhecer coisas. Você vai precisar aprender a lógica das categorias, antes de compreender isso perfeitamente, mas...

A última tirada solene finalmente lhe aborrece e você replica:

— Olhe só, estive andando de uma sala a outra durante horas, querendo fazer uma única pergunta: qual é a natureza de nossa mente e o que é que lhe dá livre-arbítrio e consciência? E tudo o que ouvi dizer é que não posso ter esse tipo de mente.

Identidade permanece impávido. Murmura alguma coisa, parecendo dizer que consciência é um conceito confuso.

— A consciência é confusa, ahn? — Agora você está zangado. — O senhor e eu somos confusos? Neste caso, por que o senhor se leva tão a sério?

Rapidamente, você deixa o local, antes que o confuso Identidade tenha oportunidade de responder. É possível, pensa você consigo mesmo ao sair, que nossos atos sejam uma resposta condicionada, iniciada no cérebro e que surge simultaneamente na mente, como o que parece livre-arbítrio. Podemos realmente saber, usando algum macete filosófico, se temos livre-arbítrio, ou será que a filosofia simplesmente não funciona? Mas a filosofia pode esperar. Tudo que o interessa nesse momento é uma pizza e uma tulipa de cerveja.

Uma parte mal iluminada do prédio chama a sua atenção. Examinando com mais cuidado, você descobre que esse prédio tem uma arquitetura mais antiga. O novo prédio foi construído sobre partes do antigo. E há ali um cartaz: "Idealismo. Entre por sua conta e risco. Você talvez nunca mais seja um filósofo correto da mente-corpo". O aviso, porém, só serve mesmo para lhe espicaçar a curiosidade.

A primeira sala é ocupada pelo professor George Berkeley. Homem interessante, esse Berkeley.

— Escute, todas as declarações que fazemos sobre coisas físicas são, em última análise, sobre fenômenos mentais, percepções, ou sensações, certo? — pergunta ele.

— Isso é verdade — responde você, impressionado.

— Suponhamos que você acorde de repente e descubra que esteve sonhando. De que modo pode distinguir estofo material de estofo onírico?

— Provavelmente, não posso — reconhece você. — Há, contudo, a continuidade da experiência.

— A continuidade que se dane. Em última análise, tudo em que pode confiar, tudo de que pode ter certeza, é do estofo mental — pensamentos, sentimentos, memórias e tudo mais. Por isso mesmo, elas devem ser o real.[4]

Você gosta da filosofia de Berkeley. Ela torna real seu livre-arbítrio. Ainda assim, você hesita em dizer que o mundo físico é um sonho. Além do mais, outra coisa o incomoda.

— Aparentemente, não há lugar nenhum em sua filosofia para objetos que não estão na mente de todas as pessoas — você se queixa.

Berkeley, porém, mostra-se tolerante:

— Bem, eles estão na mente de Deus.

Mas isso lhe parece dualismo.

Uma sala na semi-escuridão atrai sua vista e você dá uma olhada. Epa! O que é isso? Há um espetáculo de sombras na parede, projetadas por uma luz nos fundos, mas as pessoas que o assistem estão presas de tal maneira às poltronas que não podem virar o corpo.

— O que é que está acontecendo aqui? — você pergunta em um sussurro à mulher que opera o projetor.

— Oh, esta é a demonstração de idealismo monista do professor Platão. A plateia vê apenas o espetáculo de sombras da matária e é enganada por elas. Se ela apenas soubesse que as sombras são projetadas pelos objetos arquetípicos "mais reais" através delas, as ideias da consciência! Se elas tivessem apenas a fortaleza de ânimo necessária para investigar a luz da consciência, que é a única realidade — lamenta-se ela.

— Mas o que é que amarra as pessoas às poltronas, na vida real? — é o que você quer saber.

— Por que as pessoas preferem a ilusão à realidade? Não sei a resposta a essa pergunta. Sei que há membros de nosso corpo docente — místicos orientais, acho que é assim que são chamados — que dizem que isso é devido a *maya*, que significa ilusão. Mas eu não sei como *maya* funciona. Talvez, se o senhor esperar pelo professor...

Mas você não espera. No lado de fora o corredor torna-se ainda mais escuro e você vê uma seta, indicando: "Para o misticismo oriental." Embora se sinta curioso, você também está cansado. E quer sua cerveja e um pedaço de pizza. Quem sabe, mais tarde. Com certeza os místicos orientais não vão se importar em esperar. Os orientais são conhecidos por sua paciência.

Mas são a cerveja e a pizza que terão de esperar. Saindo do prédio, você é atraído por um grande debate. Um cartaz em um dos lados menciona Mentalismo, e você não pode resistir ao desejo de ouvir o que os mentalistas têm a dizer. Quem são os adversários?, você pergunta a si mesmo. Ali! O cartaz diz: "Fisicalismo."

Logo depois, são os fisicalistas que tomam a palavra. O palestrante parece muito confiante em si mesmo:

— Na opinião dos reducionistas, a mente é o nível mais alto de uma hierarquia de níveis e o cérebro, o substrato neuronal, o mais baixo. O nível mais baixo é o determinante causal do mais alto. E não pode ser o contrário. Como explicou Jonathan Swift:

> Dessa maneira, observam os naturalistas, uma
> Pulga tem pulgas menores que dela se alimentam;
> E estas as têm menores que ainda as picam;
> E assim continua, *ad infinitum*.

"As pulgas menores mordem as maiores, mas as maiores jamais afetam o comportamento das menores."

— Devagar aí — avisa um mentalista, chegando sua vez de falar. — De acordo com Roger Sperry, nosso guru, forças mentais não violam, não perturbam e ainda menos intervêm em atividades neuronais, mas de fato seguem-se a elas; ações mentais, com sua lógica causal própria, ocorrem como algo adicional a ações do cérebro de nível mais baixo. A realidade causalmente potente da mente consciente é uma nova ordem emergente, que surge da interação organizacional do substrato neuronal, mas não é redutível ao mesmo.

O palestrante faz uma pausa. Um fisicalista da facção oposta tenta falar, mas não consegue:

— Sperry sustenta que os fenômenos mentais subjetivos são realidades básicas, causalmente potentes, na medida em que são experimentados subjetivamente, diferentes de, mais do quê, e não redutíveis a seus elementos físico-químicos. As entidades mentais transcendem o fisiológico, exatamente como o fisiológico transcende o molecular; o molecular transcende o atômico e o subatômico, e assim por diante.[5]

O debatedor fisicalista replica que raciocínio como este de Sperry é pura embromação, que aquilo que qualquer conglomerado ou configuração de neurônios fazem é inevitavelmente redutível ao que os neurônios componentes fazem. Todas as denominadas ações causais da mente devem ter, em última análise, origem em alguns componentes neuronais básicos do cérebro. A ideia de a mente iniciar mudanças no nível inferior do cérebro equivale ao substrato do cérebro, sem uma causa, agir sobre o substrato do cérebro. E de onde vem o poder causal da mente, da livre escolha?

— Toda a tese do Dr. Sperry é construída sobre o teorema não comprovado do holismo — o todo é maior do que as partes. Era isso o que eu tinha a dizer.

E o orador senta-se, com ar de superioridade.

Os mentalistas, no entanto, estão prontos com a contestação:

— Sperry diz que o livre-arbítrio é aquele aspecto dos fenômenos mentais que é mais do que seus elementos físico-químicos. De alguma forma, esta mente causalmente potente emerge da interação de suas partes, de miríades de neurônios. Evidentemente, o todo é maior do que as partes. Temos simplesmente de descobrir como.

A oposição, porém, não está ainda pronta para entregar os pontos. Alguém, com um grande bóton no peito, com as palavras *Pense Funcionalismo*, assume a tribuna.

— Nós, os funcionalistas, consideramos o cérebro-mente como um biocomputador, o cérebro como a estrutura, ou *hardware*, e a mente como a função, ou *software*. Como vocês mentalistas certamente concordarão, oh, mal orientados seguidores do mentalismo, o computador é a metáfora mais versátil jamais inventada para descrever o cérebro-mente. E como sabem, nós não aceitamos inteiramente a tese reducionista. Os estados e processos mentais são entidades funcionais implementáveis em diferentes tipos de estrutura, seja ela o cérebro ou um computador de silício. Pudemos provar nosso argumento construindo uma máquina de inteligência artificial dotada de mente — a máquina Turing. Mas, repetindo, embora usemos linguagem de *software* para descrever processos mentais que atuam sobre programas, nós, em última análise, sabemos que tudo isso é trabalho de *alguma* estrutura.[6]

— Mas terá de haver programas de alto nível da mente, que podem iniciar ações no nível do *software*... — diz um mentalista, tentando intervir, mas é cortado pelo Pense Funcionalismo.

— Seu chamado programa de alto nível, qualquer programa, é sempre implementado como *software*! Dessa maneira, temos um círculo vicioso causal, *software* atuando sobre *software* sem uma causa. Isso é impossível. Seu holismo nada mais é do que pensamento dualístico disfarçado.

Você nota que os mentalistas estão ficando agitados. Para eles, o pior insulto do mundo é ser chamado de dualista. Alguém, porém, está tentando desviar sua atenção.

— O senhor está perdendo seu tempo. Os fisicalistas têm razão. O pensamento mentalista é pseudomonismo; com efeito, cheira a dualismo, mas Sperry também tem razão. A mente tem, de fato, poderes de superveniência. A solução é uma forma moderna de dualismo. Novinha em folha. Quero lhe apresentar o filósofo Sir John Dual. Ele lhe explicará tudo.

Começando Dual a falar, você não pode deixar de reconhecer que o homem tem carisma.

— De acordo com o modelo que Sir John Eccles e Sir Karl Popper desenvolveram, as propriedades mentais pertencem a um mundo separado, o mundo 2, e o significado vem de um mundo ainda mais alto, o mundo 3.[7] Diz Eccles que um cérebro de ligação localizado no hemisfério cerebral dominante faz a mediação entre os estados cerebrais do mundo 1 e os estados mentais do mundo 2. Escute, de que modo podem negar que a capacidade de liberdade criativa requer um salto para fora do sistema? Se você é todo sistema que existe, seu comportamento terá de ser forçosamente determinado, porque qualquer proposta da mente iniciadora de ação terá de terminar no paradoxal *loop* causal, cérebro-mente--cérebro, que prendeu Sperry numa armadilha.

Você está inteiramente estonteado com o carisma de Dual ou é simplesmente o sotaque dele? Mas o que me diz das leis de conservação? E o cérebro de ligação de Eccles não parece outra forma de glândula pineal? Parece, em sua opinião. Mas, ah!, antes de fazer essas perguntas, outra coisa lhe atrai a atenção — um cartaz, A Sala Chinesa, contígua a uma caixa fechada, com duas aberturas.

— Isto aqui é um dispositivo desmascarador, construído pelo professor John Searle, da U. C. Berkeley, que prova a inadequação da visão de mente da máquina, funcionalista, de Turing.[8] Vou explicar logo como ela funciona — diz um indivíduo, de aparência cordial. — Mas, que tal entrar primeiro na caixa?

Embora um pouco surpreso, você concorda. Não vai deixar passar uma oportunidade de experimentar o desmascaramento da máquina de Turing. Logo depois, um *flash card* chega às suas mãos através de uma fresta. No *card* estão escritos alguns caracteres que você desconfia que são chineses, mas, não conhecendo a língua, não pode decifrar seu significado. Há um sinal, em inglês, dizendo-lhe que consulte um dicionário, também em inglês, onde é dada instrução sobre o cartão de resposta que você tem de encontrar em uma pilha deles. Após algum esforço, você o encontra e insere-o, como instruído, na fresta de saída.

Ao sair da caixa, você é recebido com sorrisos.

— Entendeu absolutamente a situação semântica? Tem alguma ideia do significado que foi transmitido pelos cartões?

— Claro que não — responde você, um pouco impaciente. — Não sei falar chinês, se era isso o que estava escrito, e não sou clarividente.

191

— Ainda assim, você conseguiu processar os símbolos da mesma maneira como faz a máquina de Turing!

Aí você pegou a ideia.

— De modo que, tal como eu, a máquina de Turing não precisa compreender coisa alguma da comunicação que ocorre quando ela processa símbolos. Simplesmente porque manipula símbolos, não podemos ter absolutamente certeza de que ela compreende.

— E se a máquina não pode compreender quando processa símbolos, como é que podemos dizer que ela pensa? — pergunta o homem que fala por John Searle.

Você tem de admirar a engenhosidade de Searle. Mas se a alegação dos funcionalistas é errada, a descrição que dão da relação mente-corpo também tem de estar errada. A ideia de emergência de Sperry assemelha-se ao dualismo. E o dualismo é dúbio, mesmo quando vendido na nova garrafa Popper. Há alguma maneira de compreender consciência e livre-arbítrio?, você se pergunta. Talvez o velho Skinner tenha razão — temos simplesmente de analisar o comportamento, e ponto final.

Mas que agitação é aquela perto da fonte, lá na frente? Você não espera que um monge budista da Índia, no alto de uma carruagem, discuta com alguém que só pode ser um rei — trono, coroa, todos os badulaques. Para seu espanto, o monge começa a desmontar a carruagem. Em primeiro lugar, retira os cavalos e pergunta:

— Estes cavalos são a carruagem, ó nobre rei?

O rei responde:

— Claro que não.

O monge tira em seguida as rodas e pergunta:

— Estas rodas são a carruagem, ó nobre rei?

Recebendo a mesma resposta, o monge continua o processo, até retirar todas as partes destacáveis da carruagem. Em seguida, apontando para o chassi, pergunta pela última vez:

— Isto aqui é a carruagem, ó nobre rei?

Você nota irritação no rosto do rei. Mas, claro, para você o monge passou um argumento. Onde está a carruagem?

Você devia ter almoçado, porque está sentindo até vertigens, de tanta fome, enquanto imagens exóticas relampejam à sua frente. Em seguida, como se fosse mágica, o professor John Q. Monist aparece novamente à sua frente e diz, desdenhosamente:

— Está vendo? Eu lhe disse. Não há carruagem sem partes redutivas. As partes são o todo. Qualquer conceito de carruagem, sem levar em conta as partes, é o fantasma da máquina.

Nesse momento, você se sente realmente confuso, esquecidas inteiramente a pizza e a cerveja. Como pode um monge budista — um místico oriental de boa fé, que se supõe que pertença ao campo idealista — apresentar argumentos que fornecem munição a uma pessoa tão cética quanto o Professor Monista?

Não há nenhum enigma aqui, se você conhece bem o Budismo. O monge budista (o nome dele é Nagasena, e o do rei, Millinda) pode parecer, falando, com o Professor Monista, uma vez que ambos negam a natureza de *self* de objetos. Não obstante, de acordo com os monistas materialistas, não há natureza de *self* em objetos, se ignorados os componentes redutivos finais, as partículas elementares que os compõem. A posição de Nagasena — o idealismo monista — é radicalmente diferente. Não há natureza de *self* em objetos, à parte a consciência.

Note, em especial, que tampouco há necessidade de atribuir natureza de *self* a sujeitos. (É neste ponto que o tipo de idealismo de Berkeley enfrenta críticas.) No idealismo monista antigo, só a consciência transcendente e unitiva é real. O resto, incluindo a divisão sujeito-objeto do mundo, é epifenômeno, *maya*, ilusão. Esta ideia é filosoficamente sutil, mas não inteiramente satisfatória. A doutrina do não *self* (da natureza ilusória do *self*) não explica como surge a experiência de *self* do indivíduo. E tampouco o nosso "Eu" muito pessoal. Dessa maneira, uma de nossas experiências mais profundas é deixada de fora.

Este, portanto, é o nosso curto sumário da filosofia. O dualismo enfrenta dificuldades para explicar a interação mente-corpo. Os monistas materialistas negam o livre-arbítrio e sustentam que a consciência é um epifenômeno, simplesmente a clamorosa manifestação do *software* de nosso biocomputador hardware. Os próprios idealistas monistas ficam aquém de uma solução satisfatória, porque eles, também, solapam a vivência do *self* pessoal, sendo enamorados demais do todo. Poderá a mecânica quântica romper o impasse de algumas dessas espinhosas questões?

capítulo 11

em busca da mente quântica

Vimos, no último capítulo, que não é inteiramente satisfatória nenhuma das respostas da filosofia ao problema mente-corpo. A mais aceitável parece ser o idealismo monista, porque está calcado na presunção de que a consciência é a realidade fundamental, mas até mesmo essa escola deixa sem resposta a questão de como emerge a experiência de nosso "Eu" individual, pessoal.

Mas por que a individualidade pessoal constitui um problema para o idealismo? Porque, no idealismo, a consciência é transcendente e unitiva. Caberia muito bem perguntar por que é assim e como surge o senso de separatividade. Uma resposta tradicional, dada por idealistas, como Shankara, é que o *self* individual é ilusório, tal como o resto do mundo imanente. Faz parte daquilo que, em sânscrito, é denominado *maya*, o mundo da ilusão. Em uma veia semelhante, Platão descreveu o mundo como um espetáculo de sombras. Mas nenhum filósofo idealista jamais explica por que existe tal ilusão. Alguns negam redondamente que uma explicação jamais possa ser encontrada: "A doutrina de *maya* reconhece a realidade da multiplicidade a partir do ponto de vista relativo (do mundo sujeito-objeto) — e declara simplesmente que a relação dessa realidade relativa com o Absoluto (a consciência indiferenciada, imanifesta) não pode ser descrita ou conhecida".[1] A resposta, porém, não satisfaz. Queremos saber se a experiência do "Eu" individual é realmente uma ilusão, um epifenômeno. Se é, queremos saber o que cria a ilusão.

Se víssemos uma ilusão de óptica, procuraríamos imediatamente uma explicação, certo? Essa experiência do "Eu" individual é a mais persistente de nossa vida. Não deveríamos, por isso mesmo, buscar uma explicação do motivo por que ela surge? Talvez, se descobrirmos como surge o "Eu" individual, poderemos nos compreender melhor. Poderemos explicar *maya* com nosso modelo? Neste capítulo eu me proponho a apresentar uma visão de mente e cérebro (um sistema que podemos chamar de cérebro-mente) que explica, no contexto do idealismo monista, a experiência individual, separada do *self*.

O idealismo e o cérebro-mente quântico

Nos últimos anos, tornou-se cada vez mais claro para mim que a única visão de cérebro-mente completa e coerente em sua capacidade explicativa é a seguinte: o cérebro-mente é um sistema interativo com componentes clássicos e quânticos. Esses componentes interagem dentro de uma estrutura idealista básica, na qual a consciência é fundamental. Neste e nos dois capítulos seguintes, examinarei a solução do problema mente-corpo oferecida por essa visão. Mostrarei que essa interpretação, ao contrário de outras soluções do problema mente-corpo, explica a consciência, as relações causa-efeito em questões de cérebro-mente (isto é, a natureza do livre-arbítrio) e a experiência de identidade do *self* pessoal. Além disso, veremos que essa solução revela que a criatividade é um ingrediente fundamental da experiência humana.

A distinção entre a maquinaria quântica e a clássica nesta resposta é, claro, puramente funcional (no sentido descrito no Capítulo 9). *O componente quântico do cérebro-mente é regenerativo e, seus estados, multifacetados. É o veículo da escolha consciente e da criatividade.* Em contraste, uma vez que precisa de longo tempo de regeneração, *o componente clássico do cérebro-mente pode formar memória e, dessa maneira, servir como ponto de referência para a experiência.*

O leitor talvez pergunte: há de fato alguma prova de que as ideias da mecânica quântica se aplicam ao cérebro-mente? Aparentemente, há pelo menos prova circunstancial.

David Bohm e, antes dele, Auguste Comte notaram que parece haver um princípio da incerteza operando no caso do pensamento.[2] Se nos concentramos no conteúdo do pensamento, perdemos de vista a direção para onde ele se dirige. Se nos concentramos na direção, perdemos nitidez de conteúdo. Observe seus pensamentos e veja por si mesmo.

Podemos generalizar a observação de Bohm e postular que o pensamento tem um componente arquetípico. Seu aparecimento no campo da percepção-consciente está ligado a duas variáveis conjugadas: *aspecto* (conteúdo instantâneo, semelhante à posição de objetos físicos) e *associação* (o movimento do pensamento na percepção-consciente, semelhante ao *momentum* dos objetos físicos). Note que a percepção-consciente em si é semelhante ao espaço no qual aparecem os objetos do pensamento.

Fenômenos mentais como o pensamento, por conseguinte, parecem exibir complementaridade. Podemos postular que, embora seja sempre manifestado como forma (descrito por atributos tais como aspecto e associação), o pensamento, entre manifestações, existe como arquétipos transcendentes — como acontece com o objeto quântico com sua superposição coerente transcendente (onda) e os aspectos unifacetados manifestos (partícula).

Além disso, há prova abundante de descontinuidade — saltos quânticos — nos fenômenos mentais, especialmente no fenômeno da criatividade.[3] Vejamos uma citação irretocável de meu compositor favorito, Tchaikowsky: "Falando em termos gerais, o germe de uma futura composição surge de repente e inesperadamente... Lança raízes com uma força e rapidez extraordinárias, irrompe da terra, projeta galhos e folhas e, finalmente, floresce. Não posso definir o processo criativo de qualquer outra maneira, exceto por esta símile".[4]

Essa símile é exatamente do tipo que um físico quântico poderia usar para descrever um salto quântico. Pouparei o leitor de outras citações, mas faço questão de lembrar que grandes matemáticos, como Jules-Henri Poincaré[5] e Carl Friedrich Gauss[6], falaram em termos semelhantes de suas experiências criativas, como sendo súbitas e descontínuas, como saltos quânticos.

Um cartum de Sidney Harris pode passar igualmente bem o mesmo argumento. Einstein, calças frouxonas e tudo mais, está de frente para um quadro-negro, giz na mão, pronto para descobrir uma nova lei. No quadro, a equação $E = ma^2$ é escrita e, em seguida, riscada. Sob ela, $E = mb^2$ é também escrita e riscada. Diz a legenda: "O Momento Criativo". Será que $E = mc^2$ vai explodir? Não é provável. O cartum é uma criatura de um momento criativo, exatamente porque todos nós reconhecemos intuitivamente que o momento criativo não segue esses passos contínuos, raciocinados. (Para um excelente tratamento do chamado relaxamento e falta de rigor da atividade concreta de fazer matemática, ver o delicioso livro *How to Solve It*, de George Polya.)

Há prova, também, de não localidade da ação da mente não só nos dados controvertidos da visão a distância citados antes, mas também em experimentos recentes de coerência de ondas cerebrais, que discutiremos mais adiante neste livro.

A pesquisa de Tony Marcel dá respaldo à ideia do componente quântico do cérebro-mente. Esses dados são suficientemente importantes para merecer atenção especial.

Os dados de Tony Marcel revisitados

Há mais de uma década os dados de Tony Marcel resistem a uma explicação inteiramente satisfatória com emprego dos atuais modelos cognitivos. Esses dados envolvem a medição do tempo de reconhecimento da última palavra de uma série de três, tal como *árvore-palma-pulso* e *mão-palma-pulso*, na qual a palavra ambígua do meio é, às vezes, de tal modo mascarada pelo padrão que só pode ser percebida subconscientemente.[7] O efeito do padrão de mascaramento parece ser o de remover o efeito congruente (como no caso de *mão*) ou incongruente (como no caso de *árvore*) da primeira palavra (indutora) sobre o tempo de reconhecimento.

A situação sem máscara, na qual os sujeitos estão cientes da segunda palavra, confirma o que é chamado de teoria seletiva do efeito de um contexto anterior no reconhecimento de palavra.[8] A primeira palavra afeta o significado percebido da palavra polissêmica, a palavra dois. Só o significado induzido da palavra dois (induzido pelo efeito da primeira palavra) é passado adiante. Se este significado é congruente (incongruente) com a palavra-alvo, conseguimos facilitação (inibição) do reconhecimento — tempo curto (longo) de reconhecimento. Se o cérebro-mente for considerado como um computador clássico, como acontece no funcionalismo, o computador aparentemente opera de uma forma serial, de cima para baixo, linear e unidirecional nesse tipo de situação.

Quando a palavra polissêmica tem o padrão mascarado, ambos os significados parecem estar disponíveis no processamento subsequente da informação — pouco importando a presença de um contexto indutor —, uma vez que as condições congruentes e incongruentes exigem tempos de reconhecimento semelhantes. O próprio Marcel mencionou a importância de distinguir entre percepções consciente e inconsciente e observou que uma teoria não seletiva tem de se aplicar à identificação inconsciente. (A teoria seletiva aplica-se apenas à percepção de forma consciente.) Além disso, parece que uma teoria não seletiva desse tipo tem de se basear em processamento paralelo, no qual unidades múltiplas de informação são simultaneamente processadas, incluída a realimentação.[9] Esses modelos de processamento distribuídos em paralelo são exemplos de enfoque de baixo para cima das máquinas de inteligência artificial, nas quais as conexões entre os vários componentes desempenham um papel dominante.

Sem entrar em detalhes técnicos demais, basta dizer que com os modelos funcionalistas clássicos, lineares e seletivos, não encontramos dificuldade para explicar o efeito de predispor o contexto, nos casos em que não são usadas máscaras. Esses modelos, no entanto, não podem explicar a mudança significante que ocorre no experimento de percepção inconsciente sem o padrão de mascaramento. O mesmo acontece com as teorias de processamento paralelo não seletivo. Elas podem ser ajustadas para satisfazer um ou outro tipo dos dados — os casos da percepção consciente ou inconsciente —, mas não explicar ambos de uma forma coerente. Daí, conclui Marcel no trabalho acima citado, "esses dados (de mascaramento) são inconsistentes com e qualitativamente diferentes dos que prevalecem em uma condição em que não há mascaramento". Por isso mesmo, a distinção entre percepção de forma consciente e inconsciente nos dados de Marcel tem sido um problema para os que defendem os modelos cognitivos.

O psicólogo Michael Posner apresentou uma solução cognitiva, que menciona a atenção como o ingrediente crucial na distinção entre percepção consciente e inconsciente.[10] A atenção ocorre com a seletividade. Destarte, de acordo com Posner, selecionamos um de dois significados quando estamos atentos, como na percepção de forma consciente da palavra ambígua no experimento de Marcel. Se não estamos atentos, não há seleção. Dessa maneira, ambos os significados de uma palavra inequívoca são percebidos como na percepção inconsciente da palavra com o padrão mascarado no experimento de Marcel.

Se isso ocorre, quem liga e desliga a atenção? De acordo com Posner, uma unidade de processamento central liga e desliga a atenção. Ninguém, contudo, jamais encontrou uma unidade central de processamento no cérebro-mente, e o conceito invoca o espectro do chamado homenzinho, ou homúnculo, no interior do cérebro. Francis Crick, o biólogo laureado com o Prêmio Nobel, faz uma alusão ao problema na anedota seguinte: "Recentemente, estive tentando explicar a uma mulher inteligente o problema de compreender como é que percebemos absolutamente alguma coisa, e não estava conseguindo de maneira nenhuma. Ela não podia entender por que havia um problema. Finalmente, em desespero, perguntei-lhe como ela mesma pensava que via o mundo. Ela respondeu que, provavelmente, tinha na cabeça alguma coisa parecida com um aparelho de televisão. 'Neste caso', perguntei, 'quem é que olha para o aparelho?' Ela, nesse momento, entendeu imediatamente o problema".[11]

Temos de enfrentar de cara o problema: não há nenhum homúnculo local, ou unidade processadora central, sentado no interior do cérebro, e que liga a atenção, interpreta e atribui significado a todas as ações de conglomerados centrais, sintonizando os canais a partir de uma sala de controle. Dessa maneira, a referência ao *self* — a capacidade de nos referirmos ao "Eu" como o sujeito de nossas experiências — é um problema sumamente difícil para os modelos funcionalistas clássicos, de cima para baixo ou de baixo para cima. Aquilo que estamos procurando é aquilo que está nos olhando — uma reflexividade essencial tão difícil de explicar nos modelos materialistas do cérebro-mente como a corrente de von Neumann na mensuração quântica.

Suponhamos, contudo, que quando alguém vê uma palavra mascarada por um padrão, com dois significados possíveis, o cérebro-mente torna-se uma superposição coerente quântica de estados — cada um deles portando os dois significados da palavra. Essa suposição pode explicar ambos os conjuntos dos dados de Marcel

199

— a percepção consciente e a inconsciente —, sem invocar uma unidade processadora central.

A interpretação que a mecânica quântica dá dos dados da percepção de forma consciente é que a palavra contextual *mão* extrai e projeta da palavra dicotômica *palma* (uma superposição coerente) o estado com o significado de mão (isto é, a função de onda entra em colapso com a escolha exclusiva do significado de mão). Esse estado tem uma grande coincidência (as associações positivas são expressadas na mecânica quântica como grandes coincidências de significado entre dois estados) com o estado correspondente à palavra final *punho*, e por essa razão o reconhecimento de punho é facilitado.

Analogamente, na descrição do modelo quântico do caso incongruente não mascarado, a palavra-contexto *árvore* projeta o estado com o significado de árvore a partir do estado de superposição coerente *palma*; a coincidência de significado entre os estados correspondentes à árvore e pulso é pequena e, daí, a inibição. No caso do padrão mascarado, o congruente e o incongruente, a palavra *palma* é percebida inconscientemente e, portanto, não há projeção de qualquer significado particular — nenhum colapso da superposição coerente. Pode ser vista, portanto, a prova direta da palavra mascarada *palma*, que leva a um estado de superposição coerente, que contém os significados de árvore e mão. De que outra maneira o efeito da palavra predisponente, como na série *árvore-palma-punho/mão-palma-punho*, é quase que praticamente eliminado quando a palavra *palma* é mascarada?

O fenômeno de acesso simultâneo a *palma* como árvore e parte da mão é difícil de explicar acuradamente em uma descrição linear clássica do cérebro-mente, porque tal descrição é do tipo ou isto/ou aquilo. É óbvia a vantagem da descrição quântica do "ambos-e".[12]

Reconheço que os dados que sugerem os paralelos entre mente e teoria quântica — incerteza, complementaridade, saltos quânticos, não localidade e, finalmente, superposição coerente — talvez não sejam considerados conclusivos. Mas eles bem que poderiam ser indicativos de alguma coisa radical: *Aquilo que chamamos de mente consiste de objetos que se assemelham aos objetos da matéria submicroscópica e que obedecem a regras semelhantes às da mecânica quântica.*

Mas vou expor essa ideia revolucionária de uma forma diferente. Da mesma maneira que a matéria comum consiste, em última análise, de objetos quânticos submicroscópicos, que podem ser denominados arquétipos da matéria, vamos supor que a mente consiste, em última análise, de arquétipos de objetos mentais (de forma muito parecida com o que Platão chamava de ideias). Sugiro ainda que eles são feitos da mesma substância básica dos arquétipos materiais e que obedecem também às leis da mecânica quântica. Por isso mesmo, as considerações sobre mensurações quânticas aplicam-se também a eles.

Funcionalismo quântico

Não estou sozinho neste tipo de especulação. Há décadas Jung descobriu intuitivamente que psique e matéria devem ser, em última análise, constituídas do mesmo estofo. Em anos recentes, vários cientistas tentaram, com toda a seriedade, invocar o mecanismo quântico no funcionamento macroscópico do cérebro-mente para explicar dados relativos ao cérebro. O que se segue é um curto sumário desses trabalhos.

De que maneira um impulso elétrico passa de um neurônio a outro através de uma fenda sináptica (o local onde um neurônio se junta a outro)? A teoria convencional diz que a transmissão sináptica tem de ser devida a uma mudança química. A prova nesse sentido, contudo, é de certa forma circunstancial, e E. Harris Walker contestou-a, preferindo um processo quântico-mecânico.[13] Pensa Walker que a fenda sináptica é tão pequena que o efeito quântico de abertura de túnel pode desempenhar um papel crucial na transmissão de sinais nervosos. A abertura de túnel quântica é a capacidade de um objeto quântico de passar através de uma barreira, de outra maneira intransponível, uma capacidade decorrente de sua natureza de onda. John Eccles discutiu um mecanismo semelhante para propor a aplicação da mecânica quântica ao cérebro.[14]

O físico australiano L. Bass e, mais recentemente, o americano Fred Alan Wolf observaram que para que a inteligência possa operar, o acionamento de um neurônio tem de ser acompanhado do acionamento de numerosos neurônios correlatos, a distâncias macroscópicas — até 10 centímetros, que é a largura do tecido cortical. Para que isso aconteça, observa Wolf, precisamos que correlações não locais (à maneira de Einstein, Podolsky e Rosen, claro) existam no nível molecular de nosso cérebro, nas sinapses. Dessa maneira, até o pensamento comum depende da natureza de eventos quânticos.[15]

Robert Jahn e Brenda Dunn, cientistas de Princeton, usaram a mecânica quântica como modelo das capacidades paranormais do cérebro-mente, ainda que apenas como metáfora.[16]

Pensemos mais uma vez no modelo usado pelos funcionalistas — o dos computadores clássicos. Richard Feynman provou matematicamente certa vez que um computador clássico jamais poderá simular a não localidade.[17] Os funcionalistas, portanto, são obrigados a negar a validade de nossas experiências não locais, tais como PES e significado, porque o modelo que usam do cérebro-mente baseia-se no computador clássico (que é incapaz de produzir instantaneamente ou servir de modelo a fenômenos não locais). Que miopia colossal! Tomando mais uma vez de empréstimo a frase de Abraham Maslow: se temos um martelo, devemos tratar tudo como se fosse um prego.

Poderemos, contudo, sem a não localidade, simular a consciência? Estou falando em consciência como nós, seres humanos, a experimentamos — uma consciência que é capaz de criatividade, de amor, de liberdade de escolha, de PES, de experiência mística —, uma consciência que ousa formar uma visão de mundo significativa e evolutiva a fim de compreender seu lugar no universo.

Talvez o cérebro abrigue a consciência porque dispõe de um sistema quântico que divide esse trabalho com sua contrapartida clássica, dizem, o biólogo C. I. J. M. Stuart, da Universidade de Alberta, e seus colaboradores, os físicos M. Umezawa e Y. Takahashy[18], e o físico Henry Stapp[19], de Berkeley. Nesse modelo, que adaptei (ver a seção seguinte), o cérebro-mente é considerado como dois sistemas interatuantes: o clássico e o quântico.[20] O clássico é um computador que roda programas que, para todos os fins práticos, seguem as leis deterministas da física clássica e, portanto, podem ser simulados em forma algorítmica. Já o sistema quântico roda programas que só em parte são algorítmicos. A função de onda evolui de acordo com as leis probabilísticas da nova física — esta parte é algorítmica, continua. Mas há também a descontinuidade do colapso da função de onda, que é fundamentalmente não algorítmica. O sistema quântico é o único que exibe coerência quântica, uma correlação não local entre seus componentes. Além disso, o sistema quântico é regenerativo e, portanto, pode lidar com o novo (porque os objetos quânticos permanecem para sempre novos). O sistema clássico é necessário para formar memórias, para registrar eventos em que ocorrem colapsos e para criar senso de continuidade.

Poderíamos continuar a reunir ideias e dados sugestivos, mas o argumento é simples: vem crescendo entre numerosos físicos a convicção de que o cérebro é um sistema interativo, com uma macroestrutura mecânica quântica, como complemento importante da aglomeração neuronal clássica. Esta ideia não é ainda, em absoluto, um trem expresso, tampouco é um solitário e ronceiro carro de boi.

O cérebro-mente como sistema quântico e aparato de medição

Tecnicamente, consideramos o sistema quântico cérebro-mente como um macrossistema formado de numerosos componentes que não só interagem por meio de interações locais, mas são também correlacionados à maneira da EPR (correlação de fase). De que maneira podemos descrever os estados de tal sistema?

Imagine dois pêndulos em um cordão retesado. Melhor ainda, imagine que você e sua bem-amada estão pendurados e balançando nos pêndulos. Vocês dois formam agora um sistema de pêndulos conjugados. Se você se põe em movimento, mas sua bem-amada permanece parada, antes de muito tempo ela começará a balançar também — tanto que antes de muito tempo ela absorverá toda a energia e você parará. Em seguida, o ciclo se repetirá. Mas alguma coisa está faltando. Não há muita intimidade, ou proximidade. Para resolver o problema, vocês dois começam a balançar simultaneamente, na mesma fase. Começando dessa maneira, vocês se movem juntos em um movimento que continuaria para sempre, se não houvesse atrito. O mesmo aconteceria se vocês começassem a balançar em fases opostas. Essas duas maneiras de oscilar são denominadas modos normais do pêndulo duplo. (A correlação entre vocês dois, no entanto, é inteiramente local, tornada possível pelos cordões retesados que sustentam os pêndulos.)

Podemos, de idêntica maneira, descrever os estados de um sistema complexo, ainda que quântico, pelos seus denominados modos normais de excitação, por seus *quanta* ou, em termos mais gerais, por conglomerados de modos normais. (É cedo demais para chamá-los de *quanta* mentais, embora, em uma conferência recente sobre consciência, a que compareci, nós nos divertíssemos muito brincando com nomes como psícons, méntons e assim por diante.)

E se supusermos que esses modos normais constituem os arquétipos mentais que mencionei antes? Jung descobriu que arquétipos mentais possuem caráter universal; são independentes de raça, história, cultura e origem geográfica.[21] Este fato ajusta-se muito bem à ideia de que os arquétipos junguianos são conglomerados de *quanta* universais — os chamados modos normais. Chamarei esses estados do sistema quântico do cérebro, constituídos desses *quanta*, de *estados mentais puros.* Essa nomenclatura formal será útil mais tarde em nossa discussão.

Suponhamos também que a maior parte do cérebro é o análogo clássico do aparelho (ou mecanismo) de medição que usamos para ampliar os objetos materiais submicroscópicos, a fim de vê-los. Suponhamos que o mecanismo clássico do cérebro amplie e registre os objetos mentais quânticos.

Essa ideia soluciona um dos enigmas mais renitentes do problema cérebro-mente — o problema da identidade desse conjunto. Atualmente, filósofos ou postulam a identidade cérebro-mente sem esclarecer o que é idêntico ao quê, ou tentam definir algum tipo de paralelismo psicofísico. No funcionalismo clássico, por exemplo, jamais podemos estabelecer a relação entre estados mentais e os estados do computador.

No modelo quântico, os estados mentais são estados do sistema quântico, e com a mensuração, esses estados do cérebro quântico tornam-se correlacionados com os estados do mecanismo de medição (da mesma maneira que o estado do gato torna-se correlacionado com o estado do átomo radioativo no paradoxo do gato de Schrödinger). Em todo evento quântico, por conseguinte, o estado cérebro-mente que entra em colapso e é experimentado representa um estado mental puro, que o cérebro clássico mede (amplia e registra), e há uma clara definição da identidade e sua justificação.

O reconhecimento de que a maior parte do cérebro constitui um aparelho de medição leva-nos a uma maneira nova e útil de pensar nele e em eventos conscientes. Biólogos argumentam frequentemente que a consciência tem de ser um epifenômeno do cérebro, porque a mudança do estado do cérebro ocasionada por dano ou drogas muda os eventos conscientes. Sim!, diz o teórico quântico, porque mudar o aparelho de medição muda certamente o que pode ser medido, e por conseguinte, muda o evento.

A ideia de que a estrutura formal da mecânica quântica deve aplicar-se ao cérebro-mente nada tem de nova. Na verdade, vem evoluindo aos poucos. Não obstante, é nova a ideia de considerar o cérebro-mente como um sistema quântico/mecanismo de medição, e são as consequências dessa hipótese que me proponho a discutir aqui.

Os cientistas do cérebro, com um interesse materialista a defender, objetarão a essa ideia. Objetos macroscópicos, objetos de grande volume, obedecem a leis clássicas, ainda que aproximadamente. De que modo poderia um mecanismo quântico aplicar-se o suficiente à macroestrutura do cérebro para causar uma diferença?

Aqueles entre nós que querem investigar a consciência rejeitam a objeção. Há algumas exceções à regra geral de que objetos no macrocosmo obedecem às leis físicas, mesmo que aproximadamente. Existem certos sistemas que não podem ser explicados pela física clássica, mesmo no nível macro. Um desses sistemas, que já discutimos, é o supercondutor. Temos outro, de fenômeno quântico nesse nível no caso do *laser*.

Um feixe de *laser* vai e volta à Lua mantendo sua forma de fino lápis porque os fótons de seu feixe existem em uma sincronia coerente. Você já viu pessoas dançando sem música? Elas fazem isso inteiramente fora de ritmo umas com as outras, certo? Mas comece a tamborilar um ritmo e elas conseguirão dançar em perfeita harmonia. A coerência dos fótons do feixe de *laser* decorre do ritmo de suas interações *quantum*-mecânicas, que operam mesmo no macronível.

Poderia acontecer que um mecanismo quântico em nosso cérebro, operando de maneiras semelhantes às do *laser*[22], se tornasse acessível à superveniência de consciência não local, com as partes clássicas do cérebro representando o papel de aparelhos de medição para amplificar e fazer (ainda que temporários) registros? Estou convencido de que a resposta é afirmativa.

Será que o tipo de coerência exibida pelo *laser* existe entre diferentes áreas do cérebro, em certas ações mentais? Na verdade, foi encontrada alguma prova direta dessa coerência. Pesquisadores de estados de meditação estudaram ondas cerebrais emitidas por diferentes partes do cérebro, anterior e posterior, ou esquerda e direita, para verificar se exibiam qualquer semelhança de fase.[23] Utilizando técnicas sofisticadas, pesquisadores descobriram coerência nas ondas cerebrais emitidas por diferentes partes do couro cabeludo de indivíduos imersos em estados meditativos. Os relatórios iniciais de coerência espacial de ondas cerebrais durante meditação foram desde então confirmados por outros pesquisadores. Além disso, verificou-se que o grau de coerência é diretamente proporcional ao grau de percepção-consciente pura que os meditadores referem.

A coerência espacial é uma das notáveis propriedades dos sistemas quânticos. Esses experimentos sobre coerência, por conseguinte, podem estar fornecendo prova direta de que o cérebro atua como um aparelho de medição para os modos normais de um sistema quântico, que poderíamos chamar de *mente quântica*.

Mais recentemente, o experimento de coerência do encefalograma (EEG) com sujeitos meditadores foi ampliado para medir, na mesma ocasião, a coerência de ondas cerebrais de dois sujeitos — com resultados positivos.[24] Configura-se aqui uma nova prova da não localidade quântica. Duas pessoas meditam juntas, ou estão correlacionadas mediante visão a distância, e suas ondas cerebrais demonstram coerência. Não deveriam até mesmo céticos ficar intrigados? O que mais, a não ser correlação EPR entre duas mentes, poderia explicar tais dados?

O apoio experimental mais decisivo obtido até agora sobre o caráter quântico do cérebro-mente veio da observação da correlação EPR entre dois cérebros, realizada por Jacobo Grinberg-Zylberbaum e seus colaboradores (ver Capítulo 8). Nesse experimento, dois sujeitos interagem durante um período, até que sentem que uma conexão direta (não local) foi estabelecida. Os sujeitos mantêm em seguida contato direto de dentro de gaiolas de Faraday separadas e colocadas a distância. Quando o cérebro de um dos sujeitos responde a um estímulo externo com o potencial evocado, o cérebro do outro exibe um potencial de transferência semelhante em forma e força ao potencial evocado. Isso só pode ser interpretado como um exemplo de não localidade quântica, devida à correlação quântica não local entre os dois cérebros-mentes, estabelecida por meio de suas consciências não locais.[25]

Se o computador quântico se parece com o cérebro de ligação de Eccles e, portanto, como dualístico, não há motivo de preocupação. O computador quântico consiste de cooperação quântica entre alguns substratos ainda desconhecidos do cérebro. Não se trata de uma parte localizada do cérebro, como se supõe que aconteça com o cérebro de ligação, nem sua conexão de consciência é do tipo que viola o princípio da conservação da energia. Antes da superveniência da consciência, o cérebro-mente existe como *potentia* informe (tal como qualquer outro objeto) no domínio transcendente da consciência. Quando a consciência não local produz o colapso da função de onda do cérebro-mente, ela atua assim por escolha e reconhecimento, não por qualquer processo energético.

O que dizer da preocupação de que o cérebro quântico é uma nota promissória e não um fato observado? Inquestionavelmente, o cérebro-mente quântico é uma hipótese. Não obstante, é uma hipótese baseada em sólidos fundamentos filosóficos e teóricos e respaldada por abundante prova experimental sugestiva. (A teoria da circulação do sangue foi formulada antes de ser descoberta a peça final do quebra-cabeça: a rede de capilares. Analogamente, no caso da manifestação e circulação de processos mentais no cérebro, precisamos de uma rede quântica correlacionada EPR. Ela tem de existir.) Além do mais, a hipótese é suficientemente concreta para permitir prognósticos teóricos ulteriores, que podem ser submetidos à confirmação experimental.[26] Adicionalmente, uma vez que essa teoria recupera o limite clássico (behaviorista) como um novo princípio de correspondência (estudado no Capítulo 13), ela é compatível com todos os dados explicados pela velha teoria.

Todos os novos paradigmas científicos começam com hipóteses e teorizações. Só nos casos em que a filosofia não ajuda a formular novas teorias e testes experimentais, ou quando evita enfrentar dados antigos experimentais e inexplicados, é que ela se transforma em uma nota promissória (como acontece com o realismo materialista no tocante ao problema da consciência).

Bohr mencionou um princípio de complementaridade entre vida e não vida — a impossibilidade de estudar a vida separadamente do organismo vivo — que talvez se aplique aqui.[27] O sistema quântico dual/aparelho de medição clássica constitui um sistema fortemente interatuante, e é esta forte interação, conforme teremos oportunidade de ver, a responsável pelo aparecimento da identidade do *self* individual e pessoal. Parece haver aqui também uma complementaridade. Talvez seja impossível estudar separadamente o sistema quântico do cérebro sem destruir a experiência consciente, que é sua marca registrada.

Em resumo, proponho aqui uma nova maneira de examinar o cérebro-mente como mecanismo de medição e sistema quântico. Esse sistema envolve a consciência como provocadora do colapso da função de onda do sistema, explica relações de causa-efeito como resultados de livre escolha da consciência e sugere a criatividade como o novo início que todo colapso é. Vamos fazer agora o trabalho preliminar para explicar como essa teoria explica a divisão sujeito-objeto do mundo e, eventualmente, o *self* pessoal.

Mensuração quântica no cérebro-mente; uma parceria do clássico e do quântico

O funcionalismo clássico supõe que o cérebro é o *hardware* e a mente o *software*. Careceria igualmente de fundamento dizer que o cérebro é clássico e a mente, quântica. Em vez disso, no modelo idealista aqui proposto, os estados mentais experimentados surgem da interação entre os sistemas clássico e quântico.

Mais importante ainda: a potência causal do sistema quântico do cérebro-mente tem origem na consciência não local, que produz o colapso da função de onda da mente e que experiencia o resultado de tal colapso. No idealismo, o experimentador — o sujeito — é não local e unitivo; só há um único sujeito de experiência. Objetos surgem, procedentes de um domínio de possibilidades transcendentes e descem para o domínio da manifestação, quando a consciência não local, unitiva, produz o colapso de suas ondas, mas argumentamos também que o colapso tem de ocorrer na presença da percepção-consciente de um cérebro-mente, a fim de que a mensuração seja completada. Quando tentamos compreender a manifestação do cérebro-mente e da percepção-consciente, contudo, entramos em um círculo vicioso causal. A mensuração não se completa sem percepção-consciente, e não há percepção-consciente sem a finalização da mensuração.

Para compreender claramente o círculo vicioso causal e a maneira de removê-lo, podemos aplicar a teoria da mensuração quântica ao cérebro-mente. De acordo com von Neumann, o estado do sistema quântico passa, de duas maneiras separadas, por uma mudança.[28] A primeira é uma mudança contínua. O estado espalha-se como uma onda, tornando-se uma superposição coerente de todos os estados potenciais permitidos pela situação. Cada estado potencial tem um certo peso estatístico, dado por sua probabilidade de amplitude de onda. Uma mensuração introduz uma segunda e descontínua mudança no estado. De repente, o estado de superposição, o estado multifacetado existente em *potentia*, é reduzido a uma única faceta concretizada. Pense no espalhamento do estado de superposição como o desenvolvimento de um conjunto de possibilidades, e pense também no processo de mensuração, que manifesta apenas um dos estados do conjunto (de acordo com as regras de probabilidade) como um processo de seleção.

Numerosos físicos consideram esse processo como aleatório, como um ato de puro acaso. Foi essa opinião a origem do protesto de Einstein, de que Deus não joga dados. Mas se Deus não faz isso, quem ou o que escolhe o resultado de uma mensuração quântica única? De acordo com a interpretação idealista, é a consciência que escolhe — mas uma consciência unitiva não local. A intervenção da consciência não local produz o colapso da nuvem de probabilidades de um sistema quântico. Há complementaridade aqui. No mundo manifesto, o processo de seleção implicado no colapso parece ser aleatório, enquanto que, no reino transcendente, ele é visto como uma escolha. Ou, como observou certa vez o antropólogo Gregory Bateson: "O oposto da escolha é a aleatoriedade".

O sistema quântico do cérebro-mente terá de se desenvolver também no tempo, seguindo as regras da teoria da mensuração, e tornar-se uma superposição coerente. A maquinaria clássica do cérebro funcional desempenha um papel no mecanismo de medição e se transforma também em uma superposição. Antes do colapso, o estado do cérebro-mente existe como potencialidades das miríades de possíveis padrões, que Heisenberg denominou tendências. O colapso concretiza uma dessas tendências, que leva a uma experiência consciente (com percepção-consciente) ao ser completada a mensuração. E, o que se reveste de suma importância, o resultado da mensuração é um evento descontínuo no espaço-tempo.

De acordo com a interpretação idealista, a consciência escolhe o resultado do colapso em todo e qualquer sistema quântico. Essa escolha terá de incluir o sistema quântico, que postulamos, no cérebro-mente. Dessa maneira, não há como fugir à consequência de falar sobre um sistema clássico/quântico interativo do cérebro--mente na linguagem da teoria da mensuração, como interpretada pelo idealismo monista: nossa consciência escolhe o resultado do colapso do estado quântico de nosso cérebro-mente. Uma vez que esse resultado é uma experiência consciente, escolhemos nossas experiências conscientes — embora permaneçamos inconscientes do processo subjacente. E é essa inconsciência que leva à separatividade ilusória — à identidade com o "Eu" referencial do *self* (em oposição ao "nós" da consciência unitiva). A separatividade ilusória ocorre em dois estágios, embora o mecanismo básico envolvido seja denominado *hierarquia entrelaçada*.[29] Esse mecanismo será o tema de estudo do capítulo seguinte.

paradoxos e hierarquias entrelaçadas

Certa vez, quando eu fazia uma palestra sobre hierarquias entrelaçadas, uma de minhas ouvintes disse que a frase lhe despertara interesse antes mesmo de saber o que significava. Observou ela que hierarquias lembravam-lhe patriarcado e autoridade, ao passo que o termo *hierarquia entrelaçada* possuía um tom libertador. Se a intuição do leitor se parece em alguma coisa com a dela, então deve estar pronto para explorar os paradoxos da linguagem e da lógica. Poderá a lógica ser paradoxal? O forte da lógica não é justamente o de acabar com paradoxos? As respostas a essas perguntas levam-nos às hierarquias entrelaçadas.

Aproximando-se da entrada da catacumba dos paradoxos, o leitor encontrará uma criatura de proporções míticas. Imediatamente, reconhece a Esfinge. Fazendo o que as esfinges fazem, ela tem uma pergunta para o leitor, uma pergunta que terá de responder corretamente, para poder entrar: qual a criatura que caminha com quatro pernas pela manhã, duas ao meio-dia e três à noite? Por um momento você fica confuso. Que tipo de pergunta é essa? Talvez sua viagem seja cortada em botão. Afinal de contas, você é apenas um novato nesse jogo de quebra-cabeças e paradoxos. Está pronto para o que parece ser um quebra-cabeça avançado?

Para seu grande alívio, lá vem Sherlock Holmes para ajudá-lo, Sr. Watson.

— Eu sou Édipo — diz ele, apresentando-se. — A pergunta da Esfinge é um enigma porque mistura dois tipos lógicos, certo?

Correto, reconhece você. Foi útil ter aprendido o que eram tipos lógicos, antes de iniciar essa viagem de exploração. Mas, e daí? Por sorte, Édipo continua:

— Algumas das palavras da sentença têm significado léxico, ao passo que outras têm significados contextuais de um tipo lógico mais alto. E é essa justaposição dos dois tipos, típica das metáforas, que lhe causam temor. — E lhe envia um sorriso de encorajamento.

Certo, certo. As palavras *manhã, meio-dia* e *noite* devem, por força, referir-se contextualmente à nossa vida — à nossa infância, juventude e velhice. Realmente, na infância andamos de quatro, engatinhando: na juventude, andamos eretos, ao passo que três pernas é uma metáfora de duas pernas e uma bengala na velhice. Combina! Você se aproxima da Esfinge e responde:

— Homem (ou mulher).

E a porta se abre.

Cruzando a porta, um pensamento lhe ocorre. Como podia Édipo, um personagem mitológico da Grécia antiga, conhecer termos da terminologia moderna, como *tipos lógicos*? Mas não há tempo para aprofundar o assunto: um novo desafio exige sua atenção. Um homem, apontando para outro homem a seu lado, desafia-o:

— Este homem, Epimênides, é um cretense que diz "Todos os cretenses são mentirosos."[1] Ele está dizendo a verdade ou mentindo?

Bem, vejamos, você raciocina. Se ele está dizendo a verdade, então todos os cretenses são mentirosos, de modo que ele está mentindo — e há aqui uma contradição. *Ok*, vamos voltar ao princípio. Se ele está mentindo, então nem todos os cretenses são mentirosos e ele talvez esteja dizendo a verdade — o que também é uma contradição. Se você responde sim, a resposta produz a reverberação do não, e se responde não, obtém um sim, *ad infinitum*. De que modo solucionar esse enigma?

— Bem, se você não pode solucioná-lo, pelo menos pode aprender a analisá-lo.

Como por passe de mágica, outro ajudante aparece a seu lado.

— Eu sou Gregory Bateson — diz ele, apresentando-se. — O que você ouviu foi o famoso paradoxo do mentiroso: Epimênides é um cretense que diz que Todos os cretenses são mentirosos. A primeira oração cria o contexto para a oração secundária. Condiciona esta última. A oração secundária, se fosse comum, deixaria em paz sua oração primária, mas, não! Esta reage para recondicionar a primária, seu próprio contexto.

— É uma mistura de tipos lógicos, compreendo agora — você diz, alegrando-se.

— Exato, mas não uma mistura comum. Preste atenção, a primária redefine a secundária. Se for sim, então, não, em seguida sim, em seguida não. E assim continua para sempre. Norbert Wiener costumava dizer que se alimentássemos um computador com esse paradoxo, ele piraria. Isto é, o computador imprimiria uma série de Sim... Não... Sim... Não... Sim..., até acabar o cartucho de jato de tinta da impressora. Trata-se de um *loop* inteligente infinito, do qual não podemos escapar usando lógica.

— Não há, então, nenhuma maneira de solucionar o paradoxo?

Você parece desapontado.

— Claro que há, porque você não é um computador de silício — responde Bateson. — Vou lhe dar uma dica. Suponha que um vendedor chegue à sua porta com a seguinte cantilena de vendas: "Estou oferecendo um belíssimo leque por apenas 50 paus, e isso é praticamente dá-lo de graça. Vai pagar em dinheiro ou cartão? O que é que você prefere?

— Eu bateria a porta na cara dele!

Você sabe a resposta àquela pergunta. (Lembra-se daquele amigo cuja brincadeira favorita era o jogo "O que é que você prefere: que eu decepe sua mão ou arranque sua orelha com uma dentada?". Claro que sua amizade com ele acabou logo.)

— Exatamente a resposta certa — cumprimenta-o Bateson, com um sorriso. — A maneira de solucionar o *loop* infinito do paradoxo consiste em bater a porta na cara dele, saltar para fora do sistema. Aquele cavalheiro ali tem um bom exemplo a dar. — Bateson indica um homem sentado a uma mesa, onde se vê uma tabuleta que diz: "Jogo exclusivo para duas pessoas".

O cavalheiro se apresenta como G. Spencer Brown, que alega poder fazer uma demonstração de como escapar do jogo.[2] Para compreendê-la, no entanto, você tem de dar ao paradoxo do mentiroso a forma de uma equação matemática:

$$x = -1/x.$$

Se você tentar a solução +1 no termo direito, a equação lhe dará de volta –1; experimente –1 e você obtém de volta +1, mais uma vez. A solução oscila entre +1 e –1, tal como a oscilação sim/não do paradoxo do mentiroso.

Claro, você pode compreender isso.

— Mas qual é a maneira de escapar dessa oscilação infinita maluca?

Em matemática há uma solução muito conhecida desse problema, explica Brown. Defina a quantidade denominada i como $\sqrt{-1}$. Note que $i^2 = -1$. Dividindo ambos os termos de $i^2 = -1$ por i, obtemos

$$i = -1/i.$$

Esta é uma definição alternativa de i. Agora, tente a solução $x = i$ no termo esquerdo da equação

$$x = -1/x.$$

O termo direito nesse momento nos dá $-1/i$, que, por definição, é igual a i, nenhuma contradição. Dessa maneira, i, chamado de número imaginário, transcende o paradoxo.

— Mas isso é espantoso. — Você está sem fôlego. — Você é um gênio.

— São precisos dois para fazer o jogo — diz Brown, piscando o olho.

Alguma coisa a distância lhe atrai a atenção: uma tenda, com uma grande tabuleta com as palavras "Gödel, Escher, Bach". Aproximando-se da tenda, dela sai um homem de rosto juvenil, que lhe acena amigavelmente.

— Eu sou o Dr. Geb — diz ele. — Eu divulgo a mensagem de Douglas Hofstadter. Acho que leu o livro dele, o *Gödel, Escher, Bach*.[3]

— Li — você murmura, um pouco surpreso —, mas não o entendi bem.

— Escute aqui, o livro é realmente muito simples — diz cortesmente o mensageiro de Hofstadter. — Tudo o que você precisa compreender é o que são hierarquias entrelaçadas.

— O quê entrelaçadas?

— *Hierarquias*, não o *quê*, meu amigo. Numa hierarquia simples, o nível inferior alimenta o superior, e este não reage da mesma maneira. Em uma realimentação simples, o nível superior reage, mas você não pode ainda saber o que é o quê. Nas hierarquias entrelaçadas, os dois níveis estão tão misturados que não podemos identificar os diferentes níveis lógicos.

— Mas isso é apenas um rótulo — você replica, encolhendo displicentemente os ombros, ainda relutante em aceitar a ideia de Hofstadter.

— Você não está pensando. E ignorou um aspecto muito importante dos sistemas de hierarquias entrelaçadas. Eu venho acompanhando seu progresso, sabia?

— Acho que, com toda sua sabedoria, o senhor vai explicar o que é que eu estou ignorando — você retruca secamente.

— Esses sistemas — e o paradoxo do mentiroso é um exemplo ímpar — são autônomos. Eles falam sobre si mesmos. Compare-os com uma frase comum, tal como "Seu rosto é vermelho". Uma frase comum refere-se a alguma coisa fora dela. A sentença complexa do paradoxo do mentiroso, no entanto, refere-se a si mesma. É por isso que ficamos presos em sua ilusão infinita.

Você odeia ter de reconhecer, mas o que ele disse foi um *insight* valioso.

— Em outras palavras — continua o mensageiro de Hofstadter —, estamos tratando de sistemas auto-referenciais. A hierarquia entrelaçada é uma maneira de chegar à auto-referência.

— Dr. Geb, o que o senhor está dizendo é muito interessante. Eu, de fato, sinto certo interesse pela questão do *self*, de modo que, por favor, continue — você capitula.

O homem que divulga a mensagem de Hofstadter está mais do que disposto a lhe fazer a vontade.

— O *self* surge por causa de um véu, um claro obstáculo à nossa tentativa de penetrar logicamente no sistema. E é a descontinuidade — no paradoxo do mentiroso, trata-se de uma oscilação infinita — que nos impede de ver através do véu.

— Não sei se estou entendendo bem.

Em vez de repetir a explicação, o entusiasta de Hofstadter insiste que você olhe para um quadro pintado por M. C. Escher, artista holandês.

— No Museu Escher, ali na tenda — diz ele, levando-o nessa direção. — O nome do quadro é *Galeria de Arte*. É um quadro muito estranho, mas muito pertinente à nossa discussão.

Na tenda, você estuda o desenho (Figura 32). Nele, um rapaz, no interior de uma galeria de arte, olha para um quadro de um navio ancorado no porto de uma cidade. Mas o que é isso? A cidade tem uma galeria de arte, na qual um rapaz olha para um navio que está ancorado...

Deus do céu, isso é uma hierarquia entrelaçada, exclama você para si mesmo. Depois de passar por todos esses prédios da cidade, o desenho volta ao ponto original onde começa, para iniciar sua oscilação mais uma vez, e dessa maneira perpetuar a atenção do observador em si mesmo.

Você se vira jubiloso para o guia.

Figura 32   O quadro *Galeria de Arte*, de Escher, é uma hierarquia entrelaçada. O ponto branco no centro indica uma descontinuidade. © 1956 M. C. Escher/Cordon Art-Baarn-Holland. (Reproduzido com permissão da Escher Foundation.)

— Você entendeu.

O guia é um sorriso só.

— Entendi, obrigado.

— Notou o ponto branco no centro do desenho? — pergunta de repente o Dr. Geb.

Você o viu, mas não lhe deu muita atenção.

— O ponto branco, onde está a assinatura de Escher, mostra com que clareza ele compreendia as hierarquias entrelaçadas. Note que Escher não poderia ter dobrado a tela sobre si mesma, por assim dizer, sem violar as regras convencionais de desenho, de modo que teria de haver uma descontinuidade. O ponto branco é o lembrete ao observador da descontinuidade inerente a todas as hierarquias entrelaçadas.

— Da descontinuidade nasceu o véu, a referência ao *self*! — você exclama.

— Exatamente — confirma, satisfeito, o Dr. Geb. — Mas há mais uma coisa, outro aspecto que você verá melhor considerando a sentença auto-referencial de um único passo: "Eu sou um mentiroso".[4] Esta sentença diz que ela mesma é uma mentira. Esse é o mesmo sistema do paradoxo do mentiroso, que você conheceu antes — com a diferença de que foi eliminada a forma de oração-dentro-de-uma-oração. Entendeu?

— Entendi.

— Nessa forma, porém, uma outra coisa se torna clara. A auto-referência da sentença, o fato de a sentença estar falando sobre si mesma, não é necessariamente axiomática. Se você, por exemplo, mostrasse a sentença a uma criança, ou a um estrangeiro que não conheça bem a língua inglesa, a resposta poderia ser: "Por que você é um mentiroso?" Ele talvez não perceba, no início, que a sentença está se referindo a si mesma. A auto-referência de uma sentença, portanto, surge de nosso conhecimento implícito, e não explícito, da língua inglesa. É como se a sentença fosse a ponta do *iceberg*. Por baixo, há uma enorme estrutura invisível. Chamamos a isso de nível inviolado. Inviolado do ponto de vista do sistema, claro. Mas dê uma olhada em outro desenho de Escher, denominado *Desenhando-se* (Figura 33).

A mão esquerda, nesse caso, está desenhando a mão direita, e a direita está desenhando a esquerda, uma desenhando a outra. Isso é autocriação, ou *autopoiesis*. E também uma hierarquia en-

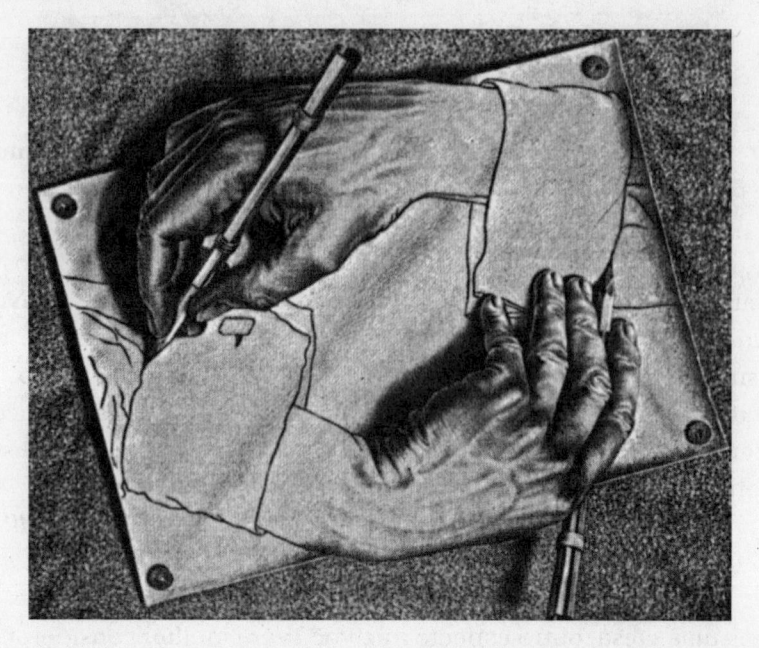

Figura 33 *Desenhando-se*, de M. C. Escher. © 1948 M. C. Escher/Cordon Art.Baarn-Holland. (Reproduzido com permissão.)

trelaçada. E de que maneira o sistema está criando a si mesmo? Essa ilusão particular é criada apenas se permanecemos dentro do sistema. De fora dele, de onde o vemos, podemos ver que o artista, Escher, desenhou ambas as mãos a partir do nível inviolado.

Agitado, você diz ao Dr. Geb o que vê no quadro de Escher. Ele inclina a cabeça, num gesto de aprovação, e diz, entusiasmado:

— O que interessa ao Dr. Hofstadter a respeito de hierarquias entrelaçadas é o seguinte: ele acha que os programas do computador do cérebro, o que denominamos mente, formam uma hierarquia entrelaçada, e desse emaranhado emerge o *self* esplendoroso.

— Mas isso não é uma espécie de salto enorme?

Você desconfia de saltos enormes, sempre desconfiou. Temos de ter cautela quando cientistas de olhos esbugalhados começam a fazer alegações.

— Bem, ele vem pensando muito nesse problema, sabia? — diz em tom sonhador o correligionário de Hofstadter. — E tenho certeza de que vai provar isso algum dia, construindo um computador de silício com um *self* consciente.

218

Embora impressionado com o sonho de Hofstadter — nossa sociedade precisa de indivíduos sonhadores —, você sente necessidade de defender a lógica.

— Tenho de confessar que ainda estou um pouco cabreiro no tocante a hierarquias entrelaçadas — você diz. — Quando estudei tipos lógicos, disseram-me que eles haviam sido inventados para manter pura a lógica. Mas o senhor, isto é, o Dr. Hofstadter, está misturando-os, não só imaginosamente na linguagem, mas também em sistemas naturais reais. Como é que sabemos que a natureza permite tal privilégio? Afinal de contas, paradoxos de linguagem têm alguma coisa arbitrária, artificial.

Você se sente muito feliz em poder argumentar, se não com Hofstadter, pelo menos com o divulgador das ideias dele, com o que lhe parece uma lógica irrefutável.

O divulgador, porém, está pronto para você.

— Mas quem é que diz que não podemos manter pura a lógica? — retruca ele. — Ou será que não ouviu falar no teorema de Gödel? Eu pensava que você havia lido o livro do Dr. Hofstadter.

— Eu lhe disse que não o entendi. E foi o teorema de Gödel que me deixou interdicto.

— Na realidade, o teorema é muito simples. A tipologia lógica foi inventada por dois matemáticos, Bertrand Russell e Alfred Whitehead, para manter a lógica pura, como diz o senhor. Outro matemático, Kurt Gödel, no entanto, provou que qualquer tentativa de produzir um sistema matemático isento de paradoxos está fadado ao insucesso, se esse sistema for razoavelmente complexo. E provou isso demonstrando que qualquer sistema de grande riqueza está condenado a ser incompleto. Podemos sempre encontrar nele uma afirmação que o sistema não consegue provar. Na verdade, o sistema pode ser completo, mas inconsistente, ou consistente, mas incompleto, mas jamais ser simultaneamente consistente e completo. E Gödel provou seu teorema usando a chamada lógica impura das hierarquias entrelaçadas. E assim voaram pela janela ideias em penca, incluindo a possibilidade de um sistema matemático completo e coerente, como a teoria de tipos lógicos de Russell e Whitehead. Alguma pergunta?

Você não ousa perguntar mais. Em seu caso, matemática é um ninho de vespas. Quanto mais tempo demora perto dele, maior o risco de ser picado. Calorosamente, você agradece ao cavalheiro e procura a saída mais próxima.

Mas, claro, eu o detenho antes que você chegue à porta. E você se surpreende ao me ver.

— O que é que você está fazendo aqui? — pergunta.

— Este livro é meu. Posso me intrometer quando quiser — respondo, provocando-o. — Diga-me uma coisa. Você engoliu aquela conversa de Hofstadter, de construir um computador de silício autoconsciente?

— Não inteiramente, mas me pareceu uma ideia interessante — você responde.

— Eu sei. A ideia da hierarquia entrelaçada é fascinante. Mas alguém explicou como Hofstadter vai gerar descontinuidade nos programas de uma máquina de silício clássica que por sua própria natureza são contínuos? Não é tanto que os programas se alimentem reciprocamente e se metam em um emaranhado tal que, para todos os fins práticos, não podemos seguir sua cadeia causal. Não é nada disso, absolutamente. Tem de haver realmente uma descontinuidade, um salto autêntico para fora do sistema, um nível inviolado. Em outras palavras, a questão é como pode nosso cérebro, considerado como um sistema clássico, ter um nível inviolado? Na filosofia do realismo materialista, sobre a qual se baseiam os sistemas clássicos, só há um nível de realidade: o nível material. Se assim é, onde está o espaço necessário para um nível inviolado?

— Não me pergunte — você implora. — O que é que você sugere?

— Vou lhe contar uma história. O mestre sufi Mulla Nasruddin foi encontrado certo dia ajoelhado, pondo iogurte na água de um tanque. Uma pessoa que andava por ali perguntou:

— O que é que você está fazendo, Nasruddin?

— Estou tentando fazer iogurte — respondeu o *mulla*.

— Mas você não pode fazer iogurte dessa maneira!

— Vamos supor que isso aconteça — retrucou otimista o *mulla*.

Você solta uma risada e diz:

— História engraçadinha. Mas historinhas nada provam.

— Ouviu falar no gato de Schrödinger? — reagiu em resposta.

— Ouvi — você responde, alegrando-se um pouco.

— De acordo com a mecânica quântica, o gato está meio morto e meio vivo, após terminar uma hora. Agora, suponhamos que uma máquina seja colocada para observar se o gato está vivo ou morto.

— Eu sei de tudo isso — você não consegue resistir de dizer.
— A máquina capta a dicotomia do gato. Ela não pode alinhar seu ponteiro para uma leitura definitiva, morto ou vivo, até que um observador consciente a substitui.

— Ótimo. Mas suponhamos agora que conseguimos enviar uma hierarquia inteira de máquinas inanimadas para observar a leitura de cada máquina anterior. Não é lógico que todas elas desenvolverão a dicotomia quântica do estado do gato?

Você inclina a cabeça em um gesto de aprovação. A coisa parece suficientemente lógica.

— De modo que, tendo a função de onda do gato em uma superposição quântica, abrimos, com efeito, a possibilidade de que todos os objetos materiais no universo sejam suscetíveis de contrair a contagiosa superposição quântica. A superposição quântica assumiu um caráter de universalidade. Mas há um preço a pagar. Entendeu?

— Não, não entendi.
— O sistema não é fechado.
— Ah!
— Essa abertura, ou incompleteza, é uma necessidade lógica, se participamos do jogo de Schrödinger, atribuindo uma descrição quântica aos macrossistemas. Bem, o que vou dizer agora é um verdadeiro nó gödeliano.[5]

— Aonde você está querendo chegar? — você pergunta.
— Para desatar o nó temos de ser capazes de saltar realmente para fora do sistema, o que significa uma maquinaria quântica em nosso cérebro, com uma consciência não local, que a faz entrar em colapso. Devemos, portanto, ter um sistema quântico em nossa cabeça para termos uma hierarquia entrelaçada genuína... descontinuidade, nível inviolado, a conta toda.

— É mesmo?
Mas eu ponho um ponto final à indagação (descontinuamente, usando o privilégio do nível inviolado). Todas as coisas que têm um começo têm de terminar por ora em algum lugar, até mesmo conceitos interessantes, como um sistema quântico em nosso cérebro.

Muito bem, de modo que você sabe agora o que é uma hierarquia entrelaçada, está convencido de que ela só funciona no caso de um sistema quântico dentro de um contexto idealista global e sente a intuição de que talvez esta seja a explicação de nossa própria auto-referência ao *self*. Vamos tentar ver o que conseguimos.

O gato de Schrödinger revisitado

Para compreender como a hierarquia entrelaçada e a referência ao *self* surgem no cérebro-mente, voltemos, mais uma vez, ao gato de Schrödinger.

De acordo com a mecânica quântica, o estado do gato, após uma hora, é de meio morto, meio vivo. Agora, vamos instalar uma máquina para verificar se ele está vivo ou morto. A máquina capta a dicotomia contagiosa do gato. E se instalamos uma série inteira de máquinas insencientes, uma após outra, para medir a leitura de cada máquina anterior, é inescapável a lógica de que todas elas desenvolverão uma dicotomia quântica.

Essa história é um pouco parecida com a do ilhéu e o missionário. O missionário explicava que a terra é sustentada no firmamento pela gravidade, e assim por diante. O ilhéu, no entanto, rejeita a explicação, dizendo:

— Eu sei quem realmente sustenta a terra. É uma tartaruga.

O missionário sorri benignamente.

— Neste caso, meu bom homem, quem é que sustenta a tartaruga?

O ilhéu permanece impávido.

— O senhor não me engana com essa — avisa. — É a tartaruga, de cima a baixo.

O importante na cadeia de von Neumann, claro, é que a dicotomia dos mecanismos de observação que observam o gato de Schrödinger é "de cima a baixo". O sistema em causa é infinitamente regressivo. Não produz o colapso de si mesmo. Procuramos em vão o colapso em uma cadeia de von Neumann, da mesma forma que caçamos o valor verdade no paradoxo do mentiroso. Em ambos os casos, terminamos em infinidades. Temos o que é necessário para formar uma hierarquia entrelaçada.

Para cortar o nó, temos de saltar para fora do sistema e passar para o nível inviolado. De acordo com a interpretação idealista da mecânica quântica, a consciência não local atua como o nível inviolado, uma vez que produz o colapso do cérebro-mente a partir do espaço-tempo, acabando, dessa maneira, com a cadeia de von Neumann. Dessa perspectiva, não existe um nó gödeliano.

As coisas são diferentes, no entanto, da perspectiva do cérebro-mente. Mas, para exemplificar, vamos construir um modelo grosseiro da reação do cérebro-mente a um estímulo. O estímulo é processado pelo mecanismo sensorial e apresentado ao sistema dual. O estado do sistema quântico expande-se como uma superposição coerente e todos os mecanismos clássicos de medição que estão acoplados ao mesmo tornam-se superposições coerentes. Não há programa mental, contudo, que escolha entre as diferentes facetas da superposição coerente, nem programa no cérebro-mente que possamos identificar como uma unidade processadora central. O sujeito não é um homúnculo atuando no mesmo nível que os programas do cérebro-mente.

Em vez disso, há uma descontinuidade, um rompimento de conexões causais dentro do espaço-tempo, no processo de seleção de possíveis escolhas no conjunto de probabilidades fornecido pelo sistema quântico. A escolha é um ato descontínuo no domínio transcendente, um ato de nossa consciência não local. Este é o "ponto branco" (como no desenho *Galeria de Arte*, de Escher) em nossa descrição de uma hierarquia entrelaçada no cérebro-mente. O resultado é a referência ao *self*. A consciência produz o colapso do estado quântico total do sistema dual, o que resulta na separação básica entre sujeito e objeto. Por causa da hierarquia entrelaçada, contudo, a consciência identifica-se com o "Eu" da auto-referência e vivencia a percepção-consciente primária: *Eu existo*.

É preciso compreender que *o self de nossa auto-referência é consequência de uma hierarquia entrelaçada, embora nossa consciência seja a consciência do Ser que está além da divisão sujeito-objeto*. Não há no universo outra fonte de consciência. *O self da auto-referência e a consciência da consciência original constituem, juntos, o que chamamos de consciência do self.*

capítulo 13

o "eu" da consciência

Vale a pena repetir a conclusão do capítulo precedente, porquanto ela fornece base para compreendermos nossa posição no universo: embora o *self* de nossa auto-referência seja consequência de uma hierarquia entrelaçada, a consciência que possuímos é a do Ser que está além da divisão sujeito-objeto. Não há no universo outra fonte de consciência. O *self* da auto-referência e a consciência da consciência original, juntos, constituem o que denominamos consciência do *self*.

Em certo sentido, estamos redescobrindo uma verdade antiga. É realmente maravilhoso que a humanidade tenha sempre reconhecido tacitamente que a consciência do *self* resulta de uma hierarquia entrelaçada. Esse conhecimento, inerente a numerosas culturas, surgiu em diferentes locais e épocas na imagem arquetípica da serpente que morde a própria cauda (Figura 34).[1]

É a aparência do mundo da manifestação que nos leva à experiência de um *self*, ou sujeito, separado dos objetos aparentes. Isto é, sujeito e objeto manifestam-se simultaneamente no colapso inicial do estado quântico do cérebro-mente. Ou, como disse intuitivamente o poeta John Keats: "Observe o mundo, se quiser, /Como um vale para a criação da alma".

Sem o mundo imanente da manifestação, não haveria nem alma nem um *self* que vivencia a si mesmo como separado dos objetos que percebe.

Figura 34   O Uroboros (De Neumann, Eric, *The Origins and History of Consciousness*, traduzido por R. E. C. Hull Bollingers series, XLII, © 1954, 1982, renovado pela Princeton University Press. Reproduzido com permissão da Princeton University Press.)

Por questão de conveniência, um novo termo pode ser introduzido para descrever essa situação. Antes do colapso, o sujeito não se diferencia dos arquétipos dos objetos da experiência — físicos ou mentais. O colapso produz a divisão sujeito-objeto, o que leva à percepção-consciente primária do estado-de-si-mesmo que chamaremos de *self* quântico. (Claro, poderíamos também dizer que a percepção-consciente do *self* quântico ocasiona o colapso. Lembrem-se do círculo vicioso inerente à auto-referência.) A consciência identifica-se com a auto-referência emergente de seu *self* quântico, no qual a unidade do sujeito ainda persiste. A pergunta seguinte é: de que maneira surge nosso denominado *self* separado — nosso ponto de referência único para a experiência, o ego individual?

A emergência do ego

"Não podemos escapar do fato de que o mundo que conhecemos é construído a fim de (e, destarte, de maneira tal a ser capaz disso) ver a si mesmo", diz o matemático G. Spencer Brown, "mas, para que isso aconteça, evidentemente ele tem de se dividir pelo menos em um estado que vê e em pelo menos outro estado que é visto."[2] Os mecanismos dessa divisão sujeito-objeto são as ilusões estranhas da hierarquia entrelaçada e da identidade do *self* com o centro de nossas experiências passadas, que chamamos de ego. De que modo surge essa identidade do ego?

Dissemos acima que o cérebro-mente é um sistema dual quântico/mecanismo de medição. Como tal, é único: é o local onde acontece a auto-referência de todo o universo. *O universo é autoconsciente através de nós.* Em nós, o universo divide-se em dois — em sujeito e objeto. Após observação feita pelo cérebro-mente, a consciência produz o colapso da função da onda quântica e põe fim à cadeia de von Neumann. Eliminamos a cadeia ao reconhecer que a consciência produz o colapso da função de onda, quando atua auto-referencialmente, e não dualisticamente. De que maneira um sistema auto-referencial difere de uma simples combinação de objetos quânticos e mecanismos de medição? A resposta é de importância crucial.

O mecanismo de medição do cérebro, tal como todos os demais do mesmo tipo, cria uma memória de cada colapso — isto é, todas as experiências que temos como reação a um dado estímulo. Além disso, contudo, se o mesmo ou um estímulo semelhante é reapresentado, o registro clássico do cérebro reproduz a velha memória. Essa reprodução torna-se um estímulo secundário para o sistema quântico, que responde em seguida. O sistema clássico mede a nova resposta e assim continua. Essa interação repetida de mensurações ocasiona uma mudança fundamental no sistema quântico do cérebro-mente, e ele perde seu caráter regenerativo.[3]

Toda reação previamente experimentada, aprendida, reforça a probabilidade de que volte a ocorrer a mesma resposta. A consequência é a seguinte: no caso de um estímulo novo, ainda não aprendido, o comportamento do sistema quântico cérebro-mente é igual ao de qualquer outro sistema quântico. Ao ser aprendido um estímulo, contudo, aumenta a probabilidade de que, após a conclusão da mensuração, o estado quântico-mecânico do sistema dual corresponda a um estado anterior de memória. Em outras palavras, o aprendizado (ou experiência anterior) predispõe o cérebro-mente.

Esta explicação é, claro, uma análise teórica no contexto do atual modelo cérebro-mente de condicionamento behaviorista simples. Antes que a resposta a um dado estímulo se torne condicionada, antes de a experimentarmos pela enésima vez, o conjunto de probabilidades, entre as quais a consciência escolhe nossa resposta, abrange os estados mentais comuns a todas as pessoas, em todos os lugares, em todos os tempos. Com o aprendizado, as respostas condicionadas começam gradualmente a ganhar mais peso sobre as outras. Este é o processo de desenvolvimento do comportamento condicional, aprendido, da mente do indivíduo.

Uma vez aprendida uma tarefa, em todas as situações que a envolvam, estará presente em quase 100% a probabilidade de que uma memória correspondente desencadeie uma resposta condicionada. Nesse limite, o comportamento do sistema dual quântico/mecanismo de medição torna-se virtualmente clássico. Aqui vemos o análogo cérebro-mente do princípio de correspondência de Bohr. No limite de uma nova experiência, a resposta do cérebro-mente é criativa. Com o aprendizado, a probabilidade de uma resposta condicionada é crescentemente aumentada, até — no limite de uma experiência infinitamente repetida — que a resposta seja totalmente condicionada, como postula o behaviorismo. Este fato é importante porque o condicionamento clássico, da maneira formulada pelo behaviorismo, é recuperado como um caso especial do quadro quântico mais geral.

Muito cedo no desenvolvimento físico do indivíduo, numerosos programas aprendidos se acumulam e dominam o comportamento do cérebro-mente — a despeito do fato de que respostas quânticas não condicionadas estão disponíveis para novas experiências criativas (especialmente como resposta a estímulos não aprendidos ainda). Mas, se a potência criativa do componente quântico deixa de ser usada, a hierarquia entrelaçada dos componentes interatuantes do cérebro-mente torna-se, na verdade, uma hierarquia simples de programas aprendidos, clássicos: os programas mentais reagem entre si em uma hierarquia bem definida. Nesse estágio, a incerteza criativa sobre "quem é que escolhe" em uma experiência consciente é eliminada; começamos a assumir um *self* (ego) separado, individual, que escolhe e que tem livre-arbítrio.

Para ampliar a explicação deste conceito, suponhamos que um estímulo aprendido chegue ao cérebro-mente. Em resposta, o sistema quântico e seu mecanismo clássico de medição expandem-se como superposições coerentes, mas são fortemente ponderados em favor da resposta aprendida. As memórias do computador clássico respondem também com programas aprendidos, associados a um dado estímulo. Após o evento do colapso associado à experiência primária, ocorre uma série de processos de colapsos secundários. O sistema quântico desenvolve-se em estados relativamente inequívocos, em resposta aos programas clássicos, aprendidos, e cada um deles é amplificado e sofre colapso. Esta série de processos resulta em experiências secundárias, que apresentam um aspecto característico, tal como atividade motora habitual, pensamentos (por exemplo, eu fiz isto), e assim por diante. Os programas aprendidos, que contribuem para os eventos secundários, são ainda partes de uma hierarquia entrelaçada, uma vez que, seguindo-os, deparamos com um rompimento em sua cadeia causal que corresponde ao papel do sistema quântico e a seu colapso, produzidos por consciência não local. Essa descontinuidade, no entanto, é obscurecida e interpretada como um ato de livre-arbítrio de um (pseudo) *self*; e é acompanhada por uma (falsa) identificação do sujeito não local com um *self* individual limitado, associado aos programas aprendidos. É a isso que chamamos de ego. Evidentemente, o ego é nosso *self clássico*.

Para sermos exatos, nossa consciência é, em última análise, unitiva e se encontra no nível transcendente, que agora reconhecemos como o nível inviolado. Com início no espaço-tempo físico (do ponto de vista dos programas clássicos de nosso cérebro-mente), contudo, tornamo-nos possuídos pela identidade individual: o ego. A partir de dentro, pouco podendo fazer para descobrir a natureza hierárquica entrelaçada de nosso sistema, alegamos possuir livre-arbítrio e com isso disfarçamos nossa assumida limitação. A limitação decorre do fato de aceitarmos o ponto de vista dos programas aprendidos, que atuam causalmente uns sobre os outros. Em nossa ignorância, identificamo-nos com uma versão limitada do sujeito cósmico e concluímos: eu sou este corpo-mente.

Como o vivenciador real (a consciência não local), eu opero a partir de fora do sistema — transcendendo meu cérebro-mente, localizado no espaço-tempo —, por trás do véu da hierarquia entrelaçada dos sistemas de meu cérebro-mente. Minha separatividade — meu ego — emerge apenas como instrumento aparente do livre-arbítrio desse "Eu" cósmico, obscurecendo a descontinuidade no espaço-tempo, representada pelo colapso do estado quântico cérebro-mente. A citação abaixo, de um poema de Wallace Stevens, é relevante para a questão de nossa separatividade:

> Eles disseram: "Você tem um violão azul,
> E não toca as coisas como elas são".
> Ao que o homem respondeu: "As coisas conhecidas
> São mudadas no violão azul".[4]

As coisas como elas são (tal como a consciência cósmica pura, una) tornam-se manifestas como ego individualizado, separado; são mudadas pelo violão azul da hierarquia simples dos programas aprendidos do cérebro-mente individual.

O *self* separado, contudo, é apenas uma identidade secundária para a consciência, porquanto a potência não local, criativa, da consciência e a versatilidade da mente quântica jamais desaparecem por completo. Elas permanecem presentes na modalidade quântica primária do *self*.

Selves clássicos e quânticos

O psicólogo Fred Attneave define o ego da seguinte maneira: "[...] informações armazenadas sobre estados passados de consciência podem ser convocados de volta à consciência. Dessa maneira, torna-se possível à consciência ver seu próprio reflexo no espelho da memória — embora sempre (violentando um pouco a metáfora) com uma defasagem temporal. É nesses termos, acho, que o ego deve ser definido".[5]

Notem especialmente a defasagem temporal mencionada por Attneave: ela é o tempo de reação entre o colapso de um evento no espaço-tempo (o início da modalidade quântica) e o modo clássico secundário verbalmente comunicado, ou experiência do ego baseada em introspecção. Há prova robusta em apoio ao conceito de tal introspecção.

O neurofisiologista Benjamin Libet, o neurocirurgião Bertram Feinstein e seus colaboradores descobriram o intrigante fenômeno do tempo de introspecção em pacientes submetidos à cirurgia cerebral no Mount Zion Hospital, em São Francisco.[6] (Pacientes de cirurgia cerebral podem permanecer despertos durante a operação porque não há dor nesse caso.) Libet e Feinstein mediram o tempo necessário para que um estímulo de toque na pele do paciente viajasse como atividade elétrica orientada ao longo de uma trilha neuronal para chegar ao cérebro. O tempo era de cerca de 1/100 de segundo. Descobriram que o paciente não comunicava verbalmente que estava conscientemente perceptivo ao estímulo até perto de meio segundo depois. Em contraste, a resposta behaviorista de tais sujeitos (tais como apertar um botão ou dizer a palavra "já") levava apenas 1/10 a 2/10 de segundo.[7]

Os experimentos de Libet confirmam o conceito de que o ego--*self* clássico normal surge de processos de percepção-consciente secundária de uma experiência consciente. O quase meio segundo entre a resposta comportamental e a comunicação verbal é o tempo consumido no processamento da percepção-consciente secundária, o tipo de tempo de reação (subjetivo) necessário ao tipo de introspecção eu-sou-isto. Nossa preocupação com o processo secundário (indicado pela defasagem temporal) torna difícil tornarmo-nos perceptivos de nosso *self* quântico e experienciar os estados mentais puros, acessíveis no nível quântico de nossa operação. Numerosas práticas de meditação têm o propósito de eliminar a defasagem temporal e colocar-nos diretamente em contato com esses estados mentais puros em sua forma verdadeira (*tathata*, em sânscrito). A prova (ainda que provisória) demonstra que a meditação reduz a defasagem temporal entre os processos primário e secundário.[8]

A prova circunstancial demonstra também que experiências de pico ocorrem quando essa defasagem temporal é reduzida. George Leonard menciona experiências desse tipo em atletas.[9] Quando um jogador de beisebol faz uma pegada notável, a exaltação talvez não seja resultado do sucesso (como se supõe geralmente), mas de um tempo de reação reduzido (o que lhe torna fácil fazer a pegada) que lhe permite um vislumbre de seu *self* quântico. A pegada notável e a exaltação ocorrem simultaneamente — cada um, na verdade, produzindo o outro. Os dados de Maslow sobre experiências de pico — experiências transcendentais diretas do *self*, como enraizadas na unidade e harmonia de um Ser cósmico (como, por exemplo, a experiência criativa *ahá*) — podem ser também explicados em termos de tempo de reação reduzido e do *self* quântico do experimentador.[10]

A defasagem temporal da introspecção secundária permite que nossa experiência do ego da consciência dê a impressão de ser contínua. Nosso denominado fluxo de consciência é resultado de uma conversa introspectiva que ocorre espontaneamente em nós. (Que preço a pagar pela acumulação da experiência!) A consciência divide-se em sujeito-objeto por meio de um colapso da função de onda quântica do cérebro-mente. O colapso é um evento de descontinuidade no espaço e no tempo, mas experimentamos assimetricamente a divisão sujeito-objeto na modalidade contínua, clássica, do ego. Dificilmente percebemos o imediatismo da experiência disponível no modo quântico, o que T. S. Eliot reconheceu como o "ponto imóvel", mencionado no excerto seguinte de um de seus poemas:

Nem de, nem para; no ponto imóvel, aí está a dança,
Mas não parada nem em movimento. E não chame de
imobilidade
O local onde passado e futuro se encontram...
... Se não houvesse o ponto, o ponto imóvel,
Não haveria dança, e só há a dança.[11]

Maya está agora explicada.[12] O mundo imanente não é *maya*; nem mesmo o ego o é. A verdadeira *maya* é a separatividade. Sentirmo-nos e pensarmos que somos *realmente* separados do todo, eis a ilusão. Chegamos ao objetivo final do funcionalismo quântico — encontrar uma explicação de nosso *self* separado. Com seus programas aprendidos clássicos formando uma aparente hierarquia simples, a consciência adquire ego (a qualidade do eu-sou-isto) que é identificado com os programas aprendidos e as experiências individuais de um cérebro-mente particular. Esse *self* separado tem aspectos de um fenômeno emergente, como desconfiava Sperry. Ele emerge da interação introspectiva de nossos programas aprendidos, que resultam de nossa experiência do mundo, mas há um senão. O *self* separado não tem livre-arbítrio, à parte o do *self* quântico e, em última análise, o da consciência unitiva.

Tenho esperança de que o leitor compreenda agora a essência do funcionalismo quântico. Enquanto as teorias convencionais do cérebro-mente evitam o conceito de consciência, como sendo um embaraço, o funcionalismo quântico começa com ela. Ainda assim, recupera a descrição behaviorista das ações do cérebro-mente como caso limitador e concorda mesmo com os materialistas que o livre-arbítrio do ego é um engodo. A nova teoria é muito mais versátil como ajuda para a compreensão do cérebro-mente, contudo, porque reconhece também a modalidade quântica do *self*.

Os psicólogos materialistas só acreditam no ego, se é que chegam a acreditar em alguma coisa. Muitos deles diriam que não há nenhum *self* quântico. Imaginemos, contudo, que houvesse uma poção capaz de produzir a amputação do *self* quântico. Como seria a vida? A parábola seguinte explora essa questão.

O amor de uma mulher que acreditava na mecânica clássica: uma parábola

Era uma vez uma mulher que acreditava na mecânica e na lógica clássicas. A conversa de muitos de seus amigos, e ocasionalmente até do marido, sobre filosofia idealista, misticismo e coisas assim deixavam-na embaraçada e constrangida.

Em seus relacionamentos com pessoas, não conseguia entender o que elas queriam. Sempre tratou bem os pais, mas eles queriam que ela compartilhasse a si mesma com eles. E ela não sabia o que eles queriam dizer com isso. Ela gostava de sexo com o marido, mas ele falava demais sobre confiança e amor. Que eram simplesmente palavras. Qual a utilidade de palavras como essas? Às vezes, acordada depois de ter feito amor com o homem que era seu marido, sentia-se inundada por sentimentos de ternura emocional. Imaginava que esses sentimentos eram do mesmo tipo que faziam seus pais olharem-na, às vezes, em um silêncio enevoado de lágrimas. E ela odiava o sentimentalismo de tudo isso.

Não podia compreender por que alguns amigos procuravam significado em suas vidas. Alguns deles falavam incessantemente em amor e em estética. E ela era obrigada a controlar o riso, com medo de ofendê-los, pois tinha certeza de que eles estavam sendo ingênuos. Não havia, pensava, amor algum fora do sexo. Ainda assim, quando fitava distraída o oceano, sentia-se dissolver em um sentimento de unidade com a vastidão das águas. Nessas ocasiões, perdia um momento ou dois de sua existência e imergia em amor. E odiava e temia esses momentos.

Tentara comunicar umas duas vezes essa inquietude, mas seus confidentes haviam falado em tons tranquilizadores de seu *self* quântico interior, que se situa além do ego comum. Ela jamais acreditaria em algo tão vago assim. Mesmo que tivesse algum tipo de *self* interior, não queria nada com ele. Certo dia, porém, ouviu falar em uma poção recém-descoberta, que desligaria o indivíduo do *self* quântico. E saiu à procura do indivíduo que inventara a tal poção.

— Sua poção me permitiria desfrutar o sexo, sem me sentir sentimental sobre o amor?

— Permitiria — disse o inventor da poção.

— Eu não consigo suportar a insegurança de confiar nos outros. Prefiro contar com trocas compensatórias e reforços. Sua poção me permitiria viver a vida sem ter de confiar nos outros?

— Permitiria — respondeu o inventor.

— Se eu tomar sua poção poderei relaxar na beleza do oceano, sem ter de lidar com os sentimentos do chamado amor universal?

— Sempre — garantiu o inventor.

— Então, sua poção é justamente o que eu quero — disse ela, agarrando-a sofregamente.

Passou-se o tempo. O marido começou a notar uma mudança nela. O comportamento era mais ou menos o mesmo, mas ele não podia, como dizia, sentir-lhe as vibrações, como antes. Certo dia, ela lhe disse que tomara uma poção para desconectar seu *self* quântico. Imediatamente, ele procurou o homem que dera a poção à esposa. Queria que ela recuperasse sua criatividade quântica.

O homem que fornecera a poção ouviu-o durante algum tempo e, em seguida, disse:

— Vou lhe contar uma história. Havia um homem que tinha uma dor insuportável em uma das pernas. Os médicos não conseguiam encontrar a cura. Finalmente, decidiram amputá-la. Após longas horas sob anestesia, o paciente acordou e viu o médico fitando-o de modo esquisito. Ainda não se sentindo muito bem, perguntou: "E então?"

"Tenho algumas boas e más notícias para você. Em primeiro lugar, a má notícia: nós amputamos a perna errada." O paciente fitou-o, sem compreender, mas o médico cuidou logo de tranquilizá-lo. "E, agora, a boa notícia: a perna ruim não está tão ruim assim. Não há necessidade de amputá-la. Você poderá usá-la."

O marido pareceu confuso. O homem que administrara a poção à esposa continuou:

— Sua esposa não gostava da incerteza criativa da vida, que acompanha o *self* quântico, de modo que a expulsou de si. Ela preferiu andar com uma única perna, por assim dizer. Esta é a má notícia para o senhor. Mas, agora, a boa: eu tenho um remédio para maridos como o senhor. Posso condicioná-la para adotar o comportamento sentimental que dela deseja. Com meu treinamento, ela lhe dará chá e simpatia.

O marido ficou felicíssimo. E assim foi feito. A mulher pareceu ter voltado a ser o que era. Ocasionalmente, sussurrava palavrinhas de amor, como fizera antes da poção. Mas o marido "sentimental" continuava sem lhe sentir as vibrações.

Em vista disso, voltou ao homem que dera a poção à esposa e lhe ensinara o comportamento carinhoso.

— Mas eu não estou realmente satisfeito apenas com comportamento. Eu quero alguma coisa inefável... quero sentir-lhe as vibrações — lamentou-se.

Ao que o homem respondeu:

— Só há uma coisa a fazer. Posso lhe dar a poção e, em seguida, treiná-lo, como fiz com sua esposa.

Uma vez que não havia alternativa, o marido concordou. E o casal viveu feliz para todo o sempre. Ninguém na cidade jamais vira sequer um casal mais carinhoso. Eles foram mesmo escolhidos como membros vitalícios da filial local do Walden II, a primeira vez que tal honra era concedida.[13]

Não se preocupem, essa poção jamais será encontrada. Ainda assim, condicionamento comportamental, cultural, político e social incessante funciona, de fato, como a poção química da parábola, ao agrilhoar o potencial que o *self* quântico nos oferece. De modo que a pergunta seguinte é: como podemos assumir a responsabilidade pelo conhecimento emergente, de que somos mais do que o materialismo reconhece? Para onde vamos, a partir daqui? Este será o tema da Parte 4.

capítulo 14

integrando as psicologias

O *self* (o "Eu") não é uma coisa, mas uma relação entre experiência consciente e ambiente físico imediato. Na experiência consciente, o mundo parece dividir-se entre sujeito e objeto(s). Ao ser refletida no espelho da memória, essa divisão produz a experiência dominante do ego.

É vasto o pensamento filosófico sobre a natureza do *self* (ou do "Eu"), ramo este da filosofia às vezes denominado fenomenologia. Fenomenólogos estudam a mente por meio da introspecção, de modo não muito diferente da meditação utilizada por filósofos místicos orientais e por psicólogos. São também numerosos os modelos psicológicos ocidentais (além do behaviorismo). O modelo psicanalítico proposto por Freud, por exemplo, sustenta que o *self* é dominado por impulsos (pulsões) inconscientes.

Será interessante examinar como o modelo do *self* que denominamos funcionalismo quântico explica as variedades da experiência do "Eu" e compará-lo com outros modelos filosóficos e psicológicos. Este capítulo inclui uma comparação desse tipo, incorporando alguns pensamentos da filosofia, da psicologia e da nova física (na medida em que ela se aplica à natureza do *self* e ao livre-arbítrio).[1]

Características associadas à experiência do "Eu"

As experiências mais importantes do "Eu" são as seguintes:

1. Intencionalidade (focalização proposital, direcional, em um objeto, incluindo desejo, juízo e especulação)
2. Autopercepção-consciente (senso de *self*)
3. Reflectividade (percepção-consciente de estar consciente)
4. Experiência do ego (sentimento de que o *self* é uma entidade única, com um certo caráter, personalidade e história pessoal contingente)
5. Atenção (experiência da capacidade do *self* de dirigir seu foco para este ou aquele objeto)
6. Experiências transpessoais do *self* (momentos de revelação ou *insight*, tal como na experiência criativa ahá)
7. Experiência implícita do *self* (experiências nas quais há uma divisão do mundo entre sujeito e objeto, mas não uma experiência explícita do "Eu")
8. Escolha e livre-arbítrio
9. Experiências relacionadas com o inconsciente

Essas experiências do "Eu", claro, não são mutuamente exclusivas. Muito ao contrário. Estão intimamente conectadas entre si. Mantendo este fato em mente, examinemos com mais detalhes cada uma dessas experiências.

Intencionalidade, autopercepção-consciente e reflectividade

O gesto de apontar para um objeto, que é um concomitante da maior parte da experiência consciente, recebe na literatura filosófica o nome de *intencionalidade*.[2] Há numerosos modos de intencionalidade, tais como desejo, raciocínio e especulação. A palavra, por conseguinte, não se refere apenas a intenções. A experiência do "Eu" que tem uma intenção é, evidente, autoconsciente, mas também mais do que isso: é dirigida e proposital em pensamentos e sentimentos.

Assim, uma das experiências mais comuns do "Eu" é a de vivenciar a si mesmo como um sujeito com intenções em relação a algum objeto. Outra experiência desse tipo ocorre quando pensamos em nós mesmos, quando, em experiências de reflexão, nos tornamos perceptivos de termos estado perceptivos.[3] Esta, também, é uma experiência sujeito-objeto, na qual o "Eu" representa o papel de sujeito e a consciência o de objeto.

Mas o que causa a divisão do mundo em sujeitos e objetos? Filosofias diferentes dão respostas diferentes. As principais posições, as defendidas por materialistas e idealistas, são sumariadas a seguir.

Para os realistas materialistas, a pergunta a ser respondida é a seguinte: de que maneira o sujeito surge de um conglomerado de objetos materiais, tais como neurônios e massa cinzenta? A resposta deles é: epifenomenalismo — o sujeito é um epifenômeno emergente do cérebro. Ninguém, contudo, foi capaz de demonstrar como poderia ocorrer tal emergência. Modelos de inteligência artificial (conexionismo[4]) descrevem o cérebro como uma rede de computadores de processamento paralelo. No contexto dessa filosofia básica, teóricos fundamentalistas tentam provar que o sujeito-consciência surge como uma "ordem no caos", como uma nova função emergente.[5,6] Fundamentalmente, todos esses modelos enfrentam a dificuldade de só oferecerem uma solução conjectural: não há uma conexão comprovável entre estados de computador (ou estados neuronais) e os estados da mente que experimentamos.

Em contraste, para os idealistas monistas, todas as coisas estão e são da consciência. Nessa filosofia, portanto, a pergunta relevante é: de que maneira a consciência, que é tudo, divide-se em um sujeito que experiencia e objetos que são experienciados? Neste particular, a teoria quântica de consciência do *self* fornece evidência *prima facie* de como pode surgir tal divisão. Segundo essa teoria, os estados do cérebro-mente são considerados como estados quânticos, como estruturas de possibilidades, ponderadas por probabilidades, multifacetadas. A consciência produz o colapso da estrutura multifacetada (uma superposição coerente), escolhendo uma única faceta, mas só na presença da percepção-consciente cérebro-mente. (A percepção, vale lembrar, é o campo da mente no qual surgem os objetos da experiência.) O que vem primeiro: percepção-consciente ou escolha? Temos aqui uma hierarquia entrelaçada. E é esta situação hierárquica entrelaçada que dá origem à auto-referência, à divisão sujeito-objeto do mundo.

Processos adicionais de percepção-consciente secundária levam à intencionalidade — à tendência de identificar-se com um objeto. O "Eu" da percepção consciente reflexiva surge também desses processos de percepção-consciente secundária. A experiência primária e os processos secundários permanecem normalmente no que é chamado, na literatura psicológica, de o pré-consciente. Esse obscurecimento da hierarquia entrelaçada do processo primário é fundamental para nossa identidade hierárquica simples com nosso "Eu".

Experiência do ego

O psicólogo polonês Z. Zaborowski, que passou em revista a literatura psicológica sobre autopercepção-consciente, definiu-a como a codificação, o processamento e a integração de informações sobre o *self*.[7] Em minha opinião, essa caracterização é mais apropriada do que autopercepção-consciente. E ajusta-se também ao que é geralmente chamado de experiência do ego. A autopercepção-consciente é um concomitante da experiência do ego, mas não toda ela.

A experiência mais inconfundível do "Eu" é como o ego — o aparente executor, codificador, processador e integrador de nossos programas (para usar a metáfora de computador usada por Zaborowski). O ego é a imagem que formamos do experienciador aparente de nossos atos, pensamentos e sentimentos no dia-a-dia.

O ego tem sido o principal ator em numerosas teorias de personalidade. O behaviorismo radical e a teoria da aprendizagem social implicam que o ego é o ponto exato do comportamento socialmente condicionado — o resultado de estímulo, reação e reforço.[8] Na literatura behaviorista mais recente, entretanto, o ego é visto como mediador do comportamento externo via pensamentos mentais internos.[9] Por isso mesmo, são semelhantes a definição cognitiva de autopercepção--consciente, dada por Zaborowski, e a definição behaviorista mais recente do ego.

Até mesmo de acordo com a escola behaviorista-cognitiva, contudo, as ações do ego podem ser perfeitamente descritas em termos de declarações de entrada-saída (ainda que a saída dependa de estados mentais internos). Se é assim, não há necessidade de a consciência do *self* ser associada ao ego. Este paradoxo é evitado usando-se o qualificativo "aparente" em sua definição.

Na teoria quântica da consciência do *self*, o colapso da superposição coerente dos estados quânticos do cérebro-mente cria a divisão sujeito-objeto do mundo. Com o condicionamento, no entanto, certas respostas ganham em probabilidade, quando um estímulo aprendido é apresentado ao cérebro-mente.[10] A consciência identifica-se com o processador aparente das respostas aprendidas, isto é, o ego; a identidade, porém, jamais é completa. A consciência sempre deixa algum espaço para a novidade incondicionada. Esse fato torna possível o que conhecemos como livre-arbítrio.

Atenção e ações conscientemente dirigidas

Conforme notou o fenomenólogo Edmund Husserl, a autopercepção-consciente e, consequentemente, o ego estão associados à direção que é dada à atenção consciente.[11] Há também casos em que a atenção se move espontaneamente.

Em experimentos cognitivos que envolvem recebimento de e resposta a um estímulo, os sujeitos podem costumeiramente tocar uma campainha antes que tenham autopercepção-consciente da percepção-consciente do estímulo e antes que possam verbalizá-lo. Esta capacidade sugere que há experiências de percepção-consciente primária e secundária e que o ego está associado à secundária, mas não à primária.

Husserl, ao descrever a associação inerente à autopercepção-consciente e à capacidade de dirigir a atenção (capacidade da qual não temos autoconsciência), cunhou a expressão *ego puro* para denotar um *self* unitário, do qual a autopercepção-consciente e o que dirige a atenção são dois aspectos: os dois lados da mesma moeda. Neste livro, continuaremos a usar, como até agora, uma palavra simples, *self*, para denotar o conceito do *self* unificado.

No modelo cognitivo funcionalista/conexionista, não há explicação da autopercepção-consciente. Ele supõe que a atenção é uma função da unidade central de processamento que define o ego.

Em contraste, na teoria quântica da auto-referência, o *self* atua em duas modalidades: a modalidade clássica, condicionada pelo ego, que se refere a experiências secundárias que incluem a autopercepção-consciente; e a modalidade quântica não condicionada, associada às experiências de percepção-consciente primária, tais como escolha e direção da atenção, sem autopercepção-consciente. O modelo quântico, por conseguinte, concorda com o modelo dos fenomenólogos.

Experiências transpessoais do self

Em algumas experiências, a identidade do *self* com o ego é muito menor do que o habitual. Um exemplo no particular é a experiência criativa, na qual o experienciador frequentemente descreve o ato como um ato de Deus. Temos outro exemplo do mesmo tipo na "experiência de pico" estudada pelo psicólogo Abraham Maslow.[12] Essas experiências ocorrem acompanhadas de uma clara descontinuidade, em contraste com a continuidade do ego, mais comum, no fluxo de consciência. Essas *experiências serão chamadas de experiências transpessoais do* self, uma vez que não é dominante a identidade com a pessoa particular do experienciador.

Essas experiências levam, não raro, a uma ampliação criativa da auto-identidade definida pelo ego. Esta situação foi denominada autoindividuação por Maslow (no trabalho previamente citado) e, neste livro, como um ato de criatividade interior. Na psicologia oriental, essa autoconstrução criativa do *self* é denominada despertar da *inteligência — buddhi*, em sânscrito. Uma vez que a palavra inteligência em inglês tem outras conotações, usaremos o *buddhi* sânscrito como significado da identidade ampliada com o *self*, transcendendo o ego. Embora o modelo cognitivo *behaviorista* não reconheça experiências transpessoais, a teoria quântica aceita-as como experiências diretas da modalidade quântica do *self*.

Uma das principais características das experiências transpessoais é a não localidade — a comunicação ou propagação de influência sem sinais locais. Descobertas científicas simultâneas são exemplos possíveis dessa sincronicidade não local. Experiências paranormais, como a telepatia, proporcionam outros exemplos.

Experiência implícita do self

Conforme notou o filósofo existencialista Jean-Paul Sartre, grande parte de nossa experiência comum não inclui o ego — o "Eu". Sartre deu como exemplo disso um homem que conta cigarros. Enquanto conta, ele está absorvido nesse trabalho e não tem autopercepção-consciente ou qualquer outra referência a seu ego. Mas aparece um amigo e pergunta: "O que é que você está fazendo?" O homem responde: "Estou contando meus cigarros". Ele recuperou a autopercepção-consciente.[13] Nesse tipo de experiência, há consciência, e o mundo é dividido implicitamente em sujeito e objeto: mas é pouca ou nenhuma a repercussão secundária da experiência.

O exemplo de Sartre inclui-se na categoria mais baixa que o expoente da yoga hindu, Patanjali (que viveu por volta do século 2, d.C.), denomina *samadhi*.[14] Começando com a absorção no objeto (o estado do *samadhi* mais baixo), o indivíduo inicia a jornada para transcender o objeto em *samadhi* cada vez mais altos. Eventualmente, ele chega a um estado em que o objeto é visto em sua identidade com a consciência cósmica não local.

Na psicologia oriental, o sujeito da experiência de consciência cósmica é denominado *atman*. O cristianismo chama a entidade primária do *self* universal de Espírito Santo. No budismo, ela é às vezes chamada de não *self*, uma vez que surge simultaneamente e como co-dependente da percepção-consciente (mas não hierarquicamente superior a ela, seu objeto). Outros filósofos budistas mencionaram o sujeito da percepção-consciente pura como sendo a consciência universal (como, por exemplo, no *Lankavatara Sutra*). Conforme observa o atual dalai-lama do Tibete, a terminologia do não *self* confunde as pessoas, porque as leva a pensar em niilismo.[15] Na psicologia moderna, Assagioli referiu-se a esse *self* destituído de *self* como o *self* transpessoal.[16] Na ausência de uma palavra inglesa inequívoca, usaremos a palavra sânscrita *atman* para denotar o *self* da experiência de pura percepção-consciente.

Na teoria quântica do *self*, o *atman* é considerado como o *self* quântico — o sujeito universal incondicionado, com o qual a consciência se identifica e que surge co-dependentemente com a percepção-consciente, após o colapso da superposição coerente quântica. A experiência do *self* individual, ou ego, surge no espelho da memória com origem em repercussões secundárias das experiências primárias. Prova neurofisiológica considerável demonstra que existe uma defasagem temporal entre as experiências da percepção-consciente primária e da secundária.

Escolha e livre-arbítrio

Talvez as mais enigmáticas de todas as experiências do *self* sejam aquelas que implicam escolha e/ou livre-arbítrio. Todas as experiências conscientes envolvem uma abertura para o futuro e, neste sentido, podem ser julgadas como implicando abertura, ou possibilidade. As experiências de escolha e livre-arbítrio vão além de tal abertura. Distinguiremos aqui entre os dois termos, embora eles sejam, com frequência, usados como sinônimos. A *escolha* aplica-se em todos os casos em que escolhemos entre alternativas, com ou sem autopercepção-consciente. O *livre-arbítrio* aplica-se em todos os casos em que uma ação subsequente é praticada com origem em nossa própria iniciativa causal.

Tradicionalmente, behavioristas e cognitivistas diriam que não há liberdade de escolha, ou livre-arbítrio. Se somos computadores clássicos — com processamento paralelo ou não —, nenhum desses conceitos faz o menor sentido. O argumento é simplesmente que não há um poder causal que possa ser atribuído ao ego, cujo comportamento é inteiramente determinado pelo estado de seu *hardware* e pelas informações recebidas do ambiente.

As psicologias espiritualista e transpessoal concordariam com a avaliação behaviorista, de que o ego não tem livre-arbítrio, mas insistiria em que há uma vontade livre real. Ela é a vontade livre do *atman* — a consciência que existe antes de qualquer tipo de experiência reflexiva do *self* individual. Se o ego não possui vontade livre, como é que nós, em nosso ego, o transcendemos, o que é objetivo das tradições espiritualistas? A resposta de que o ego é uma ilusão não parece satisfatória.

Com ajuda da teoria quântica da consciência podemos eliminar agora a perplexidade conceitual sobre o livre-arbítrio. Na teoria quântica, a escolha define o *self* primário — o *atman*. Escolho, por conseguinte (hierarquicamente entrelaçado), eu existo. Com o condicionamento a que estamos sujeitos, no entanto, a escolha não é mais inteiramente livre, mas predisposta em favor de respostas condicionadas. A pergunta, então, é: até que ponto se estende o condicionamento?

Obviamente, no nível do processo primário, não há condicionamento; em consequência, tampouco há restrição à liberdade de escolha. No nível secundário, temos respostas condicionadas sob a forma de pensamentos e sentimentos, mas seremos obrigados a agir motivados por eles? Nosso livre-arbítrio no nível secundário consiste da capacidade de dizer não a respostas condicionadas aprendidas.

Note que somos levados a usar as palavras *escolha* e *livre--arbítrio* de uma forma um tanto diferente, e isso é bom. Experimentos neurofisiológicos correntes demonstram que há vantagem em não usar a expressão livre-arbítrio como na experiência de usar o *livre-arbítrio* para levantar um braço. Experimentos recentes de Benjamin Libet indicam claramente que, antes mesmo de um indivíduo experienciar percepção-consciente de seus atos (condição necessária para o livre-arbítrio), há um potencial evocado que sinaliza a um observador objetivo que o indivíduo vai usar de vontade para levantar o braço. Diante disso, de que modo podemos dizer que o livre-arbítrio desse tipo é livre? Os experimentos de Libet revelam também que o indivíduo retém o livre-arbítrio de dizer não ao gesto de erguer um braço, mesmo depois de o potencial evocado ter sinalizado o contrário.[17]

Esclarecer dessa maneira o significado do livre-arbítrio poderá ajudar-nos a compreender os benefícios da meditação — a concentração da atenção, no campo da percepção-consciente, em um dado objeto da mente ou em todo o campo. A meditação nos permite tornarmo-nos testemunhas dos fenômenos mentais que surgem na percepção-consciente, do desfile de pensamentos e sentimentos que surgem em resposta ao condicionamento. Ela cria um hiato entre o despertar de respostas mentais e a ânsia física de agir de acordo com elas, e dessa maneira reforça a capacidade de nosso livre-arbítrio de dizer não a atos condicionados. É fácil compreender o valor desse reforço para mudar o comportamento destrutivo habitual.

Experiências relacionadas com o inconsciente

Algumas experiências dizem respeito ao que é inconsciente em nós — a processos nos quais a consciência está presente, mas não a percepção-consciente. Na teoria quântica, há situações nas quais o estado quântico não entra em colapso, mas continua a desenvolver-se no tempo, de acordo com a dinâmica da situação. A dinâmica inconsciente, no entanto, pode representar um papel importante em eventos conscientes posteriores. Esse aspecto permite-nos confirmar os efeitos da interferência quântica em experimentos de percepção inconsciente.[18]

No pensamento psicanalítico, algumas das experiências do ego-*self* são reprimidas no que Freud chama de id e, Jung, de sombra. As experiências conscientes restantes definem em seguida a *persona* — a imagem que projetamos e que os outros veem, a imagem de quem o indivíduo pensa que é. Chamarei à parte reprimida do ego-*self* simplesmente de inconsciente pessoal. Algumas experiências do ego tornam-se distorcidas por influência do inconsciente pessoal, influência esta que dá origem a psicopatologias — como a neurose, por exemplo — que a psicanálise tenta curar.

De que modo, de acordo com a teoria quântica, surge o inconsciente pessoal? Da seguinte maneira: o sujeito é condicionado a evitar certos estados mentais; em consequência, torna-se esmagadora a probabilidade de que esses estados jamais sofram colapso por ação das superposições coerentes que os inclui. Essas superposições, no entanto, podem influenciar dinamicamente, sem causa externa aparente, o colapso de estados subsequentes. O desconhecimento da causa do comportamento pode levar a uma ansiedade geradora de neurose. No fim, o sujeito pode imaginar razões e agir para eliminá-las por meio de comportamento neurótico, como a lavagem compulsiva das mãos.

Analogamente, Jung sugeriu que muitas de nossas experiências transpessoais são influenciadas por certos temas arquetípicos reprimidos de um inconsciente coletivo — estados universais que, em geral, não experienciamos. Esses temas reprimidos podem, também, dar origem a patologias.

Na teoria quântica, a forma humana contingente é submetida a condicionamento, que impede que certos estados mentais se manifestem no mundo. Um corpo masculino, por exemplo, tenderia a reprimir estados mentais que dizem explicitamente respeito à experiência feminina. Esta, aliás, é a origem do arquétipo junguiano da *anima*. Essa repressão da *anima* limita prejudicialmente o comportamento masculino. (Analogamente, o arquétipo *animus* nas mulheres é reprimido, excluindo-as da experiência masculina.)

Quando sonhamos ou quando estamos sob hipnose, o *self* torna-se principalmente testemunha e entra em um estado que se caracteriza por ausência relativa de eventos de percepção-consciente. secundária. Nesses estados, são enfraquecidas as inibições normais contra o colapso de estados mentais reprimidos. Por esse motivo, sonhos e hipnose são úteis para trazer o inconsciente à consciência total da percepção-consciente.

Analogamente, nas experiências de quase morte, o imediatismo da morte libera grande volume de condicionamento inconsciente reprimido, tanto coletivo quanto pessoal. Como resultado, numerosos pacientes saem dessas experiências transbordantes de alegria e paz.

Para obter liberdade em nossos atos, é importante evitar ser dominado pelo condicionamento ego/*persona* ou por nossas superposições coerentes tirânicas, internas, reprimidas, inconscientes.

O espectro da consciência do *self*

Analisando as características das experiências conscientes, da forma descrita pela fenomenologia, psicologia, ciência cognitiva e teoria quântica, podemos obter condições para fazer um resumo importante da maneira como o *self* se manifesta em nós — um sumário, isto é, do espectro da consciência do *self* (ver também Wilber.)[19] Entre todos esses modelos teóricos, contudo, só um — a teoria quântica da consciência — tem amplidão suficiente para abraçar todo o espectro. Por isso mesmo, a visão idealista quântica da consciência será adotada desde o início neste sumário.

No idealismo monista, a consciência é uma — uma sem um segundo, disse Shankara.[20] O espectro da consciência do *self* consiste de estados com os quais a consciência una se identifica em vários estágios do desenvolvimento humano. O espectro completo é envolvido na extremidade inferior pelo inconsciente pessoal e, no superior, pelo inconsciente coletivo. Todos os estágios, contudo, estão na consciência.

Esse esquema é concebido em termos evolucionários, e não hierárquicos. Quanto mais nos desenvolvemos, mais destituídos de ego nos tornamos, até que, no nível mais alto, não há absolutamente identidade discernível com ele. Por isso, uma grande humildade caracteriza os níveis além do ego.

O nível do ego

Nesse nível, o ser humano identifica-se com um conjunto de conceitos psicossocialmente condicionados e aprendidos, nos quais opera. Esses contextos dão um caráter ao ser humano. Dependendo do grau que a identidade com o ego assume, o indivíduo nesse nível tende a ser solipsístico. Os contextos em que ele opera tendem a assumir uma aura de infalibilidade e todos os demais contextos são julgados contra os critérios desses contextos pessoais. O indivíduo acredita, por exemplo: só eu e meus prolongamentos (minha família, minha cultura, meu país etc.) temos validade primária. Todos os demais são contingentes.

No nível básico do ego, podemos identificar duas faixas. A primeira, a patológica, situa-se mais perto do inconsciente pessoal. Ela é fortemente afetada por estímulos internos (superposições coerentes que não sofreram colapso), vindos do inconsciente. Indivíduos cujo *self* se identifica com essa faixa são frequentemente perturbados pelas pulsões e motivações do inconsciente. O ego deles divide-se em auto-imagem e imagem-sombra — a primeira propagada, e a segunda, reprimida.

A segunda faixa, a psicossocial, é aquela em que a maioria de nós vive, exceto por uma excursão ocasional pelas faixas mais baixa e mais alta (no sentido evolucionário) da identidade. Nas excursões ao nível mais alto, por exemplo, podemos ser capazes de dizer não a uma resposta habitual condicionada, exercendo, dessa maneira, nosso livre-arbítrio; ou podemos mergulhar em atividades criativas no mundo; ou podemos amar altruisticamente uma pessoa. As motivações habituais à ação nesse nível, contudo, são dirigidas por uma agenda pessoal que serve à perpetuação e fortalecimento da identidade caráter-imagem, em seus esforços para realizar-se pela fama, poder, sexo, e assim por diante.

O nível buddhi

Esse nível caracteriza-se por uma identidade menos restrita do *self* — uma identidade que explora todo o potencial humano. O motivo pessoal para viver no nível do ego é substituído pelo da criatividade interior, a auto-exploração e a individuação.

Nesse nível, podemos identificar várias faixas. Elas, contudo, não são hierárquicas nem necessariamente experienciadas em qualquer ordem cronológica. Algumas podem até ser desviadas.

A primeira, mais próxima do nível do ego, será chamada de faixa psíquica/mística. Indivíduos que identificam seu *self* com essa faixa têm experiências psíquicas e místicas não locais, que lhes ampliam a visão do mundo e de seu papel nele. Os temas do inconsciente coletivo frequentemente sobem à tona em sonhos, experiências criativas e compreensão dos mitos, que fornecem motivação adicional à liberdade e integração do *self*. Não obstante, nesse nível de identidade, o indivíduo ainda é motivado demais por desejos pessoais para poder mudar decisivamente para uma identidade realmente fluida.

A segunda faixa é a transpessoal. Há agora uma certa capacidade e tendência de observar processos pessoais, sem necessariamente externalizá-los. Os contextos psicossociais em que vivemos deixam de ser absolutos. É descoberto o não eu (o outro) e algumas das alegrias dessa descoberta (como a alegria de prestar serviço altruísta) reforçam a motivação.

A terceira faixa, a espiritual, é uma identidade à qual, ao que se sabe, poucas pessoas na Terra chegaram. A vida é vivida primariamente como um *samadhi* fácil e sem esforço (*sahaj*, em sânscrito). O *self* está mais ou menos integrado e os temas do inconsciente coletivo são largamente explorados; e os atos são os apropriados aos fatos. Devido à raridade, nos dias atuais, de pessoas cujas identidades residam nessa faixa, temos poucos dados científicos a esse respeito. Há, claro, numerosos casos históricos dessa identidade na literatura mística e religiosa do mundo.

O nível mais alto é o do *atman*, o nível do *self* (ou não *self*), atingível apenas no *samadhi*.

Note que as psicologias espirituais da Índia e do Tibete referem-se a sete faixas de identidade do *self* (uma faixa extra no nível do ego). A origem desse sistema é encontrada na ideia indiana de três tipos de pulsões, os três *gunas*: *tamas*, ou inércia; *rajas*, ou libido; e *sattwa*, ou criatividade.[21] Os psicólogos indianos postulam três faixas de ego — talvez uma para cada tipo de dominação de pulsões, mas, uma vez que se reconhece que todos possuem um pouco de cada *guna*, esse tipo de classificação parece algo redundante.

Cabe aqui uma pergunta: de que modo ocorre uma mudança na identidade do *self*? Há uma historinha zen que trata dessa questão:

"O noviço Doko procurou o mestre zen e disse:

— Estou procurando a verdade. Em que estado do *self* devo me treinar, de modo a encontrá-la?

Respondeu o mestre:

— Não há *self*, de modo que não poderá colocá-lo em qualquer estado. Não há verdade, de modo que não pode treinar para alcançá-la".

Em outras palavras, não há método, nenhum treinamento, para mudança em identidade do *self*. Esse o motivo por que denominamos esse processo de criatividade interior. O processo é o de derrubada do obstáculo criado por um único conjunto de contextos para a vida, com vistas a permitir um conjunto expandido de contextos.[22] Estudaremos com mais detalhes esse processo na Parte 4.

Note que a integração aqui obtida das teorias de personalidade e do *self*, no contexto da teoria quântica da consciência, poderia levar também à integração das várias escolas de psicologia — psicanalítica, behaviorista, humanista/transpessoal e cognitiva. Embora tenhamos demonstrado que o modelo baseado na ciência cognitiva e na inteligência artificial é falho como descrição completa do ser humano, ele ainda assim serve como simulação útil da maioria dos aspectos do *self* relacionados com o ego.

PARTE 4

O REENCANTAMENTO DO SER HUMANO

O primeiro esboço deste livro foi escrito no verão de 1982. Eu sabia, no entanto, que havia profundas incoerências no material. Elas tinham origem no apego muito sutil a um dos dogmas fundamentais da filosofia realista — a consciência tinha de ser um epifenômeno da matéria. O biólogo Roger Sperry falou em consciência emergente — uma consciência causalmente poderosa que emergia da matéria, do cérebro. De que maneira poderia isso acontecer? Há um círculo vicioso obstinado no argumento de que alguma coisa feita de matéria pode agir sobre ela com novidade causal. Eu podia ver, nesse caso, a conexão com os paradoxos da física quântica: como poderíamos nós, nossas observações, produzir um efeito sobre o comportamento de objetos, sem postular uma consciência dualista? Eu sabia também que a ideia de uma consciência dualista, separada da matéria, criava seus próprios paradoxos.

A ajuda chegou de uma direção inesperada. Como cientista, sempre acreditei em uma abordagem total de problemas. Uma vez que, nessa ocasião, minha pesquisa constituía evidentemente uma exploração da natureza da própria consciência, achei que devia mergulhar também em estudos empíricos e teóricos da consciência. Essa orientação implicava psicologia, embora os modelos psicológicos convencionais — dadas suas raízes no realismo materialista — evitem experiências conscientes que contestem essa visão de mundo. Outras psicologias menos convencionais, contudo, tais como o trabalho de Carl G. Jung e Abraham Maslow, pressupunham um conjunto diferente de suposições. Essas ideias apresentam maior ressonância com a filosofia dos místicos — uma filosofia que se baseia em enxergar, espiritualmente, através do véu que cria a dualidade. Para remover o véu, os místicos prescrevem que o indivíduo se torne atento ao campo da percepção-consciente (esse estado de atenção é, às vezes, denominado meditação).

Finalmente, após anos de esforços, uma combinação de meditação, leitura de filosofias místicas, um sem-número de discussões e simplesmente pensamento concentrado começaram a romper o véu que me separava da solução que eu procurava para tais paradoxos. O dogma fundamental do realismo materialista — que tudo é feito de matéria — teve de ser abandonado, e isso sem trazer o dualismo. Lembro-me ainda do dia em que ocorreu o rompimento final. Estávamos em visita a nossa amiga Frederica, que reside em Ventura, na Califórnia.

Cedo, naquele dia, Maggie e eu saímos com um amigo, o místico Joel Morwood, para ouvir uma palestra de Krishnamurti na vizinha Ojai. Mesmo aos 89 anos, Krishnamurti dava conta do recado com extraordinária habilidade. Em seguida, conversando com a plateia, ele aprofundou pontos que haviam constituído a essência de seu ensinamento — para mudar, temos de estar cientes agora, e não resolver mudar mais tarde ou, simplesmente, pensar no assunto. A percepção-consciente radical, e só ela, leva à transformação que desperta a inteligência radical. Quando alguém perguntou se a percepção-consciente radical ocorre a nós, seres humanos comuns, Krishnamurti respondeu gravemente: "Tem de ocorrer".

Mais tarde naquela noite, Joel e eu iniciamos uma conversa sobre Realidade. Eu estava lhe dando um prato cheio de minhas ideias sobre consciência, que havia elaborado a partir da teoria quântica, em termos da teoria da mensuração quântica. Joel escutava com toda atenção.

— Muito bem, o que é que vai acontecer em seguida?

— Bem, eu não tenho certeza de compreender como a consciência se manifesta no cérebro-mente — respondi, confessando minha luta com a ideia de que, de alguma maneira, a consciência tinha de ser um epifenômeno dos processos cerebrais. — Acho que compreendo a consciência, mas...

— A consciência pode ser compreendida? — interrompeu-me Joel.

— Claro que pode. Eu lhe disse que nossa observação consciente, a consciência, produz o colapso da onda quântica...

E eu estava pronto para repetir toda a teoria.

Joel, porém, interrompeu-me:

— De modo que o cérebro do observador é anterior à consciência, ou a consciência é anterior ao cérebro?

Percebi uma armadilha na pergunta.

— Estou falando em consciência como sujeito de nossas experiências.

— A consciência é anterior às experiências. Ela não tem objeto nem sujeito.

— Certo. Isso é misticismo antigo. Em minha linguagem, porém, você está falando a respeito de algum aspecto não local da consciência.

Joel, porém, não se deixou desanimar por minha terminologia.

— Você está usando antolhos científicos, que o impedem de compreender. No fundo, você acredita que a consciência pode ser compreendida pela ciência, que a consciência emerge do cérebro, que é um epifenômeno. Tente compreender o que os místicos estão dizendo. A consciência é anterior e incondicionada. Ela é tudo o que há. Nada mais existe, senão Deus.

A última frase fez comigo alguma coisa que é impossível descrever em palavras. O melhor que posso dizer é que provocou uma abrupta mudança de perspectiva — um véu foi levantado. Ali estava a resposta que eu estivera buscando e que conhecera o tempo todo.

Quando todos foram dormir, deixando-me em minha contemplação, saí de casa. O ar da noite estava frio, mas não me importei. Tão enevoado estava o céu que eu mal conseguia ver uma estrela. Mas, na imaginação, o céu tornou-se o mesmo céu radiante de minha infância e, de repente, consegui enxergar a Via-Láctea. Um poeta de minha Índia natal concebera a fantasia de que a Via-Láctea era a fronteira entre o céu e a terra. Na não localidade quântica, o céu transcendente — o reino de Deus — está em toda parte. "Mas o homem não o vê", lamentava-se Jesus.

Não o vemos porque estamos enamorados demais da experiência, de nossos melodramas, de nossas tentativas de prever e controlar, de compreender e manipular tudo racionalmente. Em nossos esforços, deixamos de perceber o fato simples — a verdade simples de que tudo é Deus, que é a maneira de o místico dizer que tudo é consciência. Os físicos explicam fenômenos, mas a consciência não é um fenômeno, em vez disso, tudo o mais é fenômeno na consciência. Eu estivera em vão procurando na ciência uma descrição da consciência; em vez disso, o que eu e outros temos de procurar é uma descrição de ciência com consciência. Temos de criar uma ciência compatível com a consciência, nossa experiência primária. Se quisesse descobrir a verdade, eu teria de dar um salto quântico além da física convencional, formular uma física baseada na consciência, como o bloco de armar de tudo. Era uma tarefa difícil, mas eu acabava de ter um vislumbre da resposta. De modo que era também simples — uma mudança fácil, sem esforço, de perspectiva. As palavras de Krishnamurti repercurtiram encorajadoras em meus ouvidos. Ela teria de ocorrer. Estremeci um pouco e a Via-Láctea de minha imaginação desvaneceu-se lentamente.

A verdade mística de que nada mais há, exceto consciência, tem de ser experienciada para ser realmente compreendida, exatamente como uma banana, no domínio sensorial, precisa ser vista e saboreada antes que o indivíduo saiba realmente o que ela é. A ciência idealista tem o potencial de restaurar a consciência à criatura fragmentada, semelhante a Guernica, que obceca a todos nós. A fragmentação do *self*, porém, tem origem não só na visão de mundo incompleta do realismo materialista, mas também na natureza da identidade com o ego. Se nós, em nosso ego separado, fragmentado, quisermos ser inteiros novamente, teremos não só de compreender intelectualmente a situação, mas também mergulhar em nossos espaços interiores a fim de vivenciar o todo.

No mais célebre dos mitos bíblicos, Adão e Eva vivem uma vida encantada na plenitude do Jardim do Éden. Após comerem da fruta do conhecimento, são expulsos daquele local de encantamento. O significado do mito é claro: o preço da experiência do mundo é a perda do encanto e da plenitude.

De que modo podemos reentrar naquele estado encantado de plenitude? Falo não de uma volta à infância ou a alguma Idade de Ouro, nem me referindo à salvação na vida eterna após a morte. Não, a questão é, de que modo podemos transcender o nível do ego, o nível do ser fragmentado? De que modo podemos conquistar liberdade, mas, ao mesmo tempo, viver no mundo da experiência?

Em resposta a esta pergunta, discutiremos nesta seção, no contexto da ciência idealista, o que é convencionalmente denominado jornada espiritual. Tradicionalmente, jornadas espirituais foram prescritas por líderes religiosos profissionais — padres, rabinos, gurus e outros. Conforme veremos, o cientista quântico pode contribuir com algumas sugestões relevantes. Sugiro que, no futuro, ciência e religião cumpram funções complementares — a ciência realizando o trabalho preliminar em forma objetiva do que precisará ser feito para recuperar o encantamento, e que a religião oriente a pessoa através do processo de fazê-lo.

capítulo 15

guerra e paz

Na novela *Way Station*, de Clifford Simak, galardoada com o Prêmio Hugo de Ficção Científica, o conselho governante de nossa galáxia preocupa-se, em dúvida se os terrestres jamais esquecerão seus costumes belicosos e se tornarão civilizados, aprendendo a resolver conflitos sem violência. No romance, um objeto místico, um talismã, efetua finalmente a transformação necessária para que os terrestres ingressem na galáxia civilizada.

A guerra é tão antiga quanto a sociedade humana. Nosso condicionamento, tanto biológico quanto ambiental, é de tal ordem que conflitos surgem naturalmente. Durante milhares de anos, usamos de violência para resolvê-los, ainda que por pouco tempo. Atualmente, com o poder destrutivo das armas atômicas, guerras tornaram-se cada vez mais perigosas para o nosso futuro na Terra — não só para a nossa vida mas para o ambiente global. O que poderemos fazer para reduzir esses riscos? Que talismã místico poderá transformar nossas nações belicosas em uma rede de comunidades cooperativas, comprometidas com a solução de conflitos através de meios pacíficos e globalmente sensíveis?

Os atuais paradigmas sociais relativos à paz são basicamente reativos, no sentido de que tratam de situações particulares nas quais o conflito surgiu ou é iminente. As preocupações principais, portanto, são segurança nacional, controle de armamentos e solução de conflitos localizados. Todas elas são reativas, medidas tomadas de acordo com a situação para preservar a paz. Durante milhares de anos tentamos, dessa maneira, assegurar a paz, e o método jamais funcionou.

O método de agir segundo a situação para promover a paz é prisioneiro das visões de mundo materialista e dualista que há muito tempo dominam a maneira como nos vemos. Atualmente, com a imagem que temos de nós cada vez mais orientada pelo realismo científico, essa visão tornou-se uma visão de túnel. A sociobiologia (a versão contemporânea do darwinismo social) descreve-nos como máquinas de genes egoístas — entidades separadas que competem entre si pela sobrevivência.[1] Nessa opinião, nosso destino e comportamento são controlados pelas leis deterministas da física e da genética e pelo condicionamento ambiental. A sociobiologia é um amálgama inerentemente cínico de ideias extraídas da física clássica, da teoria da evolução darwiniana, da biologia molecular e da psicologia behaviorista.

A visão sociobiológica da humanidade é, no sentido fundamental, antitética à paz. A paz como fraternidade e irmandade universal entre povos, paz como cooperação nascida do coração, paz como altruísmo e compaixão por outros seres humanos, sem considerações de raça, cor ou credo religioso, não tem lugar na sociobiologia. Nessa visão, o melhor que podemos esperar é uma ética, pragmática e legalista, de contenção da violência e tréguas temporárias em nossas agendas competitivas e conflitantes de vencedor/sobrevivência.

No paradigma idealista proposto neste livro, começamos não com perguntas como: por que há tanto conflito no mundo? Por que os povos do Oriente Médio não podem viver em paz? Por que hinduístas e muçulmanos lutam sem cessar por uma posição de superioridade? Por que as nações ocidentais vendem armas letais aos países em desenvolvimento? Em vez disso, perguntamos: o que cria o movimento da consciência que gera todos esses conflitos mundiais? Há movimentos compensadores na consciência? Em outras palavras, procuramos um tratamento proativo, fundamental, a paz que inclua todas as peças do todo. Individualmente, começamos a assumir responsabilidade por esses movimentos mais amplos da consciência. Nós somos o mundo e, portanto, começamos a assumir responsabilidade por ele. O primeiro passo para aceitar essa responsabilidade consiste em compreender, intelectualmente no começo, como se situam, em relação a nós, as outras pessoas, como indivíduos. Neste particular, grandes movimentos liberadores na consciência estão, de fato, começando a compensar (pelo menos parcialmente) os antigos e infrutíferos movimentos que levam à violência.

Unidade na diversidade

As ideias expostas neste livro sugerem uma unidade endógena da consciência humana que se estende além da diversidade de formas individualmente evoluídas. A convicção reinante em numerosas disciplinas parece ser a de que a violência é inerente ao homem e, por conseguinte, inevitável. Se a nova visão for correta, contudo, então nossa separatividade — a grande causa do egoísmo e da insensibilidade que levam à violência — é uma ilusão. Transcendendo essa ilusão, a separatividade que existe apenas na aparência, há a realidade unitiva da inseparabilidade.

A fim de lidar com a implicação do experimento de Aspect, que prova, além de qualquer dúvida, nossa inseparabilidade, o cientista pragmático utiliza o instrumentalismo — a ideia de que a ciência trata não da realidade, mas que é apenas um instrumento para orientar a tecnologia. O instrumentalismo, porém, é intolerável. Ele me lembra o estudante que durante um experimento com rãs e condicionamento ensinou o bichinho a saltar a uma ordem sua. "Rã, salte." Em seguida, cortou uma das pernas da rã e deu a ordem: "Rã, salte!" A rã saltou e ele anotou, com satisfação, no diário do laboratório: "O condicionamento persiste mesmo quando amputamos uma perna". Repetiu o experimento, amputando duas pernas e, em seguida, três, e em ambas as ocasiões a rã saltou, seguindo a ordem. Finalmente, ele cortou a quarta perna e deu a ordem: "Rã, salte!" Desta vez, a rã não saltou. Após pensar um momento, o estudante escreveu: "Após perder as quatro pernas, a rã perde o sentido da audição".

A ideia de uma unidade subjacente *per se* não é nova e constitui a mensagem básica da maioria das religiões mundiais. Os ensinamentos religiosos, no entanto, na medida em que enfatizam salvação pessoal de algum tipo como objetivo da autodescoberta, tende a negar o mundo. Em contraste, quando a filosofia do idealismo monista é revista, do ponto de vista da nova atitude científica que vem sendo descrita neste livro, obtemos uma perspectiva que inclui a unidade no mundo da diversidade. A nova visão de mundo confirma a existência do mundo, ao mesmo tempo que acena com a possibilidade de um mundo mais maduro.

A visão de mundo do idealismo monista e da ciência idealista deixa claro que todas as formas manifestas representam, juntas, apenas uma das muitas possibilidades da onda unitiva que se situa por trás da forma (das partículas). A ideia de que a unidade transcende a forma implica também que todas as diversidades permitidas têm valor relativo, mas não inerente. (Esta conclusão é semelhante à ideia budista de que nada no mundo tem natureza própria inerente.)

Quando olhamos desta maneira para o mundo manifesto, especialmente para o mundo dos seres humanos, podemos facilmente perceber a sabedoria de respeitar e valorizar a diversidade das manifestações humanas — uma maneira de ver os grupos culturais que numerosos antropólogos vêm preferindo atualmente.[2] A diversidade de culturas revela possibilidades humanas de uma maneira que viver apenas dentro do condicionamento de qualquer cultura específica jamais poderia revelar. Cada cultura reflete uma única imagem, embora não uma imagem completa, do Uno. Olhando para as imagens em espelhos diferentes, poderemos compreender melhor o significado do ser humano e a maravilha que ele é.

A tendência mais moderna da antropologia cultural, destarte, é abandonar o tipo de pensamento de uma única linguagem, que sustenta que uma única expressão, uma única cultura, uma única interpretação, devem ser a meta da civilização humana (e da antropologia). A direção que ora surge é para uma expansão politemática que reconheça o valor da diversidade para demonstrar as dimensões múltiplas da consciência.[3] Este movimento, de rejeição de uma única linguagem para temas multíplices, está preparando um caminho fácil que se distancia do paradigma competitivo da guerra do realismo materialista e se aproxima do paradigma cooperativo da paz que a ciência idealista promete. Importante também para desenvolver um paradigma efetivo para a paz é o movimento de abandono das hierarquias lineares.

Da hierarquia simples para a entrelaçada

Se pudéssemos isolar um único conceito histórico que tenha impulsionado o ser humano e a sociedade para tanta violência e guerra, ele seria o de hierarquia. Passando a raça humana dos estágios de caça e coleta de alimentos para a agricultura, numerosas hierarquias — monarquia, hierarquia religiosa, patriarcado etc. — proliferaram e começaram a dominar a cultura humana.

Neste século, contudo, numerosas mudanças sociais implicaram a intuição de que hierarquias não são essenciais, nem indispensáveis e muito menos universais, e que, na melhor das hipóteses, têm apenas uso restrito. Em particular, vimos hierarquias artificiais baseadas em raça e sexo desmoronando em todo o mundo.[4]

Analogamente, é cada vez maior a aceitação da ideia de que a queda do comunismo na Europa Oriental e na União Soviética, que caracterizaram a década de 1990, refletiram não o sistema que ganhou a corrida armamentista, mas o melhor — a democracia ou a ditadura hierárquica rígida do partido único.

Desconfio que essas revoltas sociais contra hierarquias estiveram e estão intimamente ligadas à rebelião da ciência moderna contra a visão de mundo materialista. O que a nova ciência idealista tem a dizer sobre hierarquias? Não raro, o que consideramos como uma hierarquia simples assim parece porque desconhecemos o quadro total. Quando o vemos, como no caso da cadeia de Von Neumann, descobrimos que a hierarquia em causa é entrelaçada.

Ao discutir o importante elemento da surpresa no novo modelo do *self* baseado na teoria quântica (ver Capítulo 12), atribuímos a origem da divisão da realidade (sujeito/observador e objeto/mundo) ao conceito de uma hierarquia entrelaçada de sistemas interatuantes. Essa divisão funcional, contudo, não explica inteiramente nosso senso de separatividade, porquanto a unidade do observador e a diversidade do mundo são aspectos complementares da realidade.

Nossa separatividade aparente resulta da camuflagem denominada hierarquia simples, que oculta o verdadeiro mecanismo de nossa auto-referência, que é uma hierarquia entrelaçada. Uma vez que surja essa separatividade e obscureça a unidade, porém, ela define nossa perspectiva — perpetuando-se dessa maneira. Tornamo-nos solipsísticos, um conjunto de universos insulares, com pouca ou nenhuma percepção-consciente de nossa base comum, e definimos o mundo em termos de nossos *selves* individuais, separados: nossa família, nossa cultura, nosso país. Vocês se lembram de como os programas de televisão e os filmes de Hollywood na década de 1980 eram estreitamente divididos em termos de valores pessoais solipsísticos e refletiam o reino da geração do "eu, primeiro"?

Assim, neste país e no mundo, vimos que movimentos de consciência voltados para a liberação das mulheres e a igualdade racial criaram uma hierarquia entrelaçada e unidade na diversidade. Observamos também um movimento contrário da consciência para a hierarquia simples da geração "eu, primeiro". Este tem sido o padrão através de toda a história. Somos iguais ao macaco no pau-de-sebo: subimos 2 metros e escorregamos 1,999 metro.

Movimentos de repúdio à geração do "eu, primeiro" estão hoje em andamento. Surgiu uma ciência idealista, e isso também é um movimento da consciência. Até agora na história humana, esses movimentos da consciência foram, na maior parte, oscilações inconscientes entre polaridades opostas e incorretamente compreendidas. A ciência idealista abraça ambas as tendências — a solipsística da hierarquia simples e a da hierarquia entrelaçada que nos dá unidade na diversidade — e, ao assim agir, liberta-nos para agir, cada um de nós individualmente, em novas e criativas maneiras.

De onde começo?

O *Bhagavad Gita* é um dos maiores tratados idealistas de todos os tempos. O texto explora da maneira mais maravilhosa e abrangente possível os caminhos espirituais que o indivíduo pode tomar para o autodesenvolvimento além do ego. Surpreendentemente, o livro inicia-se com uma batalha, na qual facções opostas se enfrentam, preparadas para a guerra. Arjuna, o líder da facção que se esforça para restabelecer a justiça, sente-se desanimado com a perspectiva de matar tantas pessoas — incluindo numerosos parentes e amigos, que ama e estima. Ele não quer lutar. Krishna, o mestre, estimula-o a lutar.

Que tipo de livro espiritualista promove a guerra e não a paz?, perguntam numerosas pessoas. A resposta encerra numerosos níveis de revelação.

Em um nível, a guerra no *Bhagavad Gita* não é, em absoluto, uma guerra externa, mas uma batalha íntima. O conflito lavra no coração de todos os aspirantes espirituais, é básico a todos os que estão comprometidos com um pleno desenvolvimento adulto. A provação de Arjuna é ter de matar sua própria gente. Não é este o caso de indivíduos que almejam realizar seu potencial humano? O indivíduo tem de deixar para trás a identidade do ego para continuar seu caminho, mas enfrenta um grande volume de inércia, que obstrui esse próprio movimento.

Em um nível mais profundo, Arjuna tem um conflito com seu próprio sistema de valores — seu estilo de vida. Ele é um guerreiro, lutar é seu dever. Ainda assim, ele conhece também o valor do amor, do respeito e da lealdade a pessoas para quem e com quem aprendeu o jogo da vida. Como poderá ele matar em batalha exatamente essas pessoas? A situação é o que Thomas Kuhn descreveria como cheia de anomalias. O velho paradigma está demonstrando sinais de fracasso e tem de ceder lugar ao novo. E, assim, Krishna desafia Arjuna: "Mude seu paradigma; você tem de chegar criativamente a uma nova compreensão, de modo que possa lutar sem o conflito que o paralisa".

Não será esse o caso quando nos entrincheiramos em um sistema de valores do nível do ego, que tantas vezes nos fazem exigências conflitantes? De que maneira enfrentar crises geradas por anomalias, por valores conflitantes? Temos de compreender que a crise é simultaneamente perigo e oportunidade — oportunidade para uma transformação interior criativa.

Em outro nível, suponhamos que haja uma guerra de verdade e que estejamos nela lutando. O *Bhagavad Gita* nos dá instruções sobre como combater uma guerra dentro de nosso *dharma*, isto é, o que entendemos por justiça pessoal, moral e social. O importante aqui é que há guerras e que delas participamos. Muitos de nós fomos assaltados pelas dúvidas e confusões que explodem nas guerras à nossa volta. Lembrem-se, nós somos o mundo. O pacifismo autêntico está em risco até que todo o movimento da consciência seja dirigido para a paz. De modo que fazemos o melhor que podemos para servir nos papéis apropriados quando há uma guerra de verdade.

Recorrendo à sabedoria do *Bhagavad Gita*, interpretado para os tempos modernos, divulgaremos um manifesto individual de investigação espiritual em prol da paz — pessoal e global. A paz, descobriremos, começa com o reconhecimento de que há um conflito, tanto externo quanto interno. Jamais teremos paz se evitarmos ou negarmos que assim é. Jamais encontraremos o amor se reprimirmos o fato do ódio.

Analogamente, a busca da alegria começa com o reconhecimento de que há tristeza. (As religiões começam com esse reconhecimento e oferecem maneiras de chegar à felicidade pura que denominamos alegria.) Nossa busca de sabedoria criativa inicia-se com a compreensão de que, a despeito de todo nosso conhecimento acumulado, não sabemos como resolver a questão particular que estamos investigando, e assim por diante. O Capítulo 1 do *Bhagavad Gita* é o início do conhecimento de nossas tendências no nível do ego, que têm origem em condicionamento prévio. Analogamente, temos de reconhecer a tendência para o solipsismo nos níveis pessoal e social. Em seguida, alguma coisa pode ser feita.

Alguém poderia protestar: mas isso não é apenas mais um apelo para mudarmos a nós mesmos e mudar o mundo? Místicos e religiões pregaram essa ideia através dos tempos, mas, ainda assim, seus ensinamentos em nada eliminaram a violência. Há várias respostas a esta questão. Daremos à primeira a forma de pergunta: você já pensou como seria o mundo se um grande número de pessoas, através dos tempos, não tivesse tomado o caminho da transformação? Outra resposta seria: acho que o apelo dos místicos no passado foi ouvido por tão poucos principalmente porque a comunicação era fragmentada demais. Há sempre bárbaros (estrangeiros) abalando culturas, antes que possam aprender com elas as vantagens da paz por meio da transformação individual. Mas, no mundo de hoje, não há mais esse tal de "estrangeiro". A tecnologia da comunicação reuniu-nos em uma rede global de comunicações.

Mais importante ainda: esta é a primeira vez na história que podemos abordar o crescimento pessoal interior não apenas em obediência à autoridade religiosa ou porque estamos fugindo do sofrimento, mas porque um volume coerente e crescente de conhecimentos e dados dão respaldo a tal direção do crescimento. Na nova ciência, que infunde em nós uma nova visão de mundo, recorremos à ciência e à religião e pedimos aos praticantes de ambas que se reúnam a nós como co-investigadores e co-promotores de uma nova ordem.

capítulo 16

criatividade exterior e interior

Na nova e integrada psicologia do *self*, os fatores geminados contribuintes para o desenvolvimento humano, natureza e educação, ganham uma importante terceira perna: a criatividade.[1] Em termos psicológicos, natureza refere-se aos instintos inconscientes que nos impulsionam — as pulsões que Freud chamava de libido;[2] *educação* refere-se ao condicionamento ambiental, grande parte do qual é também inconsciente. A criatividade, neste contexto, pode ser interpretada como um impulso com origem no inconsciente coletivo.

Na psicologia idealista oriental do *Bhagavad Gita*, há referência aos três *gunas* (semelhantes às três pulsões acima mencionadas). O impulso do condicionamento passado é chamado de *tamas*, a inércia, ou educação. O impulso da libido recebe o nome de *rajas*, ou natureza. O terceiro é denominado *sattwa*, ou criatividade.

Criatividade é a gestação de algo novo em um contexto inteiramente novo. O caráter de novo do contexto é o elemento fundamental. E é este o problema enfrentado por pessoas que trabalham com a criatividade do computador. Computadores são muito competentes no reembaralhamento de objetos dentro de contextos fornecidos pelo programador, mas não podem descobrir novos contextos. Seres humanos podem fazer isso por causa de nossa consciência não local, que nos permite saltar para fora do sistema. Além disso, temos acesso ao vasto conteúdo arquetípico dos estados quânticos da mente (os estados mentais puros), que se estendem muito além das experiências locais no tempo de vida de um indivíduo. A criatividade é, fundamentalmente, um modo não local de cognição.

A descoberta simultânea da mesma ideia científica por indivíduos não conectados localmente, em diferentes tempos e lugares, fornece prova impressionante da não localidade dos atos criativos.[3] Este fenômeno, note-se, não se restringe ao reino da ciência. Semelhanças no trabalho criativo de artistas, poetas e músicos que vivem em diferentes épocas e lugares são tão notáveis que sugerem também correlação não local. Dessa maneira, pelo menos a prova circunstancial demonstra que a criatividade envolve cognição não local — uma terceira maneira de saber, em acréscimo à percepção e à concepção.

O encontro criativo

Reconhece-se de modo geral que há pelo menos três estágios distintos no processo criativo.[4] O primeiro é o estágio de preparação, de coleta de informações. O segundo é o grande estágio do processo criativo — a germinação e comunicação da ideia criativa. O terceiro e final estágio é o da manifestação, no qual uma forma é dada à ideia criativa. Duvido, no entanto, que a criatividade seja consequência de progredir de forma ordenada através desses três estágios diferentes.

Em vez disso, sugiro que o ato criativo é o fruto do encontro do *self* clássico e das modalidades quânticas. Há estágios, mas todos eles são encontros hierárquicos entrelaçados dessas duas modalidades. A hierarquia é entrelaçada porque a modalidade quântica permanece pré-consciente em nós. A consciência unitiva é o nível inviolado, de onde flui toda ação criativa. A criatividade é uma hierarquia entrelaçada porque há uma descontinuidade manifesta, mesmo do ponto de vista da modalidade clássica.

A modalidade clássica do *self*, tal como o computador clássico, lida com informações, ao passo que a modalidade quântica trata de comunicação. O primeiro estágio do jogo da criatividade, portanto, é o jogo entrelaçado de informações (desenvolvimento de perícia) e comunicação (desenvolvimento de abertura). É entrelaçado porque não podemos saber quando termina a informação e começa a comunicação — há uma descontinuidade. Neste caso, o ego atua como assistente de pesquisa da modalidade quântica — e é preciso um ego forte para aguentar a desestruturação do velho, que abre espaço para o novo.

No segundo estágio, o da iluminação criativa, o encontro ocorre entre a transpiração da modalidade clássica e a inspiração da modalidade quântica. Para obter um *insight* desse encontro, especulemos um pouco sobre os detalhes do mecanismo quântico — os detalhes do salto quântico em um *insight* criativo. Quando o estado quântico do cérebro se desenvolve como um conjunto de potencialidades, em resposta a uma situação de confrontação criativa, o conjunto inclui não só estados condicionados, mas também estados de possibilidades, novos e nunca antes manifestados. Claro, os estados condicionados de nossas próprias memórias pessoais, aprendidas, são fortemente condicionados no conjunto de probabilidade, e são pequenos os pesos estatísticos dos estados novos e ainda não condicionados. O problema do segundo estágio da criatividade, portanto, é o seguinte: como superar as esmagadoras possibilidades desfavoráveis que favoreçem a astúcia da velha memória, de preferência à arte autêntica do novo nesse jogo de azar?

A solução desse dilema não é absolutamente difícil. Existem cinco possibilidades, não exclusivas. Em primeiro lugar, podemos minimizar o condicionamento da mente, mantendo conscientemente uma mente aberta, para reduzir a probabilidade de respostas (inconscientes) condicionadas. (Esta reação é também recomendada para o primeiro estágio da criatividade.)

Em segundo, podemos aumentar as probabilidades de que uma ideia criativa de baixa possibilidade se manifeste, se formos persistentes. Isso é importante porque a persistência aumenta o número de colapsos do estado quântico da mente relativo à mesma questão — elevando dessa maneira a probabilidade de conseguirmos uma nova resposta.

Em terceiro, uma vez que a probabilidade de aparecimento de um novo componente na superposição coerente da mente é melhor com um estímulo não aprendido (um estímulo a que não fomos submetidos antes), a criatividade é aumentada, se encontramos um estímulo não aprendido. Ler a respeito de uma nova ideia, por exemplo, pode desencadear uma mudança de contextos em nosso próprio pensamento sobre um assunto não relacionado. Estímulos não aprendidos que parecem ambíguos — como na pintura surrealista — são especialmente úteis para nos abrir a mente para novos contextos.

Em quarto, uma vez que a observação consciente produz colapsos da superposição coerente, há certa vantagem no processamento inconsciente. Neste caso, superposições coerentes que não sofreram colapso podem agir sobre outra que estão nas mesmas condições, criando, assim, muito mais possibilidades, entre as quais escolher no colapso eventual.

E, quinto, uma vez que a não localidade é um componente essencial da modalidade quântica, podemos aumentar a probabilidade de um ato criativo trabalhando e conversando com outras pessoas — como numa sessão livre de geração de ideias. A comunicação estende-se além das interações locais e as bases localmente aprendidas das pessoas envolvidas e é alta a probabilidade de que o todo seja maior do que a soma das partes.

Dessa maneira, embora a modalidade quântica desempenhe o papel essencial de nos permitir dar o salto para fora do sistema, necessário para a descoberta de um contexto realmente novo (a inspiração), a modalidade clássica executa uma função igualmente essencial: assegura a persistência da vontade (a transpiração). A importância da persistência foi frisada por G. Spencer Brown, em palavras que evocam o aspecto inexorável daquilo que é ter em mente uma questão candente: "Chegar à mais simples das verdades, como sabia e praticava Newton, requer anos de contemplação. Nenhuma atividade. Nenhum raciocínio. Nenhum cálculo. Nenhum comportamento agitado de qualquer natureza. Nenhuma leitura. Nenhuma conversa. Manter simplesmente em mente aquilo que se precisa saber".[5]

O ego criativo do indivíduo necessita de vontade forte para ser persistente e também ser capaz de conviver com a ansiedade associada à ignorância — com o salto quântico para o novo. A contribuição do ego clássico é justamente reconhecida no ditado: "O gênio é 2% de inspiração e 98% de transpiração".

O terceiro e último estágio do processo criativo, a manifestação da ideia criativa, é o encontro da ideia e da forma. À modalidade clássica cabe a responsabilidade primária de fornecer forma à ideia criativa gerada no estágio 2. Ela tem de classificar e organizar os elementos da ideia e verificar se ela funciona, mas há um processo interativo muito ativo entre ideia e forma. Esse processo ocorre em uma hierarquia entrelaçada.

A criatividade, portanto, é o encontro hierárquico entrelaçado entre as modalidades clássica e quântica do *self*: informação e comunicação, transpiração e inspiração. O ego tem de agir — mas sob orientação de um aspecto do *self* que não conhece. Em especial, ele tem de resistir ao desejo de reduzir o processo criativo a uma hierarquia simples de programas aprendidos. Essa redução na causa da eficiência é uma tendência natural, mas infeliz, do ego. Os versos seguintes de Rabindranath Tagore sumariam todos esses aspectos do encontro criativo:

> A melodia procura agrilhoar-se no ritmo,
> Enquanto o ritmo flui de volta para a melodia.
> A ideia procura seu corpo na forma,
> E a forma sua liberdade na ideia.
> O infinito procura o toque do finito,
> E o finito a sua libertação no infinito.
> Que drama é esse entre criação e destruição —
> Essa oscilação infindável entre ideia e forma?
> A servidão luta para obter a liberdade,
> E a liberdade procura repouso na servidão.[6]

A experiência criativa ahá

Conta-se que Arquimedes, quando descobriu o princípio da flutuabilidade quando estava no banho, esqueceu que estava nu e saiu correndo para a rua, gritando jubiloso: "Eureka, eureka" (Achei, achei). Este é um exemplo famoso da experiência ahá. Como ela pode ser explicada?

O modelo de criatividade como encontro entre os *selves* clássico e quântico fornece uma explicação sucinta da experiência. Lembre-se da defasagem temporal entre as experiências primária e secundária. Nossa preocupação com os processos secundários, indicada pela defasagem temporal, torna difícil para nós tomar ciência de nosso *self* quântico e experimentar o nível quântico da operação. A experiência criativa é uma das poucas ocasiões em que experienciamos diretamente a modalidade quântica, com pouca ou nenhuma defasagem temporal, e é este encontro que produz o deleite, o ahá.

A experiência do ahá corre tipicamente no estágio 2 do encontro criativo. Não é o fim, o produto de um ato criativo. O estágio 3 constitui uma parte muito importante do processo e consiste em dar forma manifesta à ideia criativa que germina na experiência do ahá.

Parece, portanto, que Arquimedes teve uma boa dose da experiência do processo primário que causou seu êxtase. Já falei do trabalho de Abraham Maslow sobre experiências de pico. As experiências que ele descreve dessa maneira podem ser também reconhecidas como experiências criativas ah-ha, com exceção do fato de que seus sujeitos não estavam descobrindo as leis da física. Em vez disso, eram exemplos de criatividade interior — o ato criativo de autorrealização.[7]

Criatividade exterior e interior

Compreender a criatividade como uma expressão comum do *self* quântico pode estimular todas as pessoas a se empenharem nela. Neste contexto, importa distinguir entre criatividade exterior e interior. A primeira envolve descobertas externas ao indivíduo: o produto da criatividade exterior destina-se à sociedade em geral. Em contraste, a criatividade interior é dirigida para dentro. Neste caso, o produto é a transformação pessoal no próprio contexto de vida do indivíduo — um nós cada vez mais novo.

Na criatividade exterior, o produto que criamos concorre com as estruturas existentes da sociedade. Dessa maneira, precisamos de talento bruto, ou dom, e conhecimento (incluindo condicionamento prévio) das estruturas existentes, além de uma abordagem criativa do problema a ser resolvido. Essa combinação talvez ocorra em um número relativamente pequeno de indivíduos, embora essa escassez não tenha de ser o caso.

A criatividade interior não precisa de talento nem de perícia. Tudo que requer é uma curiosidade profunda de um tipo imediato, pessoal (Qual é o significado de minha própria vida?). Tudo que necessita é reconhecer que, com o desenvolvimento do ego, há

uma tendência para negligenciar nosso potencial criativo — sobre-
tudo na questão de autodesenvolvimento posterior — e para dizer,
na verdade, "eu sou quem sou, não vou nunca mudar". Tudo que
a criatividade interior precisa é compreender que a vida no nível
do ego, por mais bem-sucedida que seja, contém inquietação e
carece de alegria.

Criatividade interior

O universo é criativo. Você e eu, em nossa criatividade, somos
a prova viva disso. No determinismo, a máquina-mundo permite-
nos evoluir apenas à sua imagem, como máquinas mentais. Mas
não há, realmente, nenhuma máquina-mundo. No desejo de harmonia, previsão e controle do nosso ambiente, criamos a ideia da
máquina-mundo e projetamos na natureza essa imagem determinista. Um universo estatisticamente harmonioso, temente à lei,
contudo, seria um universo morto. O universo não está morto porque nós não estamos mortos. Temos de fato, contudo, tendência
para uma estase semelhante à morte: e essa tendência é o ego.

Conta-se que Zaratustra, o místico persa, riu quando nasceu.
Tal como muitos mitos, esse tem uma significação. Significa que a
consciência, logo que se torna manifesta, enfrenta um dilema — ri-
sível em sua incapacidade de escapar do condicionamento. Só um
bebê pode rir do condicionamento. Quando o bebê chegar à idade
adulta, ele estará condicionado — como todo mundo mais — pela
sociedade e pela cultura, pela civilização. Vendo um filme de Woody
Allen, podemos muito bem concluir que a neurose é o preço que
pagamos pela civilização, pelo condicionamento societário. E a
mensagem de Woody Allen é "certíssima". São grandes as probabilidades de que a criança crescida seja neuroticamente incapaz
de rir de sua existência condicionada.

Mesmo assim, de vez em quando, nossa natureza criativa irrompe por meio do condicionamento. Alguns entre nós têm *insights*
criativos. Outros irradiam vida na pista de dança. Outros ainda
encontram o êxtase criativo em contextos totalmente inesperados.
Esses contextos são lembretes. Quando a criatividade explode
através do ego, obtemos oportunidade de lembrarmo-nos de que
há alguma coisa além do *self* condicionado. Podemos então nos

perguntar o que fazer para descobrir o que está além. De que modo podemos descobrir uma conexão direta com a fonte do significado, que confirma a vida?

Não raro, ficamos inteiramente fascinados conosco mesmos e com as manipulações a que nos entregamos. Frequentemente, esse fascínio intensifica-se na adolescência. Ficamos extasiados com nossas qualidades criativas e as usamos para manipular o mundo. Esse fascínio por nós mesmos continua por muito tempo para alguns de nós. No caso de algumas pessoas, jamais termina. Esse fascínio, além disso, é frequentemente produtivo e foi responsável por numerosas maravilhas de nossa civilização.

Coisa alguma, no entanto, é permanente neste mundo. Embora eu possa ter estado ontem no maior pique, hoje uma mordida do demônio tricéfalo das aflições universais pode ter me enchido de aborrecimento. As três cabeças do demônio são: tédio, dúvida (conflito) e dor.

O que fazemos quando o sofrimento se apossa de nós no curso da vida diária? Se continuamos fascinados por nós mesmos, cultivamos fugas. Em uma fuga às vezes obsessiva do tédio, buscamos a novidade — uma nova companhia ou um novo videogame — como um escudo contra aquele demônio particular. Para evitar a dor do desconforto, vamos atrás do prazer: alimento, sexo, drogas, tudo isso. E nos ancoramos em sistemas fechados de crença, como um seguro para prevenir a dúvida. Coitados de nós, todos esses esforços representam apenas mais condicionamento.

Tentar solucionar os problemas do vazio interior e da dúvida com plenitude externa ou rigidez interna é um método clássico, materialista. Se pudermos mudar o mundo (e os outros, como parte deste mundo), não teremos de mudar a nós mesmos. Ainda assim, uma vez que a realidade não é estática, nós mudamos: tornamo-nos cínicos ou escorregamos para uma desesperança embotadora da mente. Flutuamos entre picos e fossas, vales e montanhas, e a vida se torna uma viagem numa montanha-russa, um melodrama barato, uma novela de televisão.

Até mesmo nossa maravilhosa civilização, da qual justificavelmente nos orgulhamos, ameaça-nos pra valer. A criatividade de nossos concidadãos, que nos fornecem os brinquedos do entretenimento para evitar a aflição, entrega também brinquedos destrutivos que prometem e produzem inquestionável sofrimento. Tudo isso nos leva a perguntar se é possível ser sabiamente criativo. Poderemos usar a criatividade para obter sabedoria? Poderemos expressar criatividade de maneiras construtivas?

Há uma história sobre Gautama Buda: em Bihar, na Índia, onde o Buda morava, vivia um homem muito violento. Esse homem, de nome Angulimala, havia jurado matar mil pessoas. Como recordação e contagem das vítimas, ele cortava o dedo indicador de cada uma delas e fazia um colar para usar no pescoço (daí o seu nome, Angulimala, que traduzido literalmente significa "guirlanda de dedos"). Bem, após ter liquidado 999 pessoas, ele entrou em uma má fase (bem conhecida nos círculos esportivos — o problema de fazer aquela jogada no beisebol que quebra recordes ou ganhar a semifinal em um torneio de tênis). Ninguém se aproximava dele o suficiente para que pudesse transformá-lo em sua milésima vítima. Mas o Buda veio. Ignorando todos os avisos e súplicas, Buda aproximou-se de Angulimala. Até o próprio carniceiro ficou surpreso ao vê-lo chegar voluntariamente. Que tipo de homem era aquele?

— Bem, eu lhe concedo um desejo, por causa de sua bravura — disse magnânimo Angulimala.

Buda lhe pediu que cortasse o galho de uma árvore próxima. Whack, e a coisa foi feita.

— Por que desperdiçou seu desejo?

— O senhor me concederá um segundo pedido, o pedido de um moribundo? — perguntou humildemente o Buda.

— Tudo bem. O que é?

— Você devolveria aquele galho caído à árvore? — perguntou o Buda, com perfeita serenidade.

— Eu não posso fazer isso! — retrucou espantado Angulimala.

— De que modo pode você destruir alguma coisa, sem saber como criar? Como restaurar? Como religar? — perguntou o Buda.

Conta-se que esse encontro comoveu de tal modo Angulimala que ele obteve a iluminação.

A pergunta feita pelo Buda há 2.500 anos permanece relevante hoje. Suponhamos que façamos a mesma pergunta a cientistas que usam sua criatividade para inventar armas de destruição em massa. Como é que você acha que eles responderiam?

A criatividade desorientada é uma arma de dois gumes. Pode ser usada para realçar o ego às expensas da civilização. Temos de aplicar criatividade com sabedoria, o que leva a uma transformação do ser, de modo a podermos amar incondicionalmente ou agir altruisticamente. Mas como adquirir sabedoria?

Nenhuma especificação concreta pode descrever o que traz sabedoria ou o que, exatamente, nos torna sábios. Uma história zen explora esse ponto da seguinte maneira: um monge pede a um mestre que lhe explique a realidade que está além da realidade. O mestre apanha uma maçã podre, entrega-a ao monge, e o monge obtém a iluminação. O significado é o seguinte: uma maçã celestial de sabedoria é perfeição. As maçãs terrenas de conhecimento, com as quais compreendemos a ideia da transcendência, são maçãs podres, apenas alegorias e metáforas confusas. Não obstante, isso é tudo que temos, e terá de servir para nos pôr no caminho.

Se formos capazes de lidar com a incerteza de estarmos além do ego, estaremos prontos para a criatividade interior. Os métodos para chegar a ela incluem técnicas como meditação, que pode ser definida como uma tentativa repetida de obter uma auto-identidade além do ego. Outras técnicas de criatividade interior, como os koans zen, usam explicitamente paradoxos. Em outras técnicas, os paradoxos são mais sutis.

Um desses paradoxos é o seguinte: usamos o ego para transcender o ego. De que modo isso é possível? Durante eras, numerosos místicos maravilharam-se com esse paradoxo da criatividade interior, mas, na verdade, ele se dissolve quando visto da perspectiva da nova psicologia do *self* (capítulos 12 e 13). Nosso *self* não é o ego. O ego é apenas uma identidade operacional, temporária, do *self*. Ao tentar inclinar mais fortemente nosso ser para a modalidade quântica, reconhecemos que não podemos forçar saltos quânticos usando qualquer manobra condicionada. Por isso, atacamos sistematicamente o condicionamento. Não podemos ganhar mais acesso à modalidade quântica enquanto constantemente alimentamos o demônio da aflição, que é agente do ego. Em vista disso, renunciamos à parte de nossa busca do prazer, nosso apego à excitação, nossas tentativas frenéticas para evitar o tédio, a dúvida e a dor. Abandonamos sistemas de crenças limitadores, escapistas, como o materialismo. O que é que acontece? Estamos prontos para descobrir?

Ou, dizendo a mesma coisa com palavras diferentes: mudanças ocorrem continuamente em nossa psique, à medida que acumulamos experiências, mas, de modo geral, são mudanças de baixo nível. Elas não nos transformam. O que fazemos na criatividade interior é dirigir especificamente a força da criatividade à identidade do *self*. Normalmente a criatividade é dirigida para mudar o mundo externo, ao passo que, quando transformamos criativamente nossa identidade, isto é chamado de criatividade interior.

Na criatividade exterior, saltos quânticos permitem-nos observar um problema externo em um novo contexto. Na criatividade interior, o salto quântico permite-nos romper com padrões consolidados de comportamento, que juntos constituem o que é conhecido como caráter, e que evoluiu através do crescimento até a vida adulta. No caso de alguns, esse processo implica uma experiência ahá descontínua, ou salto quântico, como no *satori* do zen. Para outros, há o que parece uma reviravolta gradual. Ela sempre implica estar pacientemente perceptivo do que é o caso imediato, de quais barreiras está emergindo do nosso condicionamento passado, que nos impede de viver um novo contexto, que a intuição nos diz que existe.

Lembra-se da caverna de Platão? Ele caracterizou, da maneira seguinte, a provação de seres humanos nessa experiência do universo: estamos numa caverna, amarrados aos nossos respectivos assentos, nossas cabeças imobilizadas de tal modo que permanecemos sempre virados para a parede. O universo é um espetáculo de sombras projetado na parede e nós somos espectadores imaginários. Vemos ilusões que permitimos que nos condicionem. A realidade autêntica está às nossas costas, na luz que cria as sombras jogadas na parede. Mas de que modo podemos ver a luz, quando estamos amarrados de tal modo que não podemos virar a cabeça? O que dizia Platão com essa analogia? E o que dizer de nós, as pessoas na caverna? Nós também lançamos uma sombra sobre a parede, uma sombra com a qual nos identificamos. Como podemos perder essa identidade com o ego?

Um Platão dos dias atuais, Krishnamurti, sugere uma resposta.[8] Precisamos dar uma meia-volta completa, transformarmo-nos, o que exige percepção-consciente completa da natureza do caso, do que nós somos, do que é o nosso condicionamento.

Suponhamos, por exemplo, que temos um problema de ciúme. Toda vez que sua amada conversa com alguém do sexo oposto, você mergulha em fortes dores de dúvidas sobre si mesmo, e raiva. Tentamos mudar nossos sentimentos e comportamentos, mas não podemos fazer isso pelo pensamento ou raciocínio. E é nesse ponto que entra a criatividade interior. As técnicas da criatividade interior foram formuladas para criar um leve hiato entre nós e nossa identificação com o ego. Nesse hiato, temos a capacidade de exercer nosso livre-arbítrio, o direito perfeito de nossa modalidade quântica.

O que, então, devemos fazer para efetivar a transformação? No que interessa à criatividade exterior, desenvolvemos um talento, alguma perícia, ou ambos — mas, ainda assim, a criatividade não é nada dessas coisas. Analogamente, no que interessa à criatividade interior, desenvolvemos e praticamos a percepção-consciente de nosso condicionamento — qual é o problema interno. Na criatividade externa, se somos suficientemente talentosos e desenvolvemos uma certa perícia, se nos mantemos abertos e temos uma pergunta candente, pode acontecer um salto quântico. Analogamente, na criatividade interna, quando percebemos nosso potencial de crescimento interno, mas não temos pretensões a nosso respeito, quando nos sentimos vulneráveis, então podemos mudar. Em ambos os casos, portanto, o fazer é simplesmente o gatilho. A criatividade interior e a exterior implicam descontinuidade e acausalidade.

Como sabemos que fomos transformados? Sabemos quando o contexto de nossa vida muda, do nível de nosso ego pessoal para o nível *buddhi*, da dominação do *self* clássico para um funcionamento mais abrangente das modalidades clássica e quântica. Mas o que significa isso? Nos termos mais simples, significa uma condição de viver com um sentido natural de amor e serviço aos demais — uma renúncia natural à nossa separatividade do *self* quântico. A propósito, disse o rabino Hillel:

> Se eu não sou por mim, quem sou eu?
> Se eu for só por mim, o que sou eu?

Quando ambas as perguntas iniciam nossos atos com igual urgência, ocorre transformação. Ela, contudo, é um processo contínuo, sempre definindo um contexto sempre mais compassivo por nosso ser.

Estágios do desenvolvimento adulto

Entre todas as culturas, a da Índia foi talvez a que realizou pesquisas mais extensas sobre criatividade interior. Uma de suas descobertas, que está sendo ora confirmada pela ciência, é a natureza evolutiva da criatividade interior. Os hindus delinearam quatro períodos de desenvolvimento para os estudiosos da criatividade interior:

1. *Brahmacharya* (que literalmente significa "celibato") — um período de aprendizagem e desenvolvimento do ego, incluindo alguma iniciação na espiritualidade, abrangendo a infância e a jovem vida adulta.
2. *Garhastha* (significando literalmente "viver como chefe de família") — um período de vida, com identidade com o ego, desfrutando os frutos agridoces do mundo.
3. *Banaprastha* (com o significado literal de "morador na floresta") — um período voltado para dentro e cultivo do despertar de *buddhi*.
4. *Sanyas* ("renúncia", literalmente) — um período de desenvolvimento em *buddhi*, culminando em renúncia e transcendência de todas as dualidades, de todos os vários impulsos e, destarte, de libertação.

O paradigma corrente da psicologia reconhece, quaisquer que sejam as escolas, apenas os dois primeiros desses níveis de desenvolvimento. Não obstante, uns poucos pesquisadores — notadamente, Erik Erikson, Carl Rogers e Abraham Maslow — sugeriram um contexto mais amplo para o desenvolvimento do ser humano.[9]

É digna também de nota a ideia de transição na meia-idade, popularizada nas décadas de 1970. Obviamente, essa formulação tocou numerosas pessoas, como está implícito na piada seguinte: um padre, um pastor protestante e um rabino estavam discutindo o ponto em que a vida começa. O padre deu sua resposta-padrão: "A vida começa no momento da concepção". O pastor tinha uma interpretação cavilosa: "Quem sabe se a vida não começa depois de 20 dias, mais ou menos?" Finalmente, o rabino disse: "A vida começa quando os filhos saem de casa e o cachorro morre".

No capítulo seguinte examinaremos, de acordo com a literatura idealista e com os *insights* estudados neste livro, a ideia do despertar de *buddhi*. O estado posterior de amadurecimento em *buddhi* e que leva à liberdade, denominado *moksha* no hinduísmo e *nirvana* no budismo, é altamente esotérico e foge ao escopo deste livro.

capítulo 17

o despertar de *buddhi*

Em um dos *Upanishads* encontramos as seguintes e evocativas linhas:

> Duas aves, unidas sempre e conhecidas pelo mesmo nome, agarram-se à mesma árvore. Uma delas come o doce fruto; a outra olha, sem comer.[1]

Temos, nessas palavras, uma bela metáfora das duas extremidades do espectro do *self*; em uma, temos o ego clássico; na outra, o *atman* quântico. Em nosso ego, comemos o fruto doce (e amargo) do prazer mundano, aparentemente ignorantes de nossa modalidade quântica, que dá significado à nossa existência. Externalizamo-nos em atividades locais e perdemo-nos nas habituais dicotomias mundanas — prazer e dor, sucesso e fracasso, bem e mal. Pouca atenção damos às possibilidades disponíveis em nossa conexão interna não local, exceto, talvez, por uma ocasional sortida na criatividade e no amor conjugal. Quanto mais velhos ficamos, mais nos prendemos aos velhos costumes. De que modo mudar esse *modus operandi* e formular um programa individual para o desenvolvimento adulto?

Por sorte, grande parte dos dados empíricos foi reunida durante milênios e sumariada na literatura espiritual. Antes de entrarmos na discussão dessas estratégias, porém, torna-se necessário compreender a metáfora das duas aves.

São muitos os que pensam na jornada espiritual como análoga à escalada de montanhas e, nos diferentes caminhos espirituais, como trilhas pelas encostas. Nessa maneira de pensar na metáfora observa-se a tendência para pensar hierarquicamente e a supor que, desde que parece que estamos procurando alcançar uma meta (o cume da montanha), quanto mais perto estivermos do topo, melhor estaremos. Mais uma vez, somos colhidos na dicotomia superioridade-inferioridade do nível do ego.

O oposto consiste em dizer, como o místico Krishnamurti, que a Verdade é uma terra sem trilhas. Mas, se não há caminho, pouquíssima orientação pode ser dada. Temos aqui um desperdício imenso da sabedoria obtida com os dados empíricos disponíveis.

A Yudhisthira, um dos heróis do antigo épico indiano, o *Mahabharata*, foi feita, sob ameaça de morte, a seguinte pergunta: o que é religião?

A resposta de Yudhisthira, que lhe salvou a vida, merece ser lembrada: "Os mapas da religião estão ocultos na caverna", disse ele. "O estudo dos costumes dos grandes homens e mulheres revela o caminho."

Vamos, portanto, considerar caminhos como exemplos dos tipos de métodos que foram adotados no passado e ainda hoje são usados para mudar nossa identidade, do nível do ego, através de *buddhi*, para chegar ao *atman*.

De acordo com o *Bhagavad Gita*, há três grandes sendas, todas elas denominadas yoga. *Yoga* é uma palavra sânscrita que significa "união" (etimologicamente, a palavra inglesa *yoke* [jugo, canga] tem a mesma origem). Temos aqui mais um significado das nossas duas aves metafóricas: as aves já estão unidas. O objetivo da yoga é reconhecer a união. O reconhecimento inicia a mudança da identidade.

As três yogas enfatizadas no *Gita* são as seguintes:

1. *Jnana yoga*, o caminho para iluminar o intelecto com a inteligência (*buddhi*). (*Jnana*, palavra sânscrita, significa conhecimento.)
2. *Karma yoga*, o caminho da ação no mundo. (*Karma* é a palavra sânscrita que significa ação.)

3. *Bhakti yoga*, o caminho do amor. (*Bhakti* é a palavra sânscrita para devoção, embora o espírito da palavra aproxime-
se muito de amor.)

Essas três yogas não são absolutamente exclusivas do *Gita* ou
da tradição hinduísta. A jnana yoga é muito popular no zen-budismo. O catolicismo tende a preferir a karma yoga (a capacidade de
efetuar transformação por meio de ações conhecidas como sacra-
mentos) e o protestantismo depende fortemente do caminho do
amor. (O amor da fé é retribuído pelo amor conhecido como graça,
mas ninguém pode alcançar a graça através da ação.)

Jnana yoga significa despertar a inteligência de *buddhi* usando o intelecto, mas o truque consiste em desencadear uma mudança nos contextos habituais em que trabalha o intelecto. O intelecto
é uma caricatura hábil da criatividade; envolve um reembaralhamento raciocinado de contextos conhecidos; é criatividade misturada
com outros impulsos do ego, como o condicionamento e a libido. De
que modo podemos estimular o intelecto para que compreenda uma
nova auto-identidade? Se fizéssemos essa pergunta a um mestre
zen, ele poderia bater palmas e nos pedir que ouvíssemos o som
produzido pelo som de uma única das palmas. O bater de palmas
destina-se a sobressaltar a "ave" do *Upanishad*, perdida em ilusão,
a fazê-la saltar — dar um salto quântico para concretizar sua união.
O paradoxo é uma maneira muito eficaz para sacudir um intelecto
paralisado. O indivíduo que pensa em um paradoxo entra em uma
situação de duplo vínculo e tem de dar um salto para dela escapar.
Essa técnica é comumente usada no zen-budismo.

É muito grande a incompreensão sobre os koans do zen.
Frequentemente, eles parecem sem sentido. Certa vez, em uma
festa, conheci uma pessoa que voltara recentemente do Japão, onde
passara algum tempo em um mosteiro zen. Ela apresentou o koan:
qual é o som de uma única palma da mão batendo palmas? Várias
pessoas que se encontravam na festa ficaram frustradas, tentando
resolver o enigma. Afinal de contas, como podemos bater palmas
com uma única mão? Precisamos das duas mãos para fazer isso,
não? Finalmente, a tal pessoa cedeu e demonstrou a solução que
encontrara. Bateu com a mão em cima de uma mesa. Este era o som
de uma única mão batendo. Todos na festa ficaram deliciados.

É fácil considerar koans, como aconteceu com esse homem, como simples quebra-cabeças a solucionar intelectualmente, e eles podem, na verdade, divertir quando estudados racionalmente, porque se prestam a todos os tipos de possibilidades imaginativas. Essas soluções puramente intelectuais, contudo, não nos ajudam a erguer o véu que o ego representa. A função do koan é muito mais sutil. Se tentássemos a solução do koan acima, batendo na mesa com um mestre zen, ele poderia dizer: eu baterei em você 30 vezes (ou poderia fazer isso calado), ou lhe darei uma pontuação de 20%, ou sair-se com alguma outra resposta igualmente superficial. Ele saberia que não entendemos o koan.

Em nosso ego, queremos, impacientes, conhecer a resposta a quebra-cabeças e paradoxos, em vez de compreender-lhes o significado. Nós mais intelectualizamos do que intuímos. A intelectualização apenas reforça a inércia do ego. Ela tem seu lugar, mas, no momento certo, o intelecto tem de se render à ignorância, para que novo conhecimento possa penetrar.

Esse ponto é exposto com grande força em uma história zen. Um professor foi visitar um mestre, com a ideia de aprender alguma coisa sobre zen. O mestre lhe perguntou se gostaria de tomar um pouco de chá. Enquanto ele preparava o chá, o professor começou a expor o que sabia de zen. Preparado o chá, o mestre começou a vertê-lo na xícara do professor. A xícara encheu, mas o mestre continuou a servir.

— Mas a xícara está cheia! — exclamou o professor.

— E assim está também sua mente com ideias sobre zen! — advertiu-o o mestre.

O antropólogo Gregory Bateson notou a semelhança entre a técnica do koan e o duplo-vínculo.[2] O duplo-vínculo neutraliza o ego, ao paralisá-lo. O ego-*self* não pode lidar com a oscilação nenhum vencedor de uma opção a outra em uma situação como a seguinte: se você diz que este cachorro é Buda, eu lhe darei um soco. Se disser que este cachorro não é Buda, eu lhe darei um soco, e se não disser coisa alguma, eu lhe darei um soco.

As condições imperativas que criam um duplo-vínculo são que: a) duas pessoas estão envolvidas e; b) há um laço entre elas que não pode ser rompido. Isto é, a situação é de tal natureza que o indivíduo no duplo-vínculo renuncia temporariamente à autonomia de seu ego. Claro, logo que ocorre o salto para um novo contexto de vida — um evento denominado *satori* — o trabalho do mestre é realizado e ele, carinhosamente, desata o duplo-vínculo.

O mestre zen escolhe a mente raciocinante para um salto de catapulta, do duplo-vínculo para a transcendência da identidade com o ego. Mestres das tradições cristã e sufista, em contraste, concentram-se na mente sensível com a injunção de amar sem esperar retorno. O ego-"Eu" em si é tão incapaz de amar incondicionalmente quanto de solucionar um koan. Em ambos os casos, é a incerteza criativa que os mestres querem intensificar em seus alunos.

Poderemos imaginar amar alguém por opção — não porque há possibilidade de satisfação do ego, não porque estamos apaixonados, não porque temos razões para amar? Este é o amor a partir do nível de *buddhi*. Não podemos criá-lo por um esforço de vontade. Podemos apenas nos entregar a ele em uma abertura criativa.

Há uma fábula chinesa sobre a semelhança e a diferença entre céu e inferno. Ambos são banquetes, com grandes mesas redondas cobertas de alimentos deliciosos. Em ambas, os pauzinhos de comer têm cerca de 1,50 metro de comprimento. Agora, a diferença. No inferno, os comensais esforçam-se em vão para usar os pauzinhos para comer. No céu, todos simplesmente alimentam a pessoa sentada no lado oposto da mesa. Se eu alimento outra pessa, serei alimentado? Render-se a essa incerteza no nível do ego implica o despertar da confiança.

Da mesma maneira que o amor incondicional exige confiança do amante, ela convida à confiança do recebedor. Chuang Tzu, o grande mestre taoísta chinês, tinha o hábito de contar a seus alunos a seguinte parábola: suponhamos que um homem viaje num bote e, de repente, veja outro bote vindo em sua direção. Reagindo irritado e raivoso, ele grita e gesticula furioso para o timoneiro do outro bote, para que mude de curso. Mas, aproximando-se mais o outro bote, ele vê que não há ninguém nele. A raiva se dissipa e nesse momento ele mesmo se afasta do bote vazio.

O que acontecerá, perguntava Chuang Tzu, se nos aproximarmos dos outros a partir *do vazio do coração*, sem ideias preconcebidas? Nesse vazio sem predisposições, o conjunto de probabilidades de escolha é ampliada para a dimensão criativa. A onda quântica de nossa mente expande-se e está pronta para aceitar novas respostas: eu não sou tangido pelo desejo para o amor, pela necessidade de segurança, pela imagem, mas sou livre para amar sem nenhuma razão. E é esse amor incondicional que vence nossa reatividade.

Entre as três yogas enfatizadas pelo *Bhagavad Gita*, a karma yoga é simultaneamente a mais elementar e a mais difícil. Mas é também a de necessidade mais urgente em nossa época, pois a ação correta é a meta final da karma yoga. Em nosso caminho para o ser exaltado do qual a ação apropriada flui sem esforço, temos de adquirir grande desenvolvimento espiritual. O *Gita* sugere um método triplo, gradual.

O primeiro passo consiste em praticar a ação sem cobiçar um dado fruto. "Dá a Deus o fruto da ação", diz o *Gita*. Isso é o que normalmente se chama de karma yoga.

No segundo estágio, agimos a serviço de Deus. Se perguntarmos a madre Teresa onde ela encontra resistência para servir, dia sim, e no outro também, aos desassistidos em Calcutá e em todo o mundo, ela dirá: "Eu sirvo a Cristo servindo aos pobres". Ela, diariamente, encontra Cristo em seu trabalho, e isso lhe é suficiente. Esta é a karma yoga na qual o amor despertou.

No estágio final, vivemos como instrumento da ação apropriada — e não como um sujeito que age sobre um objeto. Esta é a karma yoga no ponto da libertação.

Embora o desenvolvimento espiritual ocorra em estágios, nenhum método se limita a um único estágio. Todas as três yogas — ação, amor e sabedoria — são empregadas simultaneamente em todos os estágios do autodesenvolvimento. No budismo, reconhecemos explicitamente essa natureza em espiral das diferentes yogas. Se estudamos a senda óctupla do Buda, encontraremos nela todos os três caminhos. Usamo-los juntos, cada caminho realçando o outro. Quanto mais agimos sem o fruto da ação, ou quanto mais meditamos, mais somos capazes de amar. Quanto mais amamos, mais madura se torna nossa sabedoria. Quanto mais sábios somos, mais natural é a ação desinteressada.

Note que todos esses caminhos dependem de sabermos o que está acontecendo dentro e fora de nós. Essa percepção-consciente é tão crucial para todos os caminhos que quando Krishnamurti diz que não há caminho e nos recomenda apenas percepção-consciente, ele tem razão. Tudo que precisamos é praticar a percepção-consciente, que é a meditação.

Jnana: despertando para a realidade

Quando ligamos o misticismo ao idealismo monista (Capítulo 4), introduzimos o conceito de consciência como o fundamento do ser, Brahman. Ao explicarmos a cosmologia de como o uno torna-se muitos, tornou-se claro que a consciência de Brahman surge co--dependentemente como o sujeito (*atman*) com objetos. Surgindo co-dependentemente temos o conhecedor (o sujeito da experiência), o campo do conhecimento (percepção-consciente) e o conhecido (o objeto da experiência). Não há, contudo, nenhuma natureza de *self*, nenhuma existência independente, no sujeito ou no objeto: a consciência, e só ela, é a realidade.

O problema consiste em como compreender essa realidade. Neste particular, a linguagem é inadequada. Experimente, por exemplo, dizer: há apenas uma única consciência. Ótimo, até certo ponto, mas ao dizer "uma única", já fizemos uma distinção, implicando sutilmente dualidade. Daí a bela frase de Shankara: o uno sem segundo. Melhor, mas não perfeita. Outro enfoque é dado pela piada: quantos mestres zen são necessários para atarraxar uma lâmpada elétrica? Um único, e não um único.

É muito difícil expressar a realidade não relativa em palavras relativas. Em seus trabalhos, que foram chamados de a primeira filosofia realmente pós-moderna, Jacques Derrida introduziu o conceito de desconstrução — isto é, solapar todos os conceitos metafísicos sobre realidade ao solapar o próprio significado dos conceitos em geral. Há milênios o filósofo budista Nagarjuna sugeriu a mesma coisa. A sabedoria direta obtida pela prática intensa dessa desconstrução é o auge da jnana yoga.

A física quântica da auto-referência fornece agora uma maneira adicional de pensar nesse imponderável: a hierarquia entrelaçada. Nada há manifesto antes que a consciência produza o colapso do objeto/percepção-consciente no espaço-tempo. Mas, sem percepção-consciente, nenhum colapso, nenhuma escolha de produzir um colapso. O que existe antes do colapso? A hierarquia entrelaçada — a oscilação infinita de respostas sim-não — não nos permite experienciar o original, o som de uma única mão batendo. O que é a experiência do *atman*? Para transformar criativamente a compreensão intelectual da metafísica idealista na verdade realizada, temos de entrar fundo na questão — certificarmo-nos de nossa coragem, despertarmos nosso coração.

Disse o filósofo místico Franklin Merrell-Wolff: "A substancialidade é inversamente proporcional à ponderabilidade".[3] Esta é a indicação-chave na jnana yoga: quanto mais imponderável é, mais substancial, também. Siga o pensamento até profundezas cada vez mais sutis. Nessa ocasião...

O resultado é um despertar que leva ao nível *buddhi* da identidade com o *self*. No caso da maioria das pessoas, exceto no caso de um ou outro cientista ou filósofo rigorosamente treinados, a jnana yoga pode parecer difícil demais. Por sorte, os dois outros métodos (a karma yoga e a bhakti yoga) são mais acessíveis a muitas pessoas.

Meditação

De acordo com numerosos filósofos, só há um método de criatividade interior — a meditação (que é aprender a dar atenção, a ser desapegado e agir como testemunha do melodrama contínuo dos padrões de pensamento). Para romper com a existência no nível do ego, precisamos identificar com certa precisão o que está acontecendo em nossa vida diária, reconhecer, talvez dolorosamente, como nosso apego aos hábitos nos manobra. Ou, para abrir-se para o amor, podemos focalizar a atenção em nossos relacionamentos com o mundo. Ou, quem sabe, poderemos querer contemplar a realidade. Todas essas técnicas requerem prática básica em sermos atentos e desapegados. A meditação nos ensina isso.

Entre as muitas formas de meditação, a mais comum é praticada sentado. Se mantemos a atenção na respiração (com os olhos fechados ou abertos), na chama de uma vela ou no som de um mantra (em geral cantado com os olhos cerrados), ou em qualquer objeto, estaremos praticando meditação de concentração. Nessa prática, em todas as ocasiões em que a atenção vagueia e surgem pensamentos, como invariavelmente acontece, gentil e persistentemente trazemos a atenção de volta ao foco, mantendo unidirecionalidade para transcender o pensamento, para mudá-lo do primeiro para o segundo plano da percepção-consciente.

Em outra forma, denominada meditação de percepção-consciente, o próprio pensamento — na verdade, todo o campo da percepção-consciente — torna-se o objeto. O princípio em jogo aqui é que se permitimos que a atenção observe livremente o fluxo de pensamentos, sem fixar-se em qualquer pensamento particular, ele permanecerá em estado de repouso, no tocante ao desfile dos pensamentos. Essa forma de meditação pode nos permitir uma visão desapegada, objetiva, de nossos padrões de pensamento que, eventualmente, nos permitirá transcendê-los.

A diferença entre concentração e meditação de percepção-
-consciente pode ser compreendida invocando para o pensamento o princípio da incerteza. Quando pensamos em nossa maneira de pensar, o pensamento individual (a posição) ou o fluxo de pensamento (*o momentum*) torna-se vago ou incerto. À medida que a incerteza sobre o pensamento individual torna-se progressivamente cada vez menor, a incerteza no fluxo do pensamento tende a tornar-se infinita. Desaparecida a associação, tornamo-nos centralizados com o aqui-agora.

Na meditação de percepção-consciente, a incerteza na associação é que se torna progressivamente cada vez menor, levando-
-nos a perder o aspecto ou conteúdo do pensamento. Uma vez que o apego resulta do conteúdo do pensamento, se o conteúdo desaparece, o mesmo acontece com o apego. Tornamo-nos observadores desligados, ou testemunhas, de nossos padrões de pensamento.

Pesquisa da meditação

Podem realmente as técnicas de meditação, absurdamente simples em conceito, embora muito difíceis na prática, resultar em estados alterados da consciência? Fisiologistas cerebrais, baseando-
se na premissa de que talvez haja um estado fisiológico excepcional correspondente ao estado meditativo da consciência, tentaram responder a esta pergunta medindo os vários indicadores fisiológicos (taxa de batimentos cardíacos, resistência galvânica da pele, padrões de ondas cerebrais, e assim por diante), enquanto o sujeito medita. Embora essa premissa jamais tenha sido confirmada, meditadores experientes demonstram características fisiológicas tão significantemente distintas que a meditação tem sido reconhecida por muitos

pesquisadores como o quarto grande estado da consciência (os outros três são o estado de vigília, o sono profundo e os movimentos rápidos dos olhos ou sonhos associados ao sono). A principal prova da meditação como estado consciente distinto vem de estudos de ondas cerebrais com o eletroencefalógrafo.[4]

O padrão de ondas cerebrais da consciência de vigília é dominado pelas ondas beta, de baixa amplitude e alta frequência (mais de 13,5 Hz). Na meditação, essas ondas são substituídas pelas ondas alfa, de alta amplitude e baixa frequência (7,5 a 13,5 Hz). Este domínio da onda alfa, que implica uma receptividade relaxada, passiva, constitui uma das características importantes da consciência meditativa, embora o mero domínio das ondas alfa por si mesmas não possa ser considerado como indicação de um estado meditativo. Podemos gerar um padrão de ondas cerebrais predominantemente alfa simplesmente fechando os olhos.

Mas foi descoberta outra notável característica do padrão meditativo de onda cerebral. Quando indivíduos que se encontram no estado alfa comum são submetidos a um estímulo súbito, eles respondem com um retorno nítido ao modo beta. Este fenômeno é denominado bloqueamento alfa. Em contraste, veteranos da meditação de concentração exibem a excepcionalidade de seu padrão alfa demonstrando que não há bloqueio quando ocorre um estímulo súbito, enquanto eles se encontram no estado alfa meditativo.[5] Indivíduos que praticam a meditação de percepção-consciente acusam, de fato, o bloqueio alfa e a excepcionalidade de seu tipo de estado alfa meditativo se revela de maneira diferente. O indivíduo em estado de percepção-consciente de vigília, quando exposto a um estímulo repetido (como o tique-taque de um relógio), ajusta-se ao estímulo em um tempo muito curto, na medida em que seu padrão de onda cerebral não muda mais. Isso é chamado de resposta de habituação. (Bastam quatro tique-taques do relógio para habituar um sujeito normal ao som.) Veteranos de meditação de percepção-consciente, estranhamente, não demonstram sinais de habituação, seja no estado meditativo, seja no de vigília.[6]

A pesquisa demonstra também a importância da passividade da atenção visual (o chamado olho suave) para gerar o estado alfa meditativo. Essa passividade pode ser conseguida simplesmente inclinando os olhos para cima ou para baixo, como é comum em algumas práticas tibetanas. Alto grau de alfa é obtido também por atenção passiva ao espaço.[7] Reconhece-se hoje em geral que o estado alfa é bom porque geralmente implica relaxamento das tensões do corpo e da mente, destarte libertando-nos para mergulhar fundo na investigação do *self*.

Outro aspecto do estado meditativo é o aparecimento de ondas teta (3,5-7,5 Hz) no padrão do EEG. As ondas teta podem ser muito importantes porque se sabe que estão associadas também à experiência criativa.[8]

A presença de ondas teta no padrão cerebral de meditadores lembra-nos que crianças jovens, até os 5 anos de idade, demonstram dominância teta, que evolui para a dominância alfa do padrão de vigília normal de adolescentes e, por fim, é substituído pelo padrão beta do adulto. Uma vez que crianças em processo de desenvolvimento da consciência têm dominância da modalidade quântica (isto é, são destituídas dos processos de percepção-consciente secundária), podemos especular que as ondas teta caracterizam, de alguma maneira, os processos primários da modalidade quântica no cérebro-mente. Se essa especulação é válida, tanto a meditação sentada quanto as experiências criativas, com suas assinaturas teta, podem estar demonstrando uma mudança da consciência para o processo primário do modo quântico.

As pesquisas correntes sobre a atenção estão nos fornecendo indicações de como funciona a meditação com mantras e de concentração. Em experimentos realizados pelo psicólogo Michael Posner e seus colaboradores, na Universidade de Oregon, é dada aos sujeitos uma letra indutora única, como um B, seguido após um intervalo variável por um par de letras.[9] Em alguns experimentos, os sujeitos são solicitados a prestar atenção à letra indutora. Em outros, não. Os sujeitos respondem sim ou não, dependendo de se os pares de letras consistem de letras idênticas, como BB, e é medido o tempo de reação necessário para uma resposta.

O resultado mais interessante, de meu ponto de vista, ocorre quando os sujeitos são instruídos a prestar atenção à letra indutora em experimentos em que o par subsequente de letras não corresponde à indutora: há um claro custo de tempo de reação nesses experimentos. A atenção à letra indutora afeta o processamento de um item inesperado. (Reciprocamente, se atenção consciente não é prestada à letra indutora nesses experimentos, o tempo de reação não é afetado.)

O resultado da atenção, portanto, é o de interferir em nossa capacidade de perceber objetos que são diferentes do objeto de nossa atenção. O estado quântico do cérebro desenvolve-se no tempo como um conjunto de probabilidades que inclui novos estímulos, ao passo que a atenção focalizada em um estímulo existente predispõe a probabilidade da resposta em favor desse estímulo, ao mesmo tempo que se torna baixa a probabilidade de ocasionar colapso da nova percepção. A atenção a um mantra, por conseguinte, desvia nossa atenção de pensamentos ociosos. Literalmente, nossa consciência não pode focalizar duas coisas ao mesmo tempo. O mundo externo que existe em nós como um mapa interno começa a ceder à medida que nos tornamos mais competentes na atenção ao mantra. Finalmente, chegamos a um estado em que a própria mente pensante parece habituar-se: isto é, embora os eventos no campo da percepção-consciente secundária estejam presentes, eles são poucos e muito separados. Essa situação ocorre quando os processos primários podem revelar-se em sua forma verdadeira.

Na meditação de percepção-consciente, a estratégia usada é também comensurável com nossa estrutura cerebral. Afinal de contas, são inevitáveis os pensamentos e sentimentos de nossa percepção-consciente secundária. Somos incapazes de combatê-los durante qualquer período prolongado de tempo, simplesmente por causa da estrutura de nosso cérebro. Na meditação de percepção--consciente, reconhecemos esse fato, embora uma distinção seja estabelecida entre o conteúdo da consciência e o sujeito: a própria consciência. Na literatura mística, a metáfora da água turva é usada para transmitir a ideia:

A semente do mistério está na água turva.
De que modo posso perceber esse mistério?
A água torna-se parada com a imobilidade.
Como é que posso tornar-me imóvel?
Fluindo com a corrente.

Se fluímos com a corrente, o denominado conteúdo turvo da consciência — nossos padrões de pensamento — são mandados para o leito da corrente, ao fundo da percepção-consciente que presenciamos. Usando essa estratégia, podemos nos tornar testemunhas durante períodos cada vez mais longos de tempo, porque não estamos mais interferindo nas experiências de percepção--consciente secundária através da introspecção. Este fato nos permite experimentar a verdadeira forma da consciência espectadora.

Dessa maneira, tanto na meditação de concentração quanto na de percepção-consciente, a verdadeira forma da experiência é notável, porque ela nos dá um vislumbre de uma consciência primária que está além dos murmúrios do ego secundário. Há consciência além do pensamento e em acréscimo ao pensamento, além do ego. A vivência dessa consciência primária interna pode ser aumentada com a prática.

Liberdade na meditação: karma yoga

O caminho da ação, karma yoga, começa com a prática de aprender a agir sem apego ao fruto da ação. O ego quer o fruto. Este é o motivo por que o sistema de recompensa-punição aparece de forma tão geral em todas as culturas. Renunciar ao fruto da ação é heresia para o ego dominado pelo hábito e, por causa da renúncia às sanções envolvidas, para as figuras de autoridade.

A senda da karma yoga, portanto, implica renunciar às recompensas e castigos que nos condicionam o comportamento. Mas como romper com esse condicionamento? A resposta é por meio da meditação, que faz parte integral da karma yoga.

Quando começamos a meditar, a probabilidade é que não aconteça muita coisa. Nesse período inicial, é um desafio permanecermos sentados durante 20 ou 30 minutos, o que exige autêntica disciplina. No meu próprio caso, meses se passaram antes que eu notasse alguma coisa.

Maggie e eu começamos nosso casamento com o compromisso de abrir a comunicação. Em termos que nada têm de gloriosos, isso significou em nosso caso que brigamos muito nos primeiros anos. Após uma briga, eu geralmente sofria com pensamentos negativos dominados por trocas compensatórias e reforços — vou mostrar a ela, e tudo mais. Depois de meditar durante uns três meses, fiquei perturbado certo dia após uma briga, mas, ainda asim, notei que estavam ausentes os habituais pensamentos negativos sobre minha esposa. Alguma coisa havia desaparecido.

Em outra ocasião, pouco depois, eu estava tendo uma calorosa discussão com meu enteado adolescente, que é também uma pessoa muito lógica, como eu — e todos sabemos como a lógica é irritante durante uma guerra de temperamentos. Eu estava zangado, mas, de repente, notei que a raiva estava na superfície. Por dentro, eu estava apreciando a competência dele em reagir. Eu tinha a opção de reagir iradamente ou desfrutar a situação, e estava exercendo minha escolha de dizer não à reatividade habitual. No início, exercia-a apenas internamente, mas, no fim, ela se tornou manifesta também em meus atos externos.

Incidentes como esses são realmente muito comuns e podem encorajar-nos durante os primeiros e cruciais meses de prática. Mais importante ainda, eles nos mostram que a meditação pode ajudar-nos a ver os padrões do ego. Alguns deles podem mesmo sumir.

Pat Carrington, em seu livro *Freedom in Meditation*, conta como um de seus clientes deixou de fumar: "Viajando em um avião, ele aproveitou a oportunidade para meditar e teve a impressão de que ouvia sua própria voz dizendo: 'Esvazie-se de seus desejos!' Esta frase bastante misteriosa foi seguida por uma experiência de exultação e de outras palavras: 'Eu posso... fumar um cigarro, se quiser... mas não tenho de fumar.'"[10]

Nosso objetivo na meditação é reduzir nossa probabilidade, de quase 100%, de uma resposta fixa a um estímulo condicionado. Eu, por exemplo, tenho o desejo de fumar. O ego tem duas respostas: tenho de fumar porque..., e seu oposto polar, não devo fumar porque... A meditação quebra o monopólio dessas respostas e abre um hiato. Nesse hiato nasce a resposta criativa à historinha acima: opto por fumar ou não fumar. Só quando esse pensamento surge *criativamente* é que pode ocorrer a mudança radical de fumante para não fumante. Um evento como esse torna-se possível quando nossa prática é intensa e persistente.

O importante é não isolarmos a meditação do resto de nossa vida, mas permitir que ela transforme nossos atos. Descobriremos que isso não é tão fácil quanto parece. O ego está bem defendido contra a mudança. O psicólogo Richard Alpert (Ram Dass) falou de uma ocasião em que ele e alguns amigos haviam justamente terminado uma meditação em grupo. Todos ali estavam supostamente se sentindo contentes, quando um dos meditadores, querendo guardar o bolo e comê-lo também, disse: "Oh, isso foi o máximo. Agora podemos sair para uma cervejinha e uma pizza". É realmente um desafio renunciar a esses padrões tão categorizantes.

292

Afinal de contas, a ideia de que cerveja e pizza representam bons momentos e que meditação é trabalho, é apenas uma crença. Enquanto mantivermos essas crenças, a meditação sentada atenta (por mais ditosa seja), pouco benefício trará. Temos de suplementar a prática meditativa com um exame contínuo, rigoroso, de nossos sistemas de crença limitadores. A ideia é praticar, no espírito de Mahatma Gandhi, não nos apegando a quaisquer crenças que não vivenciemos plenamente. Crenças mantidas mas não praticadas são inúteis. São reflexos mortos de um espetáculo passageiro.

Certo dia, Einstein estava posando para um retrato, que era pintado pela artista Winifred Reiber. Ele comentou que Hitler, isto na Alemanha de antes da guerra, estava se prejudicando aos olhos do mundo ao confiscar as propriedades que os Einsteins haviam deixado no país quando emigraram para os Estados Unaidos. A esposa de Einstein, porém, pensava de modo diferente. Ela se lembrava carinhosamente dos tesouros pessoais que desfrutara na Alemanha e lamentava que ali tivessem tão pouco. Ela sentia falta "da prataria, das toalhas de linho, dos tapetes, dos livros e da velha louça de Meissen de sua avó". Ela era apegada a essas coisas. "Mas elas não eram apegadas a você", gracejou Einstein.[11]

O importante é o seguinte: nossos pensamentos, nossas crenças, não são apegados a nós. Eles somem se não nos grudamos neles. Recentemente, o filme *Gandhi* varreu o mundo com uma nuvem de inspiração. Tenho esperança de que a mensagem de Gandhi tenha sido recebida por um número substancial de pessoas. Ele costumava dizer: "Minha vida é minha mensagem". Ele vivia suas crenças. A crença não vivida é uma mala vazia. O objetivo da meditação é ajudar-nos a alijar as malas, para podermos viver livremente.

Certa vez, em um seminário, alguém me perguntou como eu podia pregar o abandono de sistemas de crença enquanto, ao mesmo tempo, contribuía para criar uma nova ciência idealista que, em certo sentido, era um desses sistemas. Era uma pergunta legítima, à qual respondo no espírito de Gandhi: não transforme a nova ciência em um novo sistema de crença. Use-a, ou a filosofia do idealismo monista, ou qualquer um dos ensinamentos das grandes tradições, que descartam os sistemas de crença existentes que meramente nos agrilhoam a mente e o coração. Se você dispõe dos recursos apropriados, junte-se às atividades da nova ciência, em apoio de uma vida esclarecida. Neste caso, a ciência será sua *sadhana* (prática), como é para mim. Mas se a ciência não é o seu meio, e se estiver comprometido com a mudança radical, descubra seu próprio caminho. Siga o caminho que lhe aponta o coração. Não apanhe as malas de ninguém ou descobrirá como será pesada a jornada espiritual sob esse peso.

A experiência ahá da criatividade interior

O poeta Rabindranath Tagore escreveu:

Semelhante a uma joia, o imortal
não se jacta do número de anos
mas do ponto cintilante
de seu momento.[12]

O segredo da imortalidade consiste em viver o momento presente, no aqui-agora; o *aqui-agora* é eterno. Tal como poetas que vislumbram a imortalidade, mestres de criatividade interior falam constantemente sobre a importância de experienciar o aqui-agora. Mas, exatamente, o que devemos entender por aqui-agora? A maioria de nós não pode apreender, mesmo intelectualmente, exceto como uma abstração tornada aceitável pela eliminação de sua secura, o significado da expressão — quanto mais a experiência desse estado de centragem no presente.

Não podemos, por esforço de vontade, transformar no aqui-agora a vida habitual, mas podemos cultivar condições que permitem que surja esse tipo de vida. Com a prática meditativa — sentando-nos e repetindo um mantra ou praticando a meditação de percepção--consciente sem escolha — podemos imergir nela. O mantra pode levar-nos ao aqui-agora, ao privar nossos sentidos de qualquer outro estímulo, exceto ele mesmo, libertando-nos para estabelecer um novo relacionamento com a realidade.

O aqui-agora é denominado *samadhi* quando há absorção completa no objeto da meditação. O sujeito recua para o mero subentendido. Nos *samadhi*s mais elevados, a essência do objeto é penetrada e, eventualmente, o objeto é visto em sua forma verdadeira, em sua identidade com o todo da consciência. Essa experiência é denominada também não *self* porque não há um *self* particular em parte alguma. Os zen-budistas chamam-na de *satori*, marcado por uma percepção--consciente vívida da forma verdadeira (*tathata*) de um objeto. Alguns a chamam de gnose, ou iluminação. O estado de *samadhi* ou de *satori* faz-se acompanhar de um sentimento de intensa alegria.

Uma experiência algo diferente de eternidade ocorre quando alcançamos, por meio da meditação, o estado de observação perfeita. Objetos surgem e desaparecem de nossa percepção-consciente, mas a observação é inteiramente desapegada, sem julgamentos.[13] A experiência produz o mesmo efeito — alegria — como consequência. (Claro, a força criativa da experiência é manifestada apenas quando nos tornamos enfim capazes de levar a perspectiva da testemunha para a vida diária.)

A alegria das experiências meditativas é a alegria original da consciência em sua forma pura. Segundo a filosofia indiana, *Brahman*, o fundamento do ser, manifesta-se como *sat-chit-ananda*, expressão em que *sat* significa existência, *chit*, consciência, e *ananda*, alegria. Tudo que se manifesta no espaço-tempo é *sat*. Coisas existem. Em contraste, a consciência do *self* é muito especial. Ela precisa de um cérebro-mente para se manifestar. A alegria é ainda mais especial. É preciso que o *self*, após desenvolvimento do ego, reconheça que está experienciando alguma coisa muito maior do que o *self* individual. Esse reconhecimento gera alegria — a alegria do vislumbre de quem realmente somos.

Algumas tradições denominam também iluminação essa experiência ahá da criatividade interior. Há alguma propriedade nesse nome. No ego, tendemos a nos identificar com o cérebro-mente. No *samadhi*, reconhecemos que nossa identidade está na luz da consciência que nos permeia e permeia toda a existência. O ego não tem substância.

Infelizmente, a palavra *iluminação* cria também muita confusão. Numerosas pessoas concebem a experiência de iluminação como uma vitória: agora alcancei a iluminação. Embora a experiência tenha aberto a porta para a mudança da identidade do *self*, a tendência no nível do ego continua e a orientação para a vitória pode prejudicar a transformação completa.

A experiência em si, porém, é apenas o patamar para essa transformação potencial. O ato criativo é incompleto sem um produto e a criatividade interior não constitui exceção. Após a experiência ahá do *samadhi*, ou do *satori*, ou de observação perfeita, a prática disciplinada continua sendo necessária para traduzir o despertar de *buddhi* em ação no mundo.

O despertar do amor: Bhakti Yoga

No *Bhagavad Gita*, Krishna faz um comentário altamente revelador para Arjuna. Arjuna, diz ele, vou lhe contar o segredo de todos os segredos, o caminho mais direto para despertar *buddhi*. Ele consiste em praticar ver *Brahman* (neste contexto, traduza Brahman como Deus) em tudo e em todos e em servir a Brahman como devoto. Não há necessidade de lutar com formas sutis de sabedoria discursiva. Não há necessidade de praticar ação sem lhe cobiçar os frutos. Não há necessidade nem mesmo de meditação formal. Simplesmente, ame a Deus e sirva ao Deus em todos. (Isso se parece um pouco com a carta no jogo de Monopoly que diz: "Siga diretamente para a calçada de tábuas".)

Claro, aqui, também, há sutileza. O que significa amar a Deus? Numerosas pessoas entendem mal essa injunção. Pensam que ela consiste em desenvolver um relacionamento de adoração ritual a algum ídolo ou ideia de Deus.

A literatura idealista menciona cinco maneiras de amar a Deus, todas elas envolvendo uma forma humana:[14]

1. Amar a Deus amando a si mesmo
2. Amar a Deus por meio de serviço
3. Amar a Deus por meio da amizade
4. Amar a Deus por meio da relação mãe-filho
5. Amar a Deus por meio de um relacionamento erótico

A lista, porém, não é final. Há outros métodos bem tangíveis. São Francisco de Assis, por exemplo, praticava amar a Deus por meio de amor à natureza — prática esta hoje esquecida no cristianismo, mas que persiste na tradição nativa americana. Imagine só que ressurreição essa prática não traria às nossas causas ambientais.

O que tentamos fazer no método do amor é, em primeiro lugar, escapar do domínio da localidade em nosso relacionamento com a consciência não local. Com certeza, em todo relacionamento humano, a localidade domina. Nós nos comunicamos através da vista, som, olfato, toque e sabor, as experiências sensoriais comuns. Mas esses não são os únicos meios de comunicação. Se fossem, é duvidoso que pudéssemos nos comunicar de maneira significativa com os demais. Por isso, praticamos devoção ao espírito do relacionamento, renunciando a uma marcação legalista de toma-lá-dá-cá em nossos contatos com os demais.

Em segundo, conforme mencionado antes, o ego torna-se um universo solipsístico para cada um de nós, uma cela fechada de prisão, na qual só eu e meus prolongamentos somos reais. Os demais têm de me acatar, acatar minha cultura, minha raça, e assim por diante, para serem aceitáveis em meu universo. Desenvolver relacionamentos altruístas de amor é uma maneira — talvez a mais direta — para romper o solipsismo do ego.

O ego ama a si mesmo, tanto, na verdade, que quer ser imortal. Essa busca da imortalidade manifesta-se no Ocidente na luta por fama e poder. No Oriente, levou à ideia da reencarnação da alma individual. Poderá esse amor do ego transformar-se em um amor de *atman*: o *self* interno quântico? Temos de descobrir uma imortalidade diferente. Por meio do amor, por meio de perdão paciente do *self* e dos demais, focalizamo-nos no aspecto permanente de nós mesmos como uma maneira de transcender o ego transitório. Este método é denominado *santa* em sânscrito e significa "passivo". Ele tem sido prática comum em numerosas comunidades contemplativas cristãs.

As outras quatro vias na lista acima implicam participação ativa nos relacionamentos com os demais. O serviço altruísta aos demais, denominado *seva* em sânscrito, desenvolve-se naturalmente em numerosos indivíduos — fato este que deixa confusos os proponentes da ideia do gene egoísta, que acreditam que altruísmo é possível apenas se há uma herança genética comum entre as pessoas envolvidas. A *seva* é a prática de madre Teresa, que serve aos pobres como expressão de seu amor por Cristo, e que gloriosa expressão essa! Serviço implica sacrifício das necessidades e desejos egoístas, o que é um insulto direto ao solipsismo do ego. Quando o amor irrompe, este fato assinala o despertar da compaixão — e a compaixão é o ingrediente básico da prática do Zen Soto.

Na América, quase perdemos a instituição de amizade entre homens, por causa do mito do valor do individualismo inflexível e do modelo econômico de relacionamento baseado no mercado. Nesse modelo, avaliamos relacionamentos usando uma análise de custo-benefício. Por sorte a tendência de aplicar esses critérios pragmáticos à amizade pode estar sofrendo uma pequena reversão, se a popularidade do trabalho recente do poeta Robert Bly sobre laços entre homens serve de alguma indicação. Outra grande dificuldade enfrentada pela amizade na América é a exigência de eficiência. A amizade nem sempre é eficiente. Ela, não raro, envolve auto-sacrifício, a suspensão da eficiência e dos limites do tempo, o irrompimento através do casulo do ego. Na América, as mulheres são tradicionalmente menos limitadas pelo modelo de economia de mercado dos relacionamentos. Nestes dias, contudo, pressões nessa direção estão crescendo, à medida que mais mulheres trabalham no mercado e tentam esticar seu tempo e energia para atender às exigências da carreira e do lar. Se elas puderem resistir a essa pressão, talvez introduzam no mercado sua capacidade de cultivar amizades carinhosas e ensinem ao homem como humanizar suas interações econômicas e como serem novamente amigos.

O relacionamento homem-mulher

Devido a diferenças biológicas, a intimidade é um desafio excepcional no relacionamento homem-mulher e reveste-se de grande potencial para romper as barreiras do ego.

Um relacionamento íntimo com alguém do mesmo sexo é, em certo sentido, mais fácil por causa das experiências comuns de gênero que compartilhamos com a outra pessoa. Homem e mulher, contudo, submetidos como são a condicionamento biológico e social diferente, pertencem praticamente a duas culturas diversas. Em termos dos arquétipos junguianos (*anima*, a experiência feminina reprimida no homem, e *animus*, a experiência masculina reprimida na mulher), uma consequência das exigências da forma é a repressão, que abre um abismo profundo em nossa capacidade de nos comunicarmos com o sexo oposto.

O Banquete, de Platão, contém uma história mítica. Originariamente, os seres humanos existiam como criaturas bissexuais, com dois conjuntos de braços, pernas e órgãos sexuais. O poder dessas criaturas bissexuais, porém, era tão grande que os deuses temeram a usurpação das prerrogativas que gozavam nos céus. Em consequência, Zeus dividiu em duas as criaturas. Daí em diante, os seres humanos divididos procuram eternamente suas metades perdidas. Essa história capta metaforicamente o impulso inconsciente que sentimos, de tornar conscientes os arquétipos inconscientes de *anima* ou *animus*, de modo a voltarmos a ser um todo. O impulso inconsciente, porém, não só é instintivo, mas também o eros de Freud, do inconsciente pessoal. Eros é realçado pela criatividade com origem no inconsciente coletivo.

Em algum ponto ao longo do caminho para a intimidade entre duas pessoas comprometidas entre si, a *anima* no homem e o *animus* na mulher são despertados, e ambos podem, como resultado, ser capacitados a entrar no nível *buddhi*. Pense nisso. A razão por que sou solipsista em meu ego é que não há realmente um meio local para me colocar no lugar de outra pessoa. (Leiam o artigo *"What is it like to be a bat"* [O que é ser um morcego?], de Thomas Nagel.[15]) De modo que minha tendência é pensar que meu universo privado é universalmente representativo. As experiências de *anima* e *animus* são autênticas experiências não locais e, de repente, o outro faz sentido — o outro torna-se um ser humano como eu. As experiências e perspectivas individuais dele ou dela tornam-se tão válidas como as minhas. Quando descobrimos o estado de ser do outro, descobrimos o amor incondicional — o amor que pode nos lançar como uma catapulta para o nível *buddhi* do ser.

Uma vez que tenhamos rompido o casulo do solipsismo do nosso ego até mesmo com uma única pessoa, teremos o potencial de amar outras intimamente. É como aumentar a família. Este o motivo por que o provérbio sânscrito diz que "para o liberado, o mundo inteiro é a família."

À medida que o mundo todo se torna nossa família, começamos a perceber a verdadeira natureza da consciência imanente. Vemos unidade na diversidade. Amamos pessoas porque elas existem. Não precisamos nem queremos que elas se conformem aos nossos padrões e culturas particulares. Em vez disso, nós as respeitamos e nos maravilhamos com o escopo e a extensão da diversidade. Começamos a entender o que os hindus chamam de o jogo de Deus, *lila*.

A flauta do tempo interior é tocada,
ouçamo-la ou não.
O que chamamos de "amor" é seu som chegando.
Quando o amor chega o mais distante que pode ir,
ele alcança a sabedoria.
E que fragrância a desse conhecimento!
Ele penetra nossos corpos densos,
atravessa paredes...
Seu rendilhado de notas tem uma estrutura como se um milhão
de sóis fossem dispostos ali dentro.
Essa música contém em si verdade.[16]

capítulo 18

uma teoria idealista da ética

Os personagens Ivan e Alyosha, em *Os Irmãos Karamazov*, inesquecível romance de Dostoiévski, vivem obsessivamente dilacerados por considerações éticas sobre o certo e o errado. O livro, porém, foi escrito em 1880. Com que frequência o homem e a mulher modernos dão tal importância à ética em suas ações? A adoção implícita de uma visão cognitiva científica-behaviorista de nós mesmos — a ideia de que somos máquinas clássicas e, portanto, governadas pela genética e pelo condicionamento ambiental — tem desempenhado um papel de vulto na erosão da importância da ética e de valores na sociedade. Nossos valores morais são, com uma frequência grande demais, filtrados através das hipocrisias do pragmatismo político e de uma racionalização que prefere honrar a letra ao espírito da lei. Cheios de cobiça, aceitamos imagens que nos levam a ser explorados como consumidores sobre o que constitui a boa vida. Em uma cultura desse tipo, valores tradicionais são como um leme quebrado, com pouca capacidade para nos levar em um curso significativo por entre as escolhas, grandes e pequenas, que poderão nos pôr a pique.[1]

Analogamente, falta-nos orientação segura quando tentamos focalizar as dimensões científica e tecnológica de projetos, tais como os de engenharia genética e corrida armamentista. Poderemos algum dia justificar cientificamente a ética? Poderemos acaso descobrir uma base científica para ela? Se for possível, então, talvez, a ciência possa, mais uma vez, servir à humanidade no nível fundamental. Mas, se não houver uma fundação científica para a ética, como poderia ela influenciar a ciência — quanto mais seu afilhado fascinante mas desregrado, a tecnologia? O caso todo se resume no argumento da máquina clássica: se nossos atos são determinados por forças além de nosso controle, parece tolo invocar a ética ou valores para orientá-los.

Alguns autores sugerem que a crise de valores será resolvida se os estudantes voltarem a ler os clássicos, como Platão. Quanto a mim, desconfio que a doença tem raízes mais profundas.[2] Nossa ciência desacreditou paulatinamente o preconceito religioso e o dogma rígido e minou a prática de rituais primitivos e a adoção de estilos de vida místicos, mas comprometeu também o que é duradouro nos ensinamentos religiosos, nos rituais e nos mitos — valores e ética. Poderemos restaurar os valores e a ética, mas livres de dogmas? Poderemos compreendê-los despidos de sua base mitológica?

Talvez não, mas as possibilidades aumentarão se a própria ciência puder provar que a ética é parte do esquema universal de coisas. Sem uma base científica, a ética continua a ser expressada de uma maneira arbitrária e influenciada pela cultura. Como exemplo, pensemos no humanismo científico, que promove valores humanos. Dizem os humanistas que devemos fazer aos outros o que queremos que nos façam, porque, se assim não agirmos, não seremos aceitos na comunidade humana. Esta fórmula, no entanto, não funciona. É uma postura reativa e a ética é fundamentalmente proativa.

Todos os padrões arbitrários são antitéticos à ciência. Analogamente, é vazia a conversa recente sobre o estabelecimento de padrões éticos na prática da ciência e tecnologia, a menos que a ética possa ser erigida sobre princípios científicos firmes. Parece que é essencial reconhecer o *estabelecimento da ética e valores como atividades científicas autênticas*.

Desenvolvimentos recentes na física quântica já sugerem a possibilidade de uma contribuição fundamental da física em geral para essa questão. O experimento de Alain Aspect indica conclusivamente que nossa separatividade do mundo é uma ilusão. Com base apenas nesses dados, algumas pessoas acham, corajosamente, que a visão de mundo quântica permite, e mesmo exige, ética e valores.[3]

Temos condições de ir ainda mais longe com a interpretação idealista da mecânica quântica. Uma vez que possamos compreender a camuflagem condicionada que tolda os mecanismos hierárquicos entrelaçados de nosso cérebro-mente e cria a ilusão da separatividade do ego, basta apenas mais um passo para criar uma ciência da ética que nos permita viver em harmonia com o princípio, cientificamente comprovado, da inseparabilidade. No desenvolvimento de tal programa, poderá ser muito útil nossa herança espiritual/religiosa. Uma ponte entre as filosofias científica e espiritual do idealismo eliminará realmente as divisões na sociedade que desafiam e quase sempre comprometem ética e valores.

Os princípios básicos de tal ciência já são claros. A ética terá de refletir a busca da felicidade pelo homem, que consiste em solucionar conflitos internos de valores. Em outras palavras, a ética deve ser um guia para um movimento na direção da plenitude — um guia para a integração de nossos *selves* clássico e quântico. Outro princípio básico seria a inseparabilidade entre ética e criatividade. A nova ética não pode ser calcificada por sistemas de crenças ritualistas. Em vez disso, deve fluir significativamente da prática da criatividade interior pelo ser humano. Evidentemente, essa ética terá de desmentir ocasionalmente crenças do realismo materialista.

À medida que tal ciência desenvolver-se, poderemos, no nível mais pessoal, assumir responsabilidade pelo mundo que nós somos. Repetindo um comentário feito certa vez por Viktor Frankl, temos de suplementar a Estátua da Liberdade na Costa Leste com uma Estátua da Responsabilidade na Costa Oeste. Uma providência dessa implicaria grande número de pessoas entre nós levando uma vida rica em criatividade interior. Em tal mundo, poderemos mesmo abordar a meta esquiva da paz interior, bem como entre todos os homens.

Antes de estudarmos os detalhes da nova ciência da ética, passemos em revista dois sistemas dessa disciplina que vêm dominando o pensamento ocidental.

O imperativo categórico kantiano

De acordo com Immanuel Kant, filósofo alemão do século 18, a questão da moralidade é individual. Acreditava ele que a motivação tinha origem em um domínio da ideia e que todos os seres humanos possuem um sentido intuitivo do que é, de maneira geral, seu dever moral. Desta maneira, paira sobre nós um imperativo categórico para cumprir esses deveres. Por que devo eu ser uma criatura moral? Segundo Kant, ouvimos um imperativo interior dizer: cumpra seu dever. Este imperativo é a lei moral interna que cada um de nós legisla para si mesmo. A moralidade consiste em cumprir esses deveres, qualquer que seja nossa predisposição ou desinclinação. Além disso, Kant pensava que esses deveres são leis universais. Eles se aplicam a todos os seres humanos, de maneira tão racional, harmoniosa, que não surgem conflitos entre nosso dever pessoal e o de outra pessoa.[4]

O que serão esses deveres? Acreditava Kant que eles se baseiam na racionalidade e que usando a razão poderemos descobri-los. Podemos conseguir isso fazendo a nós mesmos a seguinte pergunta: eu iria querer que esta ação em que estou pensando fosse universal? Se tal coisa fosse desejável, teríamos descoberto uma lei universal. Há mais, porém, do que um pequeno círculo vicioso nesse argumento.

A teoria kantiana de ética é uma interessante mistura de aspectos idealistas e realistas. Ele postula um domínio da ideia, onde surgem os imperativos categóricos. Temos aqui, evidentemente, metafísica idealista. Aplicamos a lei moral a nós mesmos, tomamos uma decisão, e assumimos responsabilidade por ela. Tudo isso está evidentemente em consonância com a visão idealista. Kant aparentemente acreditava também em uma lei moral universal objetiva — uma crença realista. E é nesse particular que ele se perde. (Sem a menor dúvida, a universalidade da lei moral de Kant é duvidosa, se não por outro motivo, pela observação empírica de situações realmente ambíguas que desafiam, com a mais fina das sutilezas, nosso conhecimento do certo e do errado.)

Kant percebeu também, corretamente, que a lei moral interna é uma sugestão de uma alma livre, imortal. Infelizmente, ele acreditava que não tínhamos acesso a esse *self* interior.

Para ele, onde terminava a ética começava a religião — juntamente com seu sistema de recompensas e castigos. Simplisticamente, a religião sustenta que somos recompensados por boas ações com uma pós-vida no céu ou castigados por más ações com uma pós-vida no inferno.

A posição materialista-realista: utilitarismo

O utilitarismo, frequentemente sumariado pela máxima "a maior felicidade para o maior número", foi formulado no século 19 pelos filósofos Jeremy Bentham e John Stuart Mill.[5] Essa filosofia continua a dominar a psique ocidental — especialmente nos Estados Unidos. A felicidade é definida basicamente como prazer: o que quer que traga o maior volume de prazer para o maior número de pessoas é o bem final.

O utilitarismo é uma interessante mistura de materialismo, princípio da localidade, objetividade, epifenomenalismo e determinismo — todos os elementos do realismo materialista. Só coisas materiais (objetivas e locais), tais como ouro, sexo, poder — os objetos do hedonismo —, trazem felicidade. Assim, temos de buscá-las. Para que isso não se pareça com a filosofia do hedonismo, podemos borrifá-la com um pouco de socialismo, segundo o qual a felicidade individual não é o objetivo. A felicidade da sociedade, na média, é o que devemos procurar maximizar. Uma guerra infligirá dor a alguns, mas será justa se trouxer felicidade para a maioria.

Segundo o utilitarismo, considerações éticas são objetivas. Ao estudar as consequências de um ato praticado para produzir prazer ou dor, podemos atribuir ao mesmo um valor de felicidade e infelicidade *vis-à-vis* toda a sociedade. Bentham chegou a criar uma equação hedonista absurda, a fim de calcular o índice de felicidade de uma ação.

Numerosos filósofos admitem que, mesmo sob o utilitarismo, temos de ser livres para procurar o curso certo. Examinando mais de perto o assunto, porém, descobriremos que, por trás dessa filosofia, esconde-se a crença rigorosa de que a subjetividade (nossa escolha pessoal) é um epifenômeno irrelevante em uma questão moral e não desempenha qualquer papel decisivo. Isto é, podemos pensar que estamos optando, mas isso é pensamento ilusório. Os atos e fatos se seguem a uma lei natural (determinista). A teoria ética permite-nos predizer o resultado e, destarte, obter controle (pondo-nos do lado do denominado bem). Nem a intuição sobre o bem ou o mal de um ato desempenha qualquer papel, porque, nessa filosofia, intuição não existe.

Finalmente, o utilitarismo nenhuma menção faz da responsabilidade pessoal: somos criaturas do determinismo. Enquanto considerações éticas seguirem uma ciência objetiva da ética (a ciência realista da ética), tudo será compatível com a filosofia do determinismo: não surge a questão da escolha e da responsabilidade.

Mesmo hoje, contudo — quando, no nível societário, aparentemente tomamos a maioria das decisões éticas baseados na filosofia utilitarista —, no nível pessoal o pensamento de Kant ainda nos influencia. Numerosas pessoas ainda seguem a lei moral interna ou são por ela atormentadas — ou por ambas as coisas. Alguns de nós questionam a validade de atividades tais como o cálculo hedonista; outros têm dificuldades com o aspecto de lei natural da ética utilitária. Muitos sentem-se perturbados pela falta de um espaço para a responsabilidade moral na filosofia ética utilitária.

Há um consenso crescente de que a ciência realista da ética, sob a forma de utilitarismo, é simplesmente incompleta. Ela nega a validade ou utilidade de numerosas experiências subjetivas genuínas.

Ética idealista

Vamos supor que não somos máquinas clássicas. O que aconteceria se, como alega este livro, somos consciência que se manifesta como sistemas duais quântico-clássico? Poderíamos criar uma ciência da ética mais autêntica e completa em um universo quântico? Tão logo compreendemos que temos o privilégio inerente de agir na modalidade quântica, com liberdade e criatividade, então todo o argumento em favor de aspectos subjetivos da ética assume o imediatismo da realidade. Reconhecer que somos livres em nossos atos implica admitir que somos responsáveis por eles. Será esta, então, a finalidade da ética e dos valores — ser códigos de responsabilidades, códigos de deveres, códigos do que deve ou não ser feito? A teoria quântica define nossa consciência como a escolhedora. Será então objetivo da ética idealista definir boas escolhas, em contraste com as más, categorizar melhor o certo e o errado do que é capaz a ética realista?

No início, a coisa parece simples. Pensemos, por exemplo, na regra áurea: fazer aos outros o que queremos que nos façam. Poderemos derivar essa regra da metafísica idealista? Claro, por definição, essa é a origem do preceito, pois somos todos uma única consciência, ferir os outros é ferir o nosso *self*, e vice-versa. Amar ao outro é amar a nós mesmos.

E se a regra de ouro for seu critério para fazer escolhas, seu código de deveres? Suponhamos que você e sua melhor amiga saiam para passear de barco em um grande lago, sem levar coletes salva-vida. O que você faz quando o bote afunda? Você não é um bom nadador, mas acha que dá para chegar à praia. A amiga, contudo, nada como uma pedra e está entrando em pânico. Se ama a si mesmo, você vai querer se salvar. Se ama tanto a amiga como ama a si mesmo, vai tentar salvá-la. Racionalmente, o impulso é aproveitar sua melhor chance de sobrevivência, mas sabe também que, muitas vezes, pessoas tentam salvar outras, mesmo quando elas são estranhas completas. A regra de ouro ajuda-o a resolver esse dilema?

O objetivo da ética é o correto, o bom. É com esse fim em vista que aprendemos conscienciosamente regras éticas, tais como os Dez Mandamentos ou a Senda Óctupla, de Buda — códigos criados por ilustres pensadores idealistas. Ingenuamente, supomos que se decorarmos as regras elas abrirão para nós uma estrada bem balizada, com cruzamentos indicados com clareza, uma estrada que nos levará em segurança através das vicissitudes da vida para aquele pináculo onde seremos claramente revelados como um Homem Bom, um Homem Ético.

Infelizmente, não é tão simples assim, como todos descobriremos a duras penas. Descobriremos a diferença entre o espírito e a letra da lei. Descobriremos que pode haver conflito entre interpretações ou versões do bem, como no cenário acima do afundamento do barco. Descobriremos que prêmios e castigos não são distribuídos com justiça, na base do mérito ético. Vândalos destruíram ou mudaram a posição de muitos cruzamentos importantes ao longo da Estrada para o Pináculo do Bem. Esse é o motivo por que muitos livros sobre ética, escritos por indivíduos sábios e ponderados, não solucionaram realmente para nós o problema. Em uma bela análise de caso de um conflito ético, concluiu Sartre que, em última análise, temos de escolher o caminho de acordo com nosso instinto e sentimento.[6] Do que falava Sartre?

Podemos analisar o pensamento de Sartre aplicando as ideias das modalidades clássica e quântica, extraídas da teoria quântica do *self*. Em primeiro lugar, ambas as modalidades estão ativas em nós. Embora tenhamos liberdade de escolha na modalidade quântica, somos também seres classicamente condicionados, com tendência para reagir como se fôssemos máquinas clássicas. Essa tendência para evitar escolhas estende-se à tendência para evitar responsabilidade. Queremos ser livres na modalidade quântica, mas, ainda assim, ter um mapa para essa liberdade. Infelizmente, todo caminho mapeado é um caminho clássico — um caminho fixo — e não nos leva necessariamente em linha reta para um destino ético em todas as situações.

Essa provação essencial tem de ser compreendida. E Sartre compreendeu-a, e é disso que trata toda a ética existencialista. Compreender a dificuldade de aplicar princípios éticos gerais a circunstâncias específicas infinitamente variadas ajuda-nos a aceitar algumas incoerências no comportamento ético de nós mesmos e dos demais. Ajuda-nos a julgar menos os outros.

Portanto, é impossível formular ética sem falar em manifestá-la na vida. Curiosamente, essa orientação serve também para responder à pergunta de Kant (e de todos nós): por que sou moral?

Por que sou moral?

É irônico que princípios éticos tenham sido transmitidos fielmente através de gerações, sem instruções igualmente meticulosas sobre como dar forma concreta à ética. Sem um contexto explícito de dedicação a crescimento com vistas à transformação, simplesmente não é possível ao homem viver realmente de acordo com esses princípios. Devidamente compreendidos, códigos éticos não são principalmente regras para comportamento externo, mas instruções para meditação interior, enquanto nos comportamos externamente. São técnicas para manifestar a liberdade em nós, para facilitar nossa capacidade de atuar na modalidade quântica. Destarte, a máxima "Ama a teu próximo como a ti mesmo" é inútil para a maioria de nós como código de comportamento, porque nós não nos amamos verdadeiramente e, por conseguinte, não sabemos, para começar, o que é o amor.

No fundo dessa injunção há a certeza de que não somos separados de nosso vizinho. Por conseguinte, amar a nós mesmos implica amar o vizinho, e vice-versa. De modo que a injunção é, simplesmente, aprenda a amar. Amar não é uma coisa, mas um ato do ser. O amor como meditação praticada com tanta persistência quanto possível é diferente de amor como conjunto de comportamentos prescritos ou como reação de prazer. O amor como meditação nos permite amaciar um pouco as fronteiras de nosso ego — permite que a consciência de nosso vizinho penetre em nossa percepção-consciente vez por outra. Com paciência e perseverança, o amor, de fato, acontece dentro de nós. E esse amor — não imposto de fora ou como formas derivadas de amor comportamental — é o que transforma nosso comportamento e toca nosso vizinho.

Temos aqui, portanto, a resposta à pergunta que inevitavelmente surge quando estudamos a filosofia ética de Kant. Se "Cumprir nosso dever" é um imperativo categórico universal, por que alguns entre nós são atormentados por ele, e não outros? A resposta é, em primeiro lugar, como reconheceu o próprio Kant, que a ética e as leis da moral interna são insinuações de nosso *self* interno para conhecermos nosso *self* completo. Em segundo, e mais importante, a injunção para cumprir nosso dever toca apenas aqueles de nós que estão comprometidos com o desejo de explorar nosso *self* pleno, de despertar para o nível *buddhi* que se situa além do ego. Se estamos presos no atoleiro da identidade com o ego, perdemos gradualmente a capacidade de ouvir esses comandos internos.

É interessante que as religiões tocam a corda certa com a ideia de prêmio e castigo. O prêmio pelo ato moral é, na verdade, o céu, mas não no pós-vida. O céu está nesta vida, não é um lugar, mas uma experiência de viver na não localidade quântica. Analogamente, evitar o imperativo ético implica perpetuar a existência no nível do ego e condenarmo-nos a um inferno em vida.

O que é o pecado? É importante fazer essa pergunta porque a religião organizada concentra muitas vezes sua energia e influência em ideias de pecado, do bem contra o mal, de recompensa e punição. A maioria delas oferece alguma versão do inferno como castigo, após a morte, dos pecados cometidos. A maioria fornece também o perdão, ou absolvição do pecado, antes da morte, para permitir ao pecador escapar do inferno.

Em uma visão quântica da ética, o único pecado é o de fossilizar o *self* ou os outros em funcionamento clássico, bloquear o acesso, nosso e dos outros, à modalidade quântica e à manifestação da liberdade e da criatividade. (Esta tese é inteiramente compatível com a ideia cristã do pecado original como a separação de Deus.) Isso porque, tolerando essa estase, terminamos no inferno — o inferno na terra da servidão ao ego, conforme sugerido na história seguinte:

Um homem bom morreu e, como era esperado, acordou em um local celestial. Como estava com fome, pediu comida a um atendente.

— Tudo que você tem de fazer para obtê-la é desejá-la — foi informado.

Maravilhoso! Mas, depois de ter saboreado o banquete de gourmet que desejara, ele se sentiu solitário.

— Eu quero um pouco de companhia feminina — disse ele ao atendente, e mais uma vez foi informado de que precisava apenas desejar o que queria. De modo que ele desejou e, mais uma vez, ficou contente durante algum tempo com sua bela companheira.

Mas, em seguida, começou a sentir-se entediado e, mais uma vez, procurou o atendente.

— Isto aqui não é o que eu esperava — queixou-se. — Pensei que a gente ficava entediado e insatisfeito apenas no inferno.

O atendente fitou-o e perguntou:

— Onde é que você pensa que está?

Nosso ego-*self* procura, com uma frequência grande demais, encontrar um equilíbrio, fazendo o rateio de conceitos polarizados, tais como o bem e o mal. Esta tendência da modalidade clássica de introduzir dualidades causa um bocado de problemas porque leva, intencionalmente ou não, a julgamentos segundo padrões absolutos. Esses julgamentos quase sempre limitam o potencial do indivíduo. Certamente limitam o potencial do julgador e, com frequência, também o do julgado. Não constitui prerrogativa moral nossa impor um código de ética — ou qualquer código — a outra pessoa, porque agir assim interfere na liberdade dela. (Isso não quer dizer que não possamos refrear uma pessoa que aberta e inegavelmente está ameaçando a liberdade de outras. O utilitarismo social tem seu lugar na ética idealista — da mesma maneira que o realismo científico tem seu lugar no idealismo monista.) Imaginem quantos conflitos desapareceriam do mundo se ninguém jamais impusesse a outro uma ideologia!

O bem transformador que buscamos é o da modalidade quântica — o bem que transcende as polaridades do bem e do mal. É o bem da consciência do *atman*.

Pregar o que não se pratica pode ser perigoso. Quase todos nós podemos conjurar imagens horrendas de retidão moral, pois a história registra crueldade indizível praticada em nome da moralidade. Gandhi compreendeu a regra cardeal da ética: a ética tem de ser uma prática espiritual, com raízes interiores puras. Certo dia, uma mulher trouxe a filha pequena à presença de Gandhi, com um pedido simples:

— Diga a minha filha para não comer bombons. Isso é ruim para os dentinhos dela. Ela o respeita e o obedecerá.

Gandhi, porém, recusou-se a atender ao pedido.

— Volte dentro de três semanas — respondeu. — Verei o que poderei fazer.

Quando a mulher voltou, três semanas depois, acompanhada da filha, Gandhi pôs a menininha em seus joelhos e, suavemente, instruiu-a:

— Não coma bombons. Eles são ruins para seus dentes.

A menininha, timidamente, inclinou a cabeça. Em seguida, ela e a mãe se despediram e voltaram para casa. Quando elas se afastaram, alguns dos auxiliares de Gandhi, confusos, perguntaram-lhe:

— Bapu, o senhor sabia que aquela mulher e a filha tiveram de andar durante horas para vir vê-lo, e as fez andar toda essa distância duas vezes em três semanas. Por que não deu aquele conselho simples à menininha quando elas vieram aqui pela primeira vez?

Gandhi riu.

— Há três semanas eu não sabia se eu mesmo podia deixar de comer bombons. Como poderia eu defender um valor se eu mesmo não o praticasse?

Se a ética fosse um sistema fixo e racional de comportamento, de que maneira poderia ser detalhado o suficiente para abranger todas as situações e premissas em um mundo mutável? Em vez disso, escolhas éticas, ou morais, podem ser expressadas melhor de uma maneira ambígua. A ambiguidade gera criatividade, e esta é frequentemente essencial para encontrar soluções ótimas para dilemas. Vamos repensar, por exemplo, o cenário do acidente com o bote, contado anteriormente. O problema na aplicação da regra de ouro nessa triste situação é que, se estivesse morrendo afogado, você desejaria naturalmente que a amiga o salvasse, mas, se soubesse que a tentativa apenas custaria a vida dela, além da sua, você quereria que ela se salvasse. A incerteza da situação cria uma ambiguidade — uma dúvida inescapável sobre o que é ético — que só uma resposta criativa poderia resolver.

O físico russo Yuri Orlov, cuja recente teoria da dúvida foi desenvolvida em uma cela de prisão, vê no surgimento da dúvida sadia a característica do duplo vínculo. O *input* informativo cria duas situações concorrentes na mente daquele que duvida, que não pode evitá-la. A solução, segundo Orlov, não consiste em jogar cara ou coroa, mas em criatividade: "É essencial que exista um conflito: por um lado, é impossível solucionar o dilema; por outro, é necessário solucioná-lo — e devemos confiar em nossa voz interior, não em um gerador de números aleatórios."[7]

Segundo Orlov, a dúvida ocorre porque não há uma solução lógica. A lógica fornece apenas uma oscilação paradoxal entre as opções. O mesmo acontece com um dilema moral. Quando a lógica é insuficiente para fornecer uma solução ética, ela só pode ser aplicada por um salto quântico criativo. Mesmo quando a lógica pode ser estirada para gerar uma solução medíocre, a abordagem criativa frequentemente fornece uma solução mais rica que realmente revoluciona o contexto do problema. A ética, em sua essência, parece envolver a criatividade interior, um encontro transformador com nosso *self* quântico. Esta é a mensagem implícita no perdão, do virar a outra face, pregado por Jesus, que é tão difícil para nós aceitar em nossa modalidade clássica.

E é esse acesso ao *self* quântico no nível de *buddhi* que idealizamos mas achamos tão difícil adotar como resposta a afrontas pessoais. A fim de maximizar o acesso ao *self* quântico, à criatividade e ao livre-arbítrio, temos de estar comprometidos com uma transformação radical da psique. Será fantasia esperar outra coisa. O erro cometido pela maioria dos profetas foi a falta de ênfase na motivação transformadora como fundamental. Prescrições aplicadas externamente são apenas terapia tipo Band-aid. Não, de modo geral não somos capazes de manifestar um ideal sem nos metermos em conflitos aparentemente insuperáveis, com ideias convencionais de *fair play*, recompensa e castigo, além de outras unanimidades sociais que dão respaldo à busca da felicidade e à chamada boa vida.

Na modalidade quântica, evitamos respostas preconcebidas: a criatividade é a meta; temos de permanecer abertos a possibilidades mais expansivas, sem tomar automaticamente, como um ato de condicionamento clássico, o atalho de uma fórmula ética pré-fornecida. Dar a pessoas meios de descobrir, por exemplo, soluções milagrosas em situações como a de amigos que se afogam no lago é a meta. Essa intervenção criativa ocorre certamente quando uma mulher de meia-idade levanta um caminhão de cima de um filho ou do marido ferido. É nessa ética que vivenciamos talvez nosso maior potencial de liberdade.

Podemos, portanto, definir o princípio ético idealista fundamental como a preservação e facilitação do acesso, nosso e do outro, à modalidade quântica — no nível de *buddhi* do ser (que inclui liberdade e criatividade).[8] Analisemos agora a abordagem gradual (os diferentes estágios da vida espiritual) estabelecida na literatura idealista, do ponto de vista de uma jornada ética para manifestação da moralidade em nossa vida. Isso porque a jornada da criatividade interior não está terminada até que o produto, a transformação de nosso *self*, é concluída e comunicada para que os outros a vejam.

Três estágios da prática ética idealista

Uma das melhores exposições da literatura idealista é a encontrada no *Bhagavad Gita*, que seguiremos neste sumário. De acordo com esse pensamento, a jornada ética humana é apresentada em termos de três sendas espirituais — a yoga da ação (karma yoga), a yoga do amor (bhakti yoga) e a yoga da sabedoria (jnana yoga). Em todos os estágios do desenvolvimento ético humano além do utilitarismo do ego, uma dessas yogas predomina — embora todas as três sejam praticadas simultaneamente. Cada uma delas contém uma prática de ação ética.

No primeiro estágio, a yoga da ação, praticamos como agir sem apego ao fruto da ação. A cobiça do fruto da ação pelo ego é que interfere e nos impede de perceber claramente a natureza de nosso condicionamento. Essa incapacidade de perceber o condicionamento impede-nos de reconhecer nossos deveres e nos mantém alheios aos atos éticos. Este é o estado de preparação. Começamos a identificar nossos atos condicionados, o que nos possibilita optar por agir moralmente. Este estágio culmina às vezes com a compreensão de nossa unidade fundamental com o mundo — a experiência da ahá da criatividade interior.

No estágio seguinte, a yoga do amor, agimos a serviço dos demais (como instrumentos de Deus, para usar a metáfora religiosa). Este é o estágio altruísta, o estágio central da ação ética e moral. Descobrimos nele o "outro" — a validade, mais independente do que contingente, de outras manifestações individuais. Ouvimos o chamado do dever e atendemos. Servimos de maneiras diretas e imediatas para o bem de todos, e não apenas para o abstrato maior bem possível para o maior número. Não transigimos com deveres morais fundamentais, logo que compreendemos o que eles são. O serviço que prestamos abre-nos o coração para amar os outros. Quanto mais amamos, mais somos capazes de agir eticamente conosco mesmo e com os demais.

No terceiro estágio, a yoga da sabedoria, agimos por meio de um alinhamento perfeito de nossa vontade e a vontade da modalidade quântica do *self*. Neste alinhamento, renunciamos à vontade do nível do ego em troca da escolha permanente pela consciência unitiva. Esta orientação é semelhante à doutrina ética cristã: seja feita a tua vontade. Contudo, essa maneira de colocar o assunto pode levar a uma interpretação profundamente errônea se "tua" é interpretado como sendo separada do "minha". Essa separação sugere renunciar ao nosso livre-arbítrio em favor de algum instrumento externo, mas a "tua" não é separada "da minha" quando chegamos a esse estágio de maturidade. Dessa maneira, ao renunciar ao ego em troca da modalidade quântica, tornamo-nos realmente livres e criativos. Rigorosamente falando, ética e moralidade não são mais necessários como guias porque não há mais qualquer conflito. Todos eles — ética, moralidade, conflitos — dissolvem-se na vontade da consciência unitiva. Em seguida, há apenas a ação apropriada.

Finalmente, consideremos uma questão que incomoda muitos filósofos éticos. O que acontece se a vida moral colide com a chamada boa vida? Esta dúvida, claro, depende da maneira como definimos a boa vida. À medida que nos transformamos, do nível do ego para o nível de *buddhi* do ser, a definição da boa vida como busca da felicidade muda gradualmente para uma vida de alegria. A busca contínua de prazeres transitórios cede a um viver estável, fácil, sem esforço na plenitude, embora a vida moral seja uma vida de serviço. Podem os dois entrar em conflito? O idealista praticante descobre, como descobriu o poeta Rabindranath Tagore,

> *Dormi e sonhei que a vida era alegria.*
> *Acordei e vi que a vida era serviço.*
> *Agi e, olhem só, serviço era alegria.*

alegria espiritual

Os leitores conheceram, neste livro, o esquema idealista básico da auto-exploração além do ego. Será isso religião ou ciência? E qual o papel em tudo isso da filosofia?

Religião deriva da palavra-raiz *religiere*, que significa "religar". A culminação do processo de desenvolvimento do adulto é, na verdade, uma reconexão com o que somos originariamente — com os processos primários de nosso cérebro-mente, com o *self* não individual. Nesse sentido, o programa idealista é realmente uma religião.

Não obstante, em todas as grandes religiões existem tendências dualistas. Na maioria delas, ocorre o endeusamento de um dado mestre ou a promulgação de um dado sistema de ensinamentos ou crenças. No cômputo final, estes têm de ser transcendidos. Dessa maneira, no estágio final de desenvolvimento, o esquema idealista deve transcender todas as religiões, credos, sistemas de crenças e mestres.

Mas será também ciência esse esquema? Acredito que a maior parte, se não todos os estágios do desenvolvimento adulto, pode ser submetida a testes objetivos (no sentido de objetividade fraca) e, destarte, qualificar-se como ciência. No tocante à psicologia da libertação, nada temos, disse o psicólogo Gordon Allport há não muito tempo. Bem, aqui, finalmente, temos uma psicologia da libertação.

Quando estudarmos o fenômeno da busca espiritual do homem como o mais novo prolongamento da psicologia, talvez o *rapprochement* central entre ciência e religião seja alcançado. Nessa psicologia, ciência e religião terão funções complementares. A ciência se preocupará com novos estudos objetivos, tanto teóricos quanto práticos, relacionados com o fenômeno. A religião se encarregará da disseminação do conhecimento científico assim obtido, mas de uma maneira subjetiva, porque o ensino objetivo de tal conhecimento é, na maior parte, irrelevante. Coroando ambos e agindo como guia teremos a filosofia — a metafísica idealista, que continuará a ser enriquecida com novos *insights*.

A metafísica idealista, inverificável (no sentido científico), pode ser resumida em uma única linha: a consciência é o fundamento de todo ser e nossa consciência do *self* é Essa consciência. A simplicidade da definição é também sua riqueza. Lembre-se da vasta literatura filosófica, com a qual o homem tentou expor e explicar essa metafísica em várias épocas e culturas. Este livro é uma contribuição mais recente para o empreendimento idealista em andamento — uma contribuição apropriada para nossa cultura predominantemente científica.

Nas tradições espirituais, subiram à superfície duas propostas importantes quanto ao estilo espiritual de vida. A dominante tem por fundamento a negação do mundo. O mundo fenomenal é *dukkha* — inquietação, sofrimento —, disse o Buda. No cristianismo paulino, toda a vida do cristão é uma expiação do pecado original. Em grande parte da filosofia vedanta hinduísta, o mundo fenomenal é visto como uma ilusão. Cultores dessa tradição enfatizam a iluminação, a renúncia, o nirvana, a salvação, como vários estágios e formas de fuga do mundo ilusório do sofrimento. Voltamo-nos para o espírito porque o mundo material nada tem a nos oferecer e proclamamos que a elevação espiritual é a mais alta das virtudes. Desse ponto de vista, a ciência, que é a exploração do mundo, parece oposta e contrária às tradições espirituais, dicotomia aparente esta que gerou antagonismo entre ciência e espiritualidade.

No contexto das disciplinas espirituais, no entanto, sempre houve, embora jamais dominantes, vozes insistentes que afirmavam a importância do mundo. Assim, no Japão, paralelo ao Rinzai Zen, com sua ênfase na iluminação, desenvolveu-se o Soto Zen, que destaca o despertar da compaixão, de modo a que possamos servir ao mundo. Na Índia, entre todos os Upanishads que negam o mundo, um deles, o Isha Upanishad, sobressai com a pregação de desfrutar a imortalidade na própria vida.[1] Na China, os taoístas proclamaram uma filosofia de paz e vida jubilosa no mundo. Os bauls, da Índia, igualmente, cantaram a glória da alegria espiritual.

Devido ao seu caráter, que ratifica a importância do mundo, a alegria espiritual abre-se para a investigação da natureza manifesta, que constitui a atividade principal da ciência convencional. Por tudo isso, não deve surpreender que, em última análise, tenhamos desenvolvido uma ciência — ciência idealista — verdadeiramente integrada na filosofia espiritual da alegria. Esta ciência idealista desafia as religiões do mundo a mudar de ênfase, a reconhecer tanto a alegria quanto o sofrimento fundamentais, tanto o mundo quanto o espírito. O atingimento dessa meta será o *rapprochement* final entre ciência e religião.

Além da ciência, da religião e da filosofia, nós existimos e nosso livre-arbítrio existe. Em um dos últimos versos do *Bhagavad Gita*, Krishna diz a Arjuna que tome uma decisão baseada em seu próprio livre-arbítrio, se deve ou não viver à maneira idealista. Esta é a decisão que você, leitor, eu e todos nós temos de tomar, usando nosso livre-arbítrio.

Em um após outro inquérito de opinião pública, descobriu-se que uma percentagem espantosamente grande de americanos tem experiências místicas. Se apenas eles transformassem essas experiências na base para despertar o nível de *buddhi* do ser! E quando um número expressivo de nós tornar-se assim reencantado, estando e vivendo no *buddhi*, uma mudança no movimento da consciência poderá muito bem acontecer em todo o mundo.

Acredito que esse movimento maciço da consciência poderá ser denominado renascimento. Esses períodos de transição ocorreram em muitas culturas e civilizações. O próximo desses renascimentos, que talvez esteja ocorrendo, será muito especial, uma vez que, graças à moderna tecnologia da comunicação, a humanidade está agora interligada. O próximo renascimento terá repercussões planetárias e será um renascimento global da paz.

O *Bhagavad Gita* descreve esses casos de renascimento como a vinda de um avatar, ou mestre do mundo. No passado, esses avatares foram ocasionalmente pessoas isoladas, únicas; em outras ocasiões, houve grupos de indivíduos. O mundo, porém, é muito mais vasto agora e precisa que um número sem precedentes de indivíduos se tornem avatares, para liderar o próximo renascimento. Imagine sua jornada e a minha para um tempo em que haverá um imenso soerguimento, da fragmentação para a unidade na diversidade. Esta será, realmente, uma jornada de herói.

A jornada do herói

Em numerosas culturas, o mito inclui um tema que o mitólogo Joseph Campbell descreve como a jornada do herói.[2] O herói sofre uma separação de seu mundo, parte sozinho para enfrentar forças misteriosas e, finalmente, volta coberto de glória, trazendo consigo (para uma reunião esplendorosa) o conhecimento que obteve. Os gregos manifestaram sua apreciação pelos benefícios do fogo no mito de Prometeu: ele subiu ao céu, roubou dos deuses o segredo do fogo e doou-o à humanidade. Na Índia, Gautama, o Buda, renunciou aos confortos de seu mundo principesco para empreender a jornada do herói, que culminou em seu nirvana. E dele voltou para pregar as verdades da Senda Óctupla. Moisés, o herói de Israel, procurou seu Deus no Monte Sinai, recebeu os Dez Mandamentos e voltou com eles para unificar seu povo. Em todos os casos, a reunião trouxe à luz um ensinamento de integração — uma nova maneira de manifestar o espírito na experiência da vida comum.

Eu vejo o mito da jornada do herói sendo reencenado na busca que a ciência empreende para descobrir a natureza da realidade. O heroísmo individual dos velhos dias, no entanto, cedeu lugar ao heroísmo coletivo. Muitos cientistas desconhecidos do público palmilharam o caminho heroico através de todos os três estágios do mito.

A separação cartesiana de mente e matéria foi historicamente inevitável, para que a ciência pudesse seguir um curso livre, sem os grilhões da teologia. Era necessário estudar a matéria inconsciente sem preconceitos teológicos, a fim de obter compreensão da mecânica e das interações que modelavam toda a matéria, incluindo os vivos e conscientes. Foram necessários quase 400 anos para chegar ao domínio relativo que hoje desfrutamos sobre essas forças físicas.

Foram muitos os marcos miliários nessa jornada de separação e grande o número de heróis. Descartes desfraldou a vela e, sem demora, Galileu, Kepler e Newton tornaram-se os timoneiros do barco do herói. Darwin e Freud completaram a separação, estendendo as leis da mecânica à arena dos vivos e conscientes, separação esta que foi mantida por centenas de cientistas-marinheiros.

No século 20, o vento soprou em uma nova direção o barco dos heróis. Planck descobriu o *quantum*, Heisenberg e Schrödinger descobriram a mecânica quântica, e, juntas, essas descobertas alteraram para sempre o velho curso materialista, separatista. Como disse Bertrand Russell, no século 20 a matéria da ciência parece menos material, e a mente, menos mental. O abismo de 400 anos entre as duas estava pronto para receber a ponte: iniciava-se o retorno do herói.

Prometeu trouxe de volta o fogo. Buda trouxe de volta a Senda Óctupla. Ambos os retornos tiveram como resultados uma revolução na dinâmica da sociedade, uma mudança completa de paradigma. Hoje, na mecânica quântica e em sua interpretação e assimilação na ciência idealista, vemos a capacidade de mudar paradigmas do fogo de Prometeu e das nobres verdades do Buda.

A mitologia é a história do jogo da consciência. Se nos recusamos a investigar a consciência, se deixamos de rejeitar a ideia de consciência como um epifenômeno, então o mito nos deixa para trás. O clímax, a volta do herói, o mais versátil de todos os mitos está agora no palco, mas poucos entre nós podem vê-lo claramente. Essa cegueira levou a escritora Marilyn Ferguson a chamar a mudança de paradigma em andamento de "A Conspiração Aquariana", mas ela é, na verdade, a conspiração mais aberta, mais pública que a história jamais conheceu.[3]

O legado dos velhos separatistas — o dualismo mente-corpo e matéria-consciência — não desaparecerá com a proposta de um monismo baseado no realismo materialista, como tendem a fazer numerosos cientistas da mente. Ou, como enfatizou o neurocirurgião canadense Wilder Penfield: "Declarar que essas duas coisas (mente e corpo) são uma única não as torna assim". Realmente, não torna. Novos cismas simplesmente substituem os antigos, quando uma visão monista é sofregamente adotada — uma visão que é inconsistente e que não leva em conta as preocupações legítimas dos idealistas (isto é, como incluir corpo, mente e consciência, todos os três elementos, em nosso modelo da realidade).

O paradigma aqui descrito abrange ideias realmente integradas, que levam em conta as preocupações dos campos idealista e materialista. Essas ideias estão sendo consideradas não só nas teorias da física quântica, mas também no trabalho experimental de laboratório na psicologia cognitiva e na neurofisiologia.

Mas resta muito a fazer. Mesmo que a nova visão proporcione uma interpretação coerente da mecânica quântica e solucione os paradoxos mente-corpo, grande número de perguntas aguarda ainda resposta, antes que surja um quadro harmonioso. Se a consciência é o estofo do mundo, como elaborar novos experimentos de laboratório que confirmem essa ideia? Esta é apenas uma das perguntas que permanecem sem resposta.

As ideias aqui ventiladas, de uma nova ciência idealista baseada na consciência — ideias que nasceram dos esforços para integrar a ciência na filosofia do idealismo —, merecem uma avaliação séria e pessoal do leitor. Se essa avaliação levá-lo a estudar a consciência, a iniciar sua jornada de herói de transformação, meu trabalho terá sido justificado.

Durante centenas de anos curvamo-nos perante a objetividade da ciência, embora acalentando em nossa vida a subjetividade e a religião. Permitimos que nossa vida se tornasse um conjunto de dicotomias. Poderemos agora convidar a ciência a ajudar a integrar nossos estilos de vida e revolucionar nossas religiões? Poderemos insistir em que nossas experiências subjetivas e filosofia espiritual tenham permissão para ampliar nossa ciência?

— Algum dia — disse o filósofo jesuíta Teilhard de Chardin — depois de termos dominado os ventos, as ondas, as marés, a gravidade, dominaremos... as energias do amor. Nessa ocasião, pela segunda vez na história do mundo, o homem descobrirá o fogo. — Dominamos os ventos, as ondas, as marés e a gravidade (bem, quase). Poderemos começar a dominar as energias do amor? Poderemos realizar nosso pleno potencial — o acesso integrado aos nossos *selves* quântico e clássico? Poderemos deixar que nossas vidas se tornem expressões da surpresa eterna do Ser infinito? Poderemos, sim.

glossário

Amplitude: Mudança máxima de uma distribuição de onda, a partir da posição de equilíbrio.

Arquétipo: A ideia platônica precursora de uma manifestação material ou mental; e, também, símbolo junguiano dos instintos e de processos psíquicos primordiais do inconsciente coletivo.

Aspect, Alain: Físico experimental da Universidade de Paris-Sud, famoso pelo experimento de 1982, que leva seu nome, e que provou a não localidade quântica.

Atman: Palavra sânscrita que significa *self* cósmico mais alto, além do ego, adaptado neste livro como termo para designar o *self* criativo quântico.

Auto-referência: *Loop* lógico do *self*, referindo-se a si mesmo. Ver também *Círculo vicioso*.

Behaviorismo: Principal paradigma da psicologia no século 20. Sustenta que a explicação do comportamento humano é encontrada nos padrões de estímulo-resposta-reforço de um indivíduo.

Bhakti yoga: A yoga do amor ou da devoção.

Bohm, David: Físico inglês que contribuiu substancialmente para a solução do problema da interpretação da mecânica quântica. Embora realista, Bohm demonstra grande apreciação pelo domínio transcendente.

Bohr, Niels: Físico dinamarquês, descobridor do átomo de Bohr e do princípio da complementaridade. Em vida, foi o porta-voz mais influente da interpretação de Copenhague. Segundo Heisenberg, ele nunca aceitou a filosofia positivista (e o instrumentalismo) que, mais tarde, tornou-se o ponto principal da maneira como inúmeros físicos entendiam a mecânica quântica. Bohr entendia perfeitamente que havia significação na estranheza da física quântica.

Cadeia de Von Neumann: A cadeia infinita de mensurações quânticas: qualquer mecanismo de medição que observa um objeto quântico dicotômico torna-se também dicotômico; um segundo mecanismo que mede o primeiro torna-se dicotômico por sua vez, *ad infinitum*.

Campo da mente: Percepção-consciente onde surgem os pensamentos, sentimentos etc.

Causalidade: O princípio de que uma causa precede sempre qualquer efeito.

Cérebro de ligação: Na filosofia dualista de Sir John Eccles, a parte do cérebro que o conecta à ordem mental da realidade.

Círculo vicioso: Ver *Auto-referência*.

Complementaridade: Característica de objetos quânticos possuírem aspectos opostos, tais como de onda e partícula, apenas um dos quais podemos ver em um dado arranjo experimental. De acordo com este autor, os aspectos de complementaridade de um objeto quântico referem-se a ondas transcendentes e a partículas imanentes.

Comprimento de onda: Comprimento de um ciclo de onda: a distância entre os picos da onda.

Consciência: O fundamento do ser (original, auto-suficiente e constitutiva de todas as coisas) que se manifesta como o sujeito que escolhe, e experimenta o que escolhe, ao produzir o colapso auto-referencial da função de onda quântica mediante a percepção-consciente do cérebro-mente.

Constante de Planck: Uma das constantes fundamentais da natureza, ela define a escala do domínio quântico. Devido à pequenez dessa constante, os fenômenos quânticos são em geral limitados ao mundo sub-microscópico.

Correlação de polarização: Dois fótons relacionados em fase, de modo que se um deles sofre colapso quando polarizado ao longo de um certo eixo (como manifestado pela observação), o outro sofre colapso polarizado ao longo do mesmo eixo (da forma determinada pela observação), qualquer que seja a distância entre os fótons.

Correlação EPR: Uma relação de fase que persiste mesmo a distância entre dois objetos quânticos que interagiram durante um período e em seguida deixaram de interagir. Segundo o modelo proposto neste livro, a correlação EPR corresponderia a uma influência do potencial não local entre os objetos.

Córtex cerebral: O segmento mais externo e de evolução mais recente do cérebro dos mamíferos; denominado também neocórtex.

Criatividade: Descoberta de algo novo em um novo contexto.

Decaimento: Processo pelo qual um núcleo atômico emite radiações nocivas e se transforma em um estado diferente.

Demócrito: Filósofo grego da Antiguidade, conhecido principalmente no Ocidente como fundador da filosofia do materialismo.

Desigualdades de Bell: Conjunto de relações matemáticas entre possíveis resultados da observação de objetos quânticos correlacionados, derivada por John Bell, baseado na suposição de localidade de variáveis ocultas.

Determinismo: Filosofia segundo a qual o mundo é causal e inteiramente determinado pelas leis do movimento e condições iniciais, formuladas por Newton (as posições e velocidades iniciais de objetos do universo espaço-tempo).

Determinismo causal: Ver *Determinismo*.

Domínio transcendental: Pertinente a um reino da realidade que se situa paradoxalmente dentro e fora do espaço-tempo físico. Segundo o modelo proposto neste livro, o reino transcendente deve ser interpretado como não local — ele pode influenciar eventos no espaço-tempo, ao tornar possíveis conexões sem comunicação pelos sinais através do espaço-tempo. Ver também *Não localidade* e *Potentia*.

Dualismo: Ideia de que a mente (incluindo a consciência) e o cérebro pertencem a dois reinos separados da realidade. Esta filosofia, contudo, não consegue explicar como os dois reinos interagem sem negar a lei de conservação da energia que se mantém neste mundo.

Efeito fotoelétrico: Expulsão de elétrons de um metal quando atingido por uma luz de alta frequência.

Ego: O aspecto condicionado do *self*.

Einstein, Albert: Talvez o físico mais famoso da história e descobridor das teorias da relatividade. Einstein foi um grande contribuinte para a teoria quântica, incluindo as ideias básicas da dualidade onda-partícula e o princípio da probabilidade. Em seus últimos anos, julgou desagradável para suas convicções como físico a tendência instrumentalista (e positivista) de interpretação da física quântica.

Epifenomenalismo: A ideia de que os fenômenos mentais e a consciência em si são fenômenos secundários da matéria e redutíveis a interações materiais de alguma subestrutura.

Epifenômeno: Um fenômeno secundário; algo que existe contingente à existência anterior de alguma outra coisa.

Epistemologia: Ramo da filosofia que estuda os métodos, origem, natureza e limites do conhecimento e, também, o ramo da ciência que estuda o modo como conhecemos.

Espaço de trabalho global: Ver *Campo mental*.

Estado básico: O estado de energia mais baixo dos sistemas quânticos.

Estado de consciência: Condições, na consciência, de graus variáveis de percepção-consciente. Exemplos no particular seriam os estados de vigília, sono profundo, sono com sonhos, hipnose, estados meditativos e assim por diante.

Estados mentais puros: As condições da mente quântica, constituídas dos modos normais do sistema quântico do cérebro, postulados neste livro. Os arquétipos junguianos podem ser exemplos particulares.

Experiência mística: Uma experiência da consciência em sua primazia além do ego.

Experiência transcendental: Experiência direta da consciência além do ego.

Experimento de fenda dupla: O experimento clássico para determinar características das ondas. Uma onda de luz, por exemplo, é dividida ao passar através de duas fendas em uma tela para produzir um padrão de interferência em uma chapa fotográfica ou uma tela fluorescente.

Frequência: Número de ciclos de onda por segundo.

Freud, Sigmund: Fundador da psicologia moderna, Freud é um enigma para aqueles que classificam pessoas em categorias filosóficas rígidas. Embora grande parte de seus escritos dê apoio ao realismo materialista, o conceito de inconsciente que propôs não se ajusta a essa filosofia e foi atacado por tal motivo.

Função de onda: Uma função matemática que representa a amplitude das ondas de probabilidade quântica. É obtida como uma solução da equação de Schrödinger.

Funcionalismo: Uma filosofia do cérebro-mente, segundo a qual a mente é considerada como a função e o cérebro como a estrutura, em paralelo com o análogo correspondente de computador, de *software* e *hardware*.

Funcionalismo clássico: Ver *Funcionalismo*.

Funcionalismo quântico: Filosofia proposta neste livro, de que o mecanismo funcional e estrutural do cérebro-mente consiste de componentes clássicos e quânticos.

Gaiola de Faraday: Um espaço fechado metálico que bloqueia todos os sinais eletromagnéticos.

Gato de Schrödinger: Paradoxo criado por Schrödinger para descrever as consequências enigmáticas da matemática quântica, quando interpretada literalmente e aplicada a macrossistemas.

Gunas: Qualidades da consciência na psicologia indiana antiga que correspondem a impulsos psicológicos na terminologia mais moderna.

São três os *gunas*: *sattwa* (criatividade), *rajas* (libido) e *tamas* (ignorância condicionada).

Heisenberg, Werner: Físico alemão e co-descobridor da mecânica quântica, ele foi talvez o único entre os fundadores da física quântica a compreender realmente e defender a natureza idealista da metafísica quântica. A descoberta que fez da mecânica quântica é em geral considerada como um dos eventos mais criativos da história da física.

Hierarquia entrelaçada: Um *loop* entre níveis de categorias, uma hierarquia que não pode ser causalmente atribuída sem ser encontrada uma descontinuidade. Um exemplo disso é o paradoxo do mentiroso: "Eu sou um mentiroso".

Hofstadter, Doug: Físico e pesquisador da inteligência artificial. É autor do livro *Gödel, Escher, Bach*.

Holismo: Filosofia baseada na ideia de que o todo é funcional ou expressivamente maior do que a soma de suas partes.

Homúnculo: O "homenzinho" dentro de nossa cabeça e supostamente o determinador de nossos atos.

Idealismo: Filosofia que sustenta que os elementos fundamentais da realidade têm de incluir tanto a matéria quanto a mente. Ver também *Idealismo monista*.

Idealismo monista: Filosofia que define a consciência como realidade primária, como o fundamento de todo o ser. Os objetos de uma realidade empírica de consenso são todos eles epifenômenos da consciência, que surgem de modificações da mesma. Não há natureza de *self* no sujeito ou no objeto de uma experiência consciente, à parte da consciência.

Imperativo categórico: Ideia do filósofo Immanuel Kant, de que agimos moralmente porque ouvimos injunções interiores para cumprir nossos deveres morais.

Inconsciente: A realidade da qual há consciência, mas não percepção-consciente (de acordo com este livro). Ver também *Inconsciente pessoal* e *Inconsciente coletivo*.

Inconsciente coletivo: Inconsciente unitivo — o aspecto de nossa consciência que transcende espaço, tempo e cultura, mas do qual não nos apercebemos. Conceito introduzido por Jung.

Inconsciente pessoal: O inconsciente freudiano, a arena de instintos geneticamente programados e das memórias pessoais reprimidas que afetam nossas ações conscientes por meio de impulsos inconscientes.

Instrumentalismo: Filosofia que considera a ciência como apenas um instrumento para analisar dados experimentais e orientar a nova tecnologia, e priva-a de qualquer credibilidade em assuntos metafísicos.

Interferência: A interação de duas ondas incidentes na mesma região do espaço que produz uma perturbação resultante igual à soma algébrica das perturbações individuais das respectivas ondas.

Interpretação de Copenhague: Interpretação-padrão da mecânica quântica, desenvolvida por Bohr e Heisenberg, baseada nas ideias de interpretação de probabilidades e nos princípios da incerteza, complementaridade, correspondência e inseparabilidade do sistema quântico e de seu mecanismo de medição.

Jnana yoga: Yoga baseada no uso do intelecto para transcender o intelecto.

Jung, Carl G.: Psicólogo fundador da grande força da psicologia moderna que leva seu nome. É famoso pelo conceito de inconsciente coletivo e por seu *insight* visionário de que a física e a psicologia algum dia se uniriam.

Kant, Immanuel: Filósofo idealista, cuja filosofia ética baseia-se na ideia dos imperativos categóricos.

Karma yoga: A yoga da ação, na qual o indivíduo atua, mas renuncia ao interesse pessoal nos frutos da ação.

Koan: Declaração ou pergunta paradoxal usada na tradição do zen-budismo para estimular a mente a dar um salto descontínuo (quântico) para a compreensão.

Lei de conservação da energia: A ideia, confirmada em todos os experimentos científicos até agora realizados, de que a energia do universo material permanece como uma constante.

Libido: Termo freudiano para a força vital, mas também frequentemente usado para denotar energia sexual.

Livre-arbítrio: Liberdade de escolha não determinada por qualquer causa necessária. De acordo com este livro, exercemos livre-arbítrio no nível secundário quando dizemos não a respostas aprendidas, condicionadas.

Localidade: Ideia de que todas as interações ou comunicações entre objetos ocorrem através de campos ou sinais que se propagam através do espaço-tempo, obedecendo ao limite da velocidade da luz.

Macrocorpos: Objetos em grande escala, tais como uma bola de beisebol ou uma mesa.

Macrorrealismo: A filosofia que diz que o mundo é dividido em dois tipos de objetos, microbjetos quânticos e macrobjetos clássicos.

Máquina de Turing: Uma máquina que traduz um conjunto de símbolos em outros. A máquina de Turing é universal e seu funcionamento, em essência, independe de sua representação específica.

Marcel, Anthony: Psicólogo cognitivo que realizou o que, do ponto de vista teórico quântico, talvez seja um conjunto crucial de experimentos de eliminação da ambiguidade de palavras.

Maslow, Abraham: Fundador da psicologia transpessoal, que se baseia em uma estrutura idealista monista.

Maya: A separatividade percebida do "Eu" e do mundo. Traduzido também como "ilusão".

Mecânica clássica: Sistema de física baseada nas leis do movimento de Isaac Newton. Atualmente, ela permanece apenas aproximadamente válida para a maioria dos macrobjetos como um caso especial da mecânica quântica.

Mecânica quântica: Teoria da física baseada na ideia do *quantum* (uma quantidade distinta) e nos saltos quânticos (uma transição descontínua) — descoberta inicialmente em conexão com objetos atômicos.

Mensagem binária: Uma mensagem que usa variáveis que assumem um único de dois possíveis valores: 0 ou 1.

Mente: Neste livro, a organização e funções do cérebro no macronível, incluindo a macroestrutura quântica ainda não mapeada responsável pelas características não locais da mente.

Mente quântica: Estados mentais que surgem do mecanismo quântico do cérebro-mente.

Modos normais: Modos estáveis de excitação ou vibração de um sistema formado por várias partes interatuantes.

Monismo: Filosofia que postula que mente e cérebro pertencem à mesma realidade.

Movimento browniano: Movimento aleatório de partículas suspensas em um líquido. O movimento é causado por colisões aleatórias de partículas com as moléculas do líquido.

Mudança de paradigma: Mudança fundamental na superteoria ou visão de mundo abrangente e que orienta o trabalho científico em uma dada época.

Mundo de manifestação: Designação idealista monista do mundo imanente de nossa experiência do espaço-tempo-matéria-movimento comuns para distingui-lo do mundo transcendente das ideias e arquétipos. Note, contudo, que tanto o mundo transcendente quanto o imanente existem na consciência — o primeiro como formas de possibilidade (ideias) e o segundo como o resultado manifesto de uma observação consciente.

Não localidade: Uma influência ou comunicação instantânea, sem qualquer troca de sinais através do espaço-tempo; uma totalidade intacta ou não separabilidade que transcende o espaço-tempo. Ver também *Domínio transcendental*.

Neocopenhaguismo: Uma revisão instrumentalista recente da interpretação de Copenhague, baseada nas ideias positivistas de que nada há além de nossa experiência, que a mecânica quântica nada mais é do que um conjunto de regras para calcular o que podemos medir e que não há metafísica quântica.

Neocórtex: Ver *Córtex cerebral*.

Newton, Isaac: O fundador da mecânica clássica.

Nível inviolado: O domínio transcendente além da descontinuidade lógica de uma hierarquia entrelaçada e ponto de observação do qual a causa do entrelaçamento é clara.

Núcleo: O centro pesado de um átomo, em torno do qual revolvem os elétrons.

Objetividade forte: Uma teoria ou declaração sobre a realidade que não faz referência qualquer a sujeitos ou ao envolvimento do observador. A ideia de que objetos separados existem independentemente do observador; um dos postulados da filosofia do realismo.

Objetividade fraca: A ideia de que os objetos não são independentes do observador, mas que eles devem ser os mesmos, pouco importando quem seja o observador. A objetividade defendida pela mecânica quântica é a objetividade fraca.

Onda de probabilidade: A onda de um objeto quântico. O quadrado da amplitude da onda em um ponto dá a probabilidade de encontrar a partícula nesse ponto.

Ondas de matéria: Objetos materiais, tais como elétrons e átomos (e mesmo macrocorpos) têm propriedades de ondas, de acordo com a mecânica quântica. Ondas de objetos materiais são chamadas de ondas de matéria.

Ondícula: Um objeto quântico-mecânico transcendente que apresenta os aspectos complementares de onda transcendente e partícula imanente.

Ontologia: Estudo da essência do ser ou da realidade fundamental; metafísica.

Padrão de difração: Padrão de reforços e cancelamentos alternados de perturbações de onda, produzido em todas as ocasiões em que ondas se curvam em torno de obstáculos ou passam através de fendas.

Padrão de interferência: O padrão de reforço de uma perturbação de onda em alguns locais e cancelamento em outros, que é produzido pela superposição de duas (ou mais) ondas.

Palavras polissêmicas: Palavras com mais de um significado, que pode parecer ambíguo em certos contextos, como, por exemplo, *palma* (de árvore ou parte da mão).

Paradoxo EPR: O paradoxo inventado por Einstein, Podolsky e Rosen para provar a incompleteza da mecânica quântica. Em vez disso, o paradoxo facilitou o caminho para a prova experimental da não localidade. Ver *Correlação EPR*.

Percepção-consciente: O "espaço" da mente em relação ao qual objetos da consciência, tais como pensamentos, podem ser distinguidos. Análogo ao espaço físico no qual se movem os objetos materiais.

Percepção inconsciente: Ver sem percepção-consciente de que se vê. Neste livro, percepção para a qual não há colapso do estado quântico da mente.

Planck, Max: O descobridor da ideia do *quantum*.

Polarização: Os dois valores da luz, a capacidade dela de alinhar seu eixo ao longo de ou perpendicular a qualquer dada direção.

Positivismo: Ver *Positivismo lógico*.

Positivismo lógico: Filosofia pragmática, de acordo com a qual devemos nos manter a distância da metafísica e considerar apenas o que podemos experienciar ou aquilo que podemos tornar objeto de experimento.

Potencial evocado: Uma resposta eletrofisiológica produzida no cérebro por um estímulo sensorial.

Potentia: O domínio transcendente das ondas de probabilidade da física quântica.

Princípio antrópico: A afirmação de que observadores são necessários para trazer o universo à manifestação. Denominado também *princípio antrópico forte*.

Princípio da correspondência: A ideia, descoberta por Bohr, de que em certas condições limitadoras (que são satisfeitas pela maioria dos macrocorpos nas circunstâncias comuns) a matemática quântica prediz o mesmo movimento que a matemática clássica newtoniana.

Princípio da incerteza: O princípio de que quantidades complementares, como *momentum* e posição de um objeto quântico, não podem ser medidas simultaneamente com precisão absoluta.

Psicologia transpessoal: Escola de psicologia baseada na ideia de que nossa consciência estende-se além do ego condicionado, individual, para incluir um aspecto unitivo e transcendente.

Quantum: Um pacote distinto de energia, a denominação mais baixa de energia ou outras quantidades físicas que podem ser intercambiadas.

Radioatividade: A propriedade de certos elementos químicos de emitir espontaneamente radiação nociva, enquanto seus núcleos atômicos sofrem decaimento. O decaimento radioativo é governado por regras de probabilidade quânticas.

Rajas: Palavra sânscrita significando tendência para a ação, semelhante a libido — uma pulsão psicológica do tipo freudiano.

Realidade: Tudo que existe, incluindo o local e o não local, o imanente e o transcendente; em contraste, o universo do espaço-tempo refere-se ao aspecto local, imanente, da realidade.

Realidade imanente: Ver *Mundo da manifestação*.

Realismo: A filosofia que propõe a existência de uma realidade empírica independente de observadores, ou sujeitos. Ver também *Realismo materialista*.

Realismo materialista: Uma filosofia que sustenta que só há uma realidade material, que todas as coisas são feitas de matéria (e seus correlatos, energia e campos) e que a consciência é um epifenômeno da matéria.

Reducionismo: A filosofia que diz que fenômenos ou estruturas em geral podem ser reduzidas e inteiramente descritas por seus componentes e interações entre eles.

Relação de fase: Uma relação entre as fases (condições) do movimento de objetos, especialmente de ondas.

Relatividade: A teoria da relatividade especial, descoberta por Einstein em 1905, que mudou nosso conceito de tempo, do tempo absoluto newtoniano para um tempo que existe em relação ao movimento.

Salto quântico: Uma transição descontínua de um elétron, de uma órbita atômica para outra sem passar pelo espaço entre as órbitas.

Samadhi: A experiência de transcendência da identidade do nível do ego, na qual o indivíduo compreende a verdadeira natureza do *self* e das coisas.

Satori: Termo zen equivalente a *samadhi*.

Sattwa: Palavra sânscrita equivalente à criatividade, um dos impulsos psicológicos, segundo a psicologia hindu.

Schrödinger, Erwin: Físico austríaco, co-descobridor com Heisenberg da mecânica quântica, foi contrário à interpretação da probabilidade durante muito tempo. Mais tarde na vida, aceitou alguns elementos da filosofia do idealismo monista.

Self: O sujeito da consciência.

Self **clássico**: Termo usado neste livro para denotar a modalidade condicionada do *self*, o ego.

Self **quântico**: A modalidade do sujeito primário do *self*, além do ego, na qual reside a autêntica liberdade, a criatividade e a não localidade da experiência humana.

Senda óctupla: Os oito princípios de vida enunciados pelo Buda para cessação da inquietude fundamental (*dukka*) da condição humana.

Sincronicidade: Coincidências sem causa, mas significativas. Um termo empregado por Jung.

Sistema de realimentação: Um sistema hierárquico no qual o nível mais baixo afeta o nível mais alto e o nível mais alto reage e afeta o mais baixo. Um exemplo disso é uma sala controlada por termostato.

Solipsismo: A filosofia que diz que podemos provar apenas a existência de nosso próprio *self*.

Superposição coerente: Um estado quântico multifacetado, com relações de fase entre suas diferentes facetas (ou possibilidades). Um elétron que passa por uma fenda dupla, por exemplo, torna-se uma superposição coerente de dois estados: um estado correspondente à sua passagem pela fenda 1 e outro correspondente à sua passagem pela fenda 2.

Tamas: Palavra sânscrita que, na psicologia hindu, significa tendência para ação condicionada.

Teorema de Bell: Teorema formulado por Bell, afirmando que variáveis locais ocultas são incompatíveis com a mecânica quântica.

Teorema de Gödel: Teorema matemático que diz que todo sistema matemático substancial tem de ser ou incompleto ou inconsistente; há sempre uma proposição que um sistema matemático não pode provar com seus próprios axiomas, mas, ainda assim, podemos intuir a validade da proposição.

Teoria da identidade: A filosofia baseada na ideia de que cada estado mental corresponde a e é idêntico a um estado físico particular do cérebro.

Teoria de mensuração: A teoria de como um estado quântico expandido, multifacetado, reduz ou produz o colapso a uma única faceta ao efetuar a mensuração. Segundo pensamos, a mensuração é realizada apenas pela observação consciente, com um observador em estado de percepção-consciente.

Teoria do caos: Uma teoria de certos sistemas clássicos deterministas (denominados sistemas caóticos), cujo movimento é tão sensível às condições iniciais que não são suscetíveis a prognósticos a longo prazo. Para os materialistas, este caráter determinado, mas não previsível dos sistemas caóticos, tornam-nos uma metáfora conveniente para descrever fenômenos subjetivos.

Teoria dos conjuntos: Teoria matemática relativa a conjuntos que são "um Muito que se permite ser concebido como um Único".

Teoria dos jogos: Um estudo idealizado de jogos, supondo que os jogadores são todos eles racionais. Em particular, um *jogo de soma zero* refere-se a um jogo em que há um vencedor e um perdedor.

Tipo lógico: Uma classificação da teoria dos conjuntos de acordo com categoria, como, por exemplo, um conjunto é uma categoria mais alta do que seus membros.

Ultravioleta: Luz de frequência mais alta do que a luz visível. Os fótons ultravioleta são mais energéticos do que os fótons visíveis. Denominada também luz negra.

Utilitarismo: A teoria de que a ética é um código para "o maior bem do maior número".

Variáveis ocultas: Parâmetros desconhecidos (ocultos) que são postulados por Bohm e outros para restabelecer o determinismo na mecânica quântica. De acordo com o teorema de Bell, quaisquer variáveis ocultas têm de existir em um mundo fora do espaço-tempo e, portanto, são incompatíveis com o realismo materialista.

Vedanta: O fim, ou mensagem final, dos Vedas hindus nos Upanishads. A vedanta propõe a filosofia do idealismo monista.

Velocidade da luz: A velocidade na qual viaja a luz (aproximadamente 300 mil quilômetros por segundo). É também a mais alta velocidade que a natureza permite no espaço-tempo.

Visão a distância: Ver a distância mediante telepatia psíquica. Segundo o modelo postulado neste livro, visão não local.

Visão cega: Ver sem consciência total da percepção-consciente de que se vê.

Von Neumann, John: Matemático que foi o primeiro a postular que a consciência provoca o colapso da função de onda quântica. Realizou também trabalho fundamental na teoria dos jogos e na teoria dos computadores modernos.

Wigner, Eugene: Físico laureado com o Prêmio Nobel que nos deu o paradoxo do amigo de Wigner e que também, durante certo tempo, apoiou a ideia de que a consciência produz o colapso da onda quântica.

notas

Capítulo 1

1. Um comentário semelhante foi feito pelo físico Murray Gell-Mann.
2. Este comentário é atribuído ao neurofisiologista John Eccles.
3. Paráfrase de um comentário feito pelo psicólogo cognitivo Ulric Neisser.
4. Essa tendenciosidade materialista influencia atualmente a maioria dos cientistas, entre eles o neurofisiologista Roger Sperry, o físico-químico Ilya Prigogine e o físico Carl Sagan, para mencionar apenas alguns.
5. Esta, por exemplo, é a posição do filósofo Karl Popper.
6. Berman (1984).

Capítulo 2

1. Maslow (1970).
2. Citado em Capek (1961).
3. Ver Gleik (1987).
4. Turing (1964).
5. Penrose (1989), p. 418.
6. Feynman (1982).
7. Jahn (1982).
8. Turing, op. cit.
9. Para prova da descontinuidade na criatividade, ver Goswami (1988).
10. Eccles (1976).

Capítulo 3

1. Kuhn (1962).

Capítulo 4

1. Platão (1980).
2. Shankara (1975).
3. Dionísio (1965).
4. Goddard (1970), p. 32-33.
5. As citações aqui transcritas, das notas 6 a 15, foram compiladas por Joel Morwood e constam de um trabalho ainda inédito.
6. Catarina de Gênova (1979), p. 129.
7. Goddard (1970), p. 514.
8. Arabi (1976), p. 5.
9. Scholem (1954), p. 216.
10. Dowman (1984), p. 159.
11. Colledge e McGinn (1981), p. 203.
12. Monsoor foi executado por essas palavras.
13. Shankara (1975), p. 115.
14. João, 10:30.
15. Goddard (1970), p. 293.
16. Arabi (1980).
17. Nikhilananda (1964), p. 90.
18. Estou seguindo aqui as ideias de William James (1958).
19. Ver Davies (1983).
20. Heisenberg (1958).
21. Mermin (1985).
22. Aspect, Dalibard e Roger (1982).
23. Stapp (1977).
24. Heisenberg (1958).

Capítulo 5

1. Squires (1986).
2. Ramanan (1978).
3. Hellmuth et al. (1986), p. 108.
4. Wheeler (1982).
5. Heisenberg (1930), p. 39.
6. Milne (1926).
7. Blake (1981), p. 108.

Capítulo 6

1. Lowell (1989).
2. Ver Gibbins (1987).
3. Everett (1957) (1973). Para uma boa visão da teoria dos muitos mundos, ver também DeWitt (1970).

4. Von Neumann (1955); London e Bauer (1983); Wigner (1962); Wheeler (1983); von Weizsacker (1980).
5. d'Espagnat (1983).
6. Ver, por exemplo, Mattuck e Walker (1979), p. 111.
7. Wigner (1967), p. 181.
8. Bohm (1980).
9. Bohr (1963).
10. Schumacher (1984), p. 93.
11. Bohr (1949), p. 222.
12. Leggett (1986).
13. Leggett, loc. cit.
14. Von Neumann (1955).
15. Ramachandran (1980).
16. Penfield (1976).
17. Schrödinger (1969).
18. Citado em Rae (1986).
19. Wheeler (1986).
20. Lefebvre (1977).
21. Hofstadter (1980).
22. Esta é, em essência, a denominada solução de manual do problema da mensuração.
23. Isto é chamado de teorema Poincaré-Misra. Para um sumário recente, ver Prigogine (1980).
24. Szilard (1929).
25. Ver Rae (1986); ver também Prigogine (1980).
26. Estou tomando aqui uma licença poética. Houve algumas outras tentativas de solução do problema da mensuração quântica. Não obstante, a conclusão se mantém.

Capítulo 7

1. Baars (1988).
2. Humphrey e Weiskrantz (1967).
3. Humphrey (1972).
4. Shevrin (1980).
5. Sperry (1983).
6. Marcel (1980).

Capítulo 8

1. Einstein, Podolsky e Rosen (1935).
2. Pagels (1982).
3. Bohm (1951).
4. Schrödinger (1948).
5. Aspect, Dalibard e Roger (1982).

6. Bell (1965).
7. Herbert (1985).
8. Para um sumário competente de todos os experimentos antes do de Aspect, ver Clauser e Shimony (1978).
9. Bohm alega que há em sua teoria espaço para a criatividade, em virtude da dinâmica do caos. Ver Bohm e Peat (1987). Conforme notado no Capítulo 2, contudo, a criatividade via dinâmica do caos é uma pseudocriatividade. A consciência em si introduz-se na teoria de Bohm de uma forma arbitrária.
10. Jung (1971), p. 518.
11. Ibid.
12. Weinberg (1979).
13. Puthoff e Targ (1976); Jahn (1982).
14. Mermin (1985).
15. Goswami (1986).
16. Grinberg-Zylberbaum et al. (1992).
17. O requisito de comunicação direta torna impraticável usar o cérebro do sujeito como telégrafo não local, usando Código Morse.
18. Monroe (1973).
19. Sabom (1982).
20. Kaufman e Rock (1982).
21. Para informações sobre o trabalho realizado pelos russos, ver Jahn (1982).
22. Ibid.
23. Mermin (1985).

Capítulo 9

1. Uma ideia semelhante foi proposta por Wolf (1984).
2. Hawking (1990).
3. Wheeler (1986).
4. Para uma boa discussão do princípio antrópico, ver Barrow e Tipler (1986).
5. Ver também d'Espagnat (1983).
6. Para uma discussão esclarecedora, ver Robinson (1984).
7. Robinson, loc. cit.
8. Goswami (1985).
9. No The Gospel According to Thomas, Jesus disse algo semelhante: "O reino (de Deus) está dentro de vós e também fora de vós". Guillaumont et al. (1959), p. 3.
10. Maslow (1966).

Capítulo 10

1. Citado em Uttal (1981).
2. Comentários como esse são abundantes na obra de Skinner. Ver, por exemplo, Skinner (1976).
3. Um bom sumário da filosofia da identidade pode ser encontrado em Hook (1960).

4. Berkeley (1965).
5. Sperry (1980).
6. Para uma introdução muito agradável à filosofia do funcionalismo, ver Fodor (1981); Van Gulik (1988).
7. Popper e Eccles (1976).
8. Searle (1980).

Capítulo 11

1. Nikhilananda (1964).
2. Bohm (1951).
3. Harman e Rheingold (1984).
4. Ibid, p. 45.
5. Ibid, p. 28-30.
6. Ibid, p. 47-48.
7. Marcel (1980).
8. Selfridge e Neisser (1968).
9. Rumelhart et al. (1986).
10. Posner e Klein (1973).
11. Crick (1978).
12. McCarthy e Goswami (1992).
13. Walker (1970).
14. Eccles (1986).
15. Bass (1975); Wolf (1984).
16. Jahn e Dunn (1986).
17. Feynman (1982).
18. Stuart, Takahashy e Umezawa (1979).
19. Stapp (1982).
20. Goswami (1990).
21. Jung (1971).
22. Em linguagem técnica, a ideia é que o sistema quântico do cérebro poderia ser resultado da condensação de Boson. Ver Lockwood (1989).
23. Orme-Johnson e Haynes (1981).
24. Grinberg-Zylberbaum e Ramos (1987); Grinberg-Zylberbaum (1988).
25. Grinberg-Zylberbaum et al. (1992).
26. Ver McCarthy e Goswami.
27. Bohr (1963).
28. Von Neumann (1955).
29. Hofstadter (1980).

Capítulo 12

1. Bateson (1980).
2. Brown (1977).
3. Hofstadter (1980).

4. É bem verdade que o "paradoxo do mentiroso" expresso dessa maneira não é incontestável, mas pode ser facilmente transformado em incontestável por algo do tipo: O que eu estou dizendo agora é uma mentira. Contudo, não é isso o que interessa. O que interessa é que, com nossas suposições usuais sobre linguagem, "Eu sou um mentiroso" transmite a contradição lógica à maioria dos adultos.

5. Peres e Zurek (1982).

Capítulo 13

1. Neumann (1954).
2. Brown (1977).
3. Em um trabalho recente, Mark Mitchell e eu demonstramos que uma generalização auto-referencial da mecânica quântica pode ser encontrada em uma equação não linear de Schrödinger. O condicionamento de um sistema quântico auto-referencial deriva da não linearidade. Mitchell, M. e Goswami, A.
4. Stevens (1964).
5. Attneave (1968).
6. Libet (1979).
7. Pode haver mais cilada aqui. Em um experimento, Libet e Feinstein usaram dois estímulos: um aplicado diretamente à pele e o outro a uma área do córtex somato-sensorial que simula um estímulo de toque distinguível de um estímulo na pele. O estímulo cortical foi o primeiro a ser aplicado e o estímulo na pele, alguns segundos depois. Uma vez que ambos os estímulos levam cerca de meio segundo para o reconhecimento consciente, esperava-se que o estímulo cortical fosse o primeiro a ser sentido. Surpreendentemente, o sujeito comunicou que a sensação do estímulo na pele ocorreu primeiro, referindo sua ocorrência a um instante próximo do tempo de sua origem. A explicação de Libet é que há um marcador de tempo prematuro no potencial evocado, relacionado com o estímulo na pele, ao passo que esse marcador não existe no caso do estímulo cortical. Lembre-se (Capítulo 6) de que a flecha do tempo no caso do mundo manifesto começa com o evento do colapso primário. O marcador de tempo prematuro do potencial evocado no caso de um estímulo na pele pode estar sinalizando o evento do colapso primário e a comunicação inversa do paciente pode ser devida a esse fato.
8. Brown (1977).
9. Leonard (1990).
10. Maslow (1968).
11. Eliot (1943).
12. Goswami (1990).
13. Skinner (1962).

Capítulo 14

1. Este capítulo baseia-se, na maior parte, em Goswami e Burns, *The Self and the Question of Free Will*, inédito.

2. Husserl (1952).
3. Tart (1975).
4. Rummelhart et al. (1986).
5. Waldrop (1987).
6. Hofstadter (1984), p. 631-65.
7. Zaborowski (1987).
8. Dollard e Miller (1950).
9. Bandura (1977).
10. Mitchell e Goswami, op. cit.
11. Husserl (1952).
12. Maslow (1968).
13. Sartre (1955)
14. Taimni (1961).
15. Dalai-lama (1990).
16. Assagioli (1976).
17. Libet (1985).
18. McCarthy e Goswami (1992).
19. Wilber (1977).
20. Shankara (1975).
21. *Sattwa* é traduzido às vezes, erroneamente, como "bondade".A tradução correta é iluminação ou criatividade.
22. Wilber (1979).

Capítulo 15

1. Dawkins (1976).
2. Geertz (1973).
3. Manifesto aqui minha gratidão ao meu colega, o antropólogo Richard Chaney, por numerosas discussões sobre este assunto.
4. Eisler (1987).

Capítulo 16

1. Goswami (1988).
2. Embora, inicialmente, Freud definisse libido inteiramente em termos do impulso sexual, em trabalhos posteriores ele parece usar a palavra para indicar toda a "força vital". Uso a palavra *libido* neste sentido freudiano mais geral.
3. Lamb e Easton (1984).
4. Harman e Rheingold (1984).
5. Brown (1977).
6. Bose (1976).
7. Maslow (1968).
8. Krishnamurti (1973).
9. Erikson (1959); Maslow, loc. cit.; Rogers (1961).

Capítulo 17

1. Nikhilananda (1964), p. 116.
2. Bateson (1980).
3. Merrell-Wolff (1970).
4. Wallace e Benson (1972).
5. Anand e Chhina (1961).
6. Hirai (1960).
7. Lagmay (1988).
8. Green e Green (1977).
9. Posner (1980).
10. Carrington (1978).
11. Citado em Joralman (1983).
12. Tagore (1975).
13. Uma bela descrição do estado de testemunha perfeita pode ser encontrada em Merrell-Wolff (1973); ele chamou esse estado de alta indiferença.
14. Chaudhury (1981).
15. Nagel (1981).
16. Bly (1977).

Capítulo 18

1. Este capítulo baseia-se, na maior parte, em Goswami, "An idealist theory of ethics", *Creativity Research Journal.*
2. Bloom (1988).
3. Stapp (1985).
4. Kant (1886).
5. Bentham (1976); Mill (1973).
6. Sartre (1980).
7. Orlov (1987); Eddie Oshins, comunicação particular.
8. Garcia (1991).

Capítulo 19

1. Aurobindo (1951).
2. Campbell (1968).
3. Ferguson (1980).

bibliografia

AL-ARABI, Ibn. 1976. *Whoso Knoweth Himself*. Traduzido por W. H. Weir, Gloucestershire, Reino Unido: Beshara Publications.

——. 1980. *The Bezels of Wisdom*. Traduzido por R. W. J. Austin. Nova York: Paulist Press.

ANAND, B., e CHHINA, G. 1961. "Investigations on yogis claiming to stop their heartbeats." *Indian Journal of Medical Research*, 49: 90-94.

ASPECT, A.; DALIBARD, J. e ROGER, G. 1982. "Experimental test of Bell inequalities using time-varying analyzers." *Physical Review Letters*, 49: 1804.

ASSAGIOLI, Roberto. 1976. *Psychosynthesis: A Manual of Principle and Techniques*. Nova York: Penguin. [*Psicossíntese*: as bases da psicologia moderna e transpessoal. 2 ed. São Paulo: Cultrix, 2013.]

ATTNEAVE, F. 1968. "Consciousness research in men and in man." Trabalho apresentado no Burg-Wartenstein Symposium no 40; pré-publicação, Universidade de Oregon, 1968.

AUROBINDO, Sri. 1951. *Isha Upanishad*. Pondicherry, Índia: Aurobindo Ashram Press.

BAARS, B. J. 1988. *A Cognitive Theory of Consciousness*. Cambridge: Cambridge University Press.

BANDURA, A. 1977. *Social Learning Theory*, Englewood Cliffs, N.J.: Prentice Hall.

BARROW, J. D. e TIPLER, F. J. 1986. *The Anthropic Cosmological Principle*. Nova York: Oxford University Press.

BASS, L. 1975. "A quantum mechanical mind-body interaction." *Foundations of Physics*, 5: 155-72.

BATESON, G. 1972. *Steps to an Ecology of Mind*. Nova York: Ballantine.

——. 1980. *Mind and Nature*. Nova York: Bantam. [*Mente e natureza*. Rio de Janeiro: Francisco Alves, 1986.]

BELL, J. S. 1965. "On the Einstein Podolsky Rosen paradox." *Physics*, 1: 195-200.

BELL, J. S. e HALLETT, M. 1982. "Logic, quantum logic and empiricism." *Phylosophy of Science*, 49: 355.

BENTHAM, J. 1976. *The Works of Jeremy Bentham*. Organizado por J. Bowing. Michigan: Scholarly Press.

BERKELEY, G. 1965. *Berkeley's Philosophical Writings*. Organizado por D. M. Armstrong. Nova York: Macmillan.

BERMAN, Morris. 1984. *The Reenchantment of the World*. Nova York: Bantam.

BLAKE, W. 1981. *Poetry and Prose*. Berkeley: University of California Press.

BLOOM, A. 1988. *The Closing of the American Mind*. Nova York: Touchstone.

BLY, R., trad. 1977. *Kabir*. Nova York: Beacon Press.

BOHM, D. (1951). *Quantum Theory*. Englewood Cliffs, N.J.: Prentice Hall.

——. 1980. *Wholeness and Implicate Order*. Londres: Routledge and Kegan Paul. [*A totalidade e a ordem implicada*. São Paulo: Cultrix, 1992.]

BOHM, D. e PEAT, F. D. 1987. *Science, Order, and Creativiy*. Nova York: Bantam. [*Ciência, ordem e criatividade*. Lisboa: Gradiva, 1989.]

BOHR, N. 1949. Em *Albert Einstein: Philosopher Scientist*. Organizado por P. L. Schilpp. Evanston, Ill.: Library of Living Philosophers.

——.1963. *Atomic Physics and Human Knowledge*. Nova York: Wiley. [*Física atômica e conhecimento humano*. 2. ed. Rio de Janeiro: Contraponto, 1996.]

BOSE, A., trad. 1976. *Later Poems of Rabindranath Tagore*. Nova York: Minerva.

BROWN, Daniel. 1977. Em *International Journal of Clinical and Experimental Hypnosis*, 25: 236-73.

BROWN, G. Spencer. 1977. *Laws of Form*. Nova York: Dutton.

CAMPBELL, Joseph. 1968. *The Hero with a Thousand Faces*. Princeton, N.J.: Princeton University Press. [*O herói de mil faces*. 10 ed. São Paulo: Cultrix, 1997.]

CAPEK, M. 1961. *The Philosophical Impact of Contemporary Physics*. Princeton, N.J.: D. Van Nostrand.

CAPRA, Fritjof. 1975. *The Tao of Physics*. Berkeley: Shambhala. [*O tao da física*. São Paulo: Cultrix, 1980.]

CARRINGTON, P. 1978. *Freedom in Meditation*. Garden City: Anchor.

CATARINA DE GÊNOVA. 1979. *Purgation and Purgatory*. Traduzido por S. Hughes. Nova York: Paulist Press.

CHAUDHURI, H. 1981. *Integral Yoga*. Wheaton, II.: The Theosophical Publishing House. [*Yoga integral*. Rio de Janeiro:Civilização Brasileira, 1972.]

CLAUSER, J. e SHIMONY, A. 1978. "Bell's theorem: Experimental tests and implications." *Reports on Progress in Physics,* 41: 1881.

COLLEDGE e MCGINN, trad. 1981. *Meister Eckhart*. Nova York: Paulist Press.

CRICK, F. 1978. "Thinking about the brain." *Scientific American,* set., p. 219-32.

DALAI-LAMA. 1990. *Ocean of Wisdom: Guidelines for Living*. Nova York: Harper.

DAVIES, Paul. 1983. *God and the New Physics*. Nova York: Simon and Schuster. [*Deus e a nova física*. Lisboa: Ed. 70, 1988.]

DAWKINS, R. 1976. *The Selfish Gene*. Nova York: Oxford University Press. [*O gene egoísta*. São Paulo: Companhia das Letras, 2007.]

DESCARTES, René. 1969. *Philosophical Works*. Londres: Cambridge University Press.

D'ESPAGNAT, Bernard. 1983. *In Search of Reality*. Nova York: Springer-Verlag.

DeWITT, B. 1970. "*Quantum mechanics and reality*." Physics Today, 23: 30.

DIONÍSIO. 1965. *Mystical Theology and the Celestial Hierarchies*. Surrey, Reino Unido: The Shrine of Wisdom.

DOLLARD, J. e MILLER, N. 1950. *Personality and Psychotherapy*. Nova York: McGraw Hill.

DOWMAN, K. 1984. *Sky Dancer: The Secret Life and Songs of Lady Yeshe Tsogyel*. Boston: Routledge and Kegan Paul.

ECCLES, John, org. 1976. *Brain and Conscious Experience*. Nova York: Springer--Verlag.

——. 1986. "Do mental events cause neural events analogously to the probability fields of quantum mechanics?" *Proceedings of the Royal Society of London,* B227: 411-28.

EINSTEIN, A., PODOLSKY, B. e ROSEN, N. 1935. "Can quantum mechanical description of physical reality be considered complete?" *Physical Review,* 47: 777-80.

EISLER, R. 1987. *The Chalice and the Blade*. São Francisco: Harper and Row. [*O cálice e a espada*. São Paulo: Palas Athena, 2008.]

ELIOT, T. S. 1943. *Four Quartets*. Nova York: Harcourt Brace Jovanovich.

ERIKSON, E. 1959. *Identity and the Life Cycle: Selected Papers*. Monografia n. 1, v. 1. Nova York: International Universities Press.

——. 1977. *Toys and Reasons*. Nova York: Norton.

EVERETT III, H. 1957. *Reviews of Modern Physics* 29:454.

——. 1973. *The Many-Worlds Interpretation of Quantum Mechanics*. Org. por B. DeWitt e N. Graham. Princeton, N.J.: Princeton University Press.

FERGUSON, Marilyn. 1980. *The Aquarian Conspiracy*. Los Angeles: J. P. Tarcher. [*A conspiração aquariana*. 11 ed. Rio de Janeiro: Nova Era, 1997.]

FEYNMAN, R. P. 1982. "Stimulating physics with computers." *International Journal of Theoretical Physics*, 21: 467-88.

FODOR, J.A. 1981. "The mind-body problem." *Scientific American*, 244: 114-23.

GARCIA, J. D. 1991. *Creative Transformation*. Eugene, Ore.: Noetic Press.

GEERTZ, C. 1973. *The Interpretation of Cultures*. Nova York: Basic Books.

GIBBINS, P. 1987. *Particles and Paradoxes*. Cambridge: Cambridge University Press.

GLEICK, J. 1987. *Chaos*. Nova York: Viking. [*Caos*. Rio de Janeiro: Campus, 1990.]

GODDARD, D. 1970. *The Buddhist Bible*. Boston: Beacon Press.

GOLEMAN, D. 1986. *Vital Lies, Simple Truths*. Nova York: Touchstone.

GOSWAMI, A. 1985. "The new physics and its humanistic implications." *Sweet Reason*, 4: 3-12.

——. 1986. "The quantum theory of consciousness and psi." *Psi Research*, 5: 145-65.

——. 1988. "Creativity and the quantum theory." *Journal of Creative Behavior*, 22: 9-31.

——. 1989. "The idealistic interpretation of quantum mechanics." *Physics Essays*, 2: 385-400.

——. 1990. "Consciousness, quantum physics, and the mind-body problem." *Journal of Mind and Behavior*, 11: 75-96.

GOSWAMI, A. e BURNS, J. 1992. "The self and the question of free will." Inédito.

GREEN, ELMER e ALICE. 1977. *Beyond Biofeedback*. Nova York: Dell.

GRINBERG-ZYLBERBAUM, J. 1988. *Creation of Experience*, México: Instituto Nacional para el Estudio de la Concienci.

GRINBERG-ZYLBERBAUM, J., DELAFLOR, M., ATTIE, L. e GOSWAMI, A. 1992. "The EPR paradox in the human brain." Inédito.

GRINBERG-ZYLBERBAUM, J. e RAMOS, J. 1987. "Patterns of interhemispheric correlation during human communication." *International Journal of Neuroscience*, 36: 41-54.

GUILLAUMONT, A. et al., trad. 1959. *The Gospel According to Thomas*. São Francisco: Harper and Row.

HARMAN, W. e RHEINGOLD, H. 1984. *Higher Creativity*. Los Angeles: J. P. Tarcher.

HAWKING, S. 1990. *A Brief History of Time*. Nova York: Bantam. [*Uma Breve História do Tempo*. Rio de Janeiro: Intrínseca, 2015.]

HEISENBERG, W. 1930. *The Physical Principles of Quantum Theory*. Nova York: Dover.

——. 1958. *Physics and Philosophy*. Nova York: Harper Torchbooks. [*Física e Filosofia*. Brasília: Ed. UnB, 1986.]

HELLMUTH, T., ZAJONC, A. G. e WALTHER, H. 1986. "Realizations of the delayed choice experiment." Em *New Techniques and Ideas in Quantum Measurement Theory*. Org. por D. M. Greenberger. Nova York: N. Y. Academy of Science.

HERBERT, Nick. 1985. *Quantum Reality*. Nova York: Doubleday.

HIRAI, T. 1960. "Eletroencephalographic study of Zen meditation: EEG changes during concentrated relaxation." *Folia Psychiatrica et Neurologica Japanica*, 16: 76-105.

HOFSTADTER, Douglas. 1980. *Gödel, Escher, Bach: An Eternal Golden Braid*. Nova York: Basic Books.

——. 1984. "Waking up from the Boolean dream, or subcognition as computation." Em *Metamagical Themas*. Nova York: Basic Books.

HOOK, S., org. 1960. *Dimensions of Mind*. Nova York: New York University Press.

HUMPHREY, N. 1972. "Seeing and nothingness." *New Scientist*, 53: 682.

HUMPHREY, N. e WEISKRANTZ, L. 1967. "Vision in monkeys after removal of the striate cortex." *Nature*, 215: 595-97.

HUSSERL, E. 1952. Ideas: *General Introduction to Pure Phenomenology*. Trad. por W. R. B. Gibson. Nova York: Macmillan.

JAHN, Robert. 1982. "The persistent paradox of psychic phenomena: An engineering perspective." *Proceedings of the IEEE*, 70: 135-70.

JAHN, R. G. e DUNNE, B. R. 1986. "On the quantum mechanics of consciousness with applications to anomalous phenomena." *Foundations of Physics*, 16: 771-72.

JAMES, W. 1958. *Varieties of Religious Experience*. Bergenfield, N.J.: New American Library. [*As variedades da experiência religiosa*. São Paulo: Cultrix, 1995.]

JORALMAN, D. H. (1983). "When Einstein sat for my mother." *New Age Magazine*, março, p. 40.

JUNG, C. G. 1968. *Analytical Psychology: Its Theory and Practice*. Nova York: Vintage. [*Fundamentos de psicologia analítica*. 22 ed. Petrópolis: Vozes, 2008.]

——. 1971. *The Portable Jung*. Org. por J. Campbell. N.Y.: Viking.

JUNG, C. G. e PAULI, W. 1955. *The Nature and Interpretation of the Psyche*. Nova York: Pantheon.

KANT, I. 1886. *The Metaphysics of Ethics*. Trad. por J. W. Semple. Edimburgo: T. and T. Clark.

KAUFMAN, L. e ROCK, I. 1982. "The moon illusion." *Scientif American*, julho, p. 120.

KRISHNAMURTI, J. 1973. *The Awakening of Intelligence*. Nova York: Avon.

KUHN, T. S. 1962. *The Structure of Scientific Revolutions*. Chicago: University of Chicago Press. [*A estrutura das revoluções científicas*. 7 ed. São Paulo: Perspectiva, 2003.]

LAGMAY, A. V. 1988. "Science and the Siddhartha: Confluence in two different world views." Trabalho apresentado na Conference on the Unity of Sciences. Los Angeles, nov. 24-27.

LAMB, D. e EASTON, S. M. 1984. *Multiple Discovery*. Trowbridge, Reino Unido: Avebury.

LEFEBVRE, V. 1977. *The Structure of Awareness*. Trad. por A. Rappaport. Beverly Hills, Calif.: Sage Publications.

LEGGETT, A. J. 1986. *Em The Lesson of Quantum Theory*. Org. por J. De Boer, E. Dal e O. Ulfbeck. Amsterdã: North Holland.

LEIBNIZ, G. W. 1898. "Monadology." Em Leibniz: Monadology and Other Philosophical Writings. Org. e trad. por R. Latta. Oxford: Clarendon Press.

LEONARD, G. 1990. *The Ultimate Athlete*. Nova York: North Atlantic.

———. 1978. *The Silent Pulse*. Nova York: Dutton.

LIBET, B., WRIGHT, E., FEINSTEIN, B. e PEARL, D. 1979. "Subjective referral of the timing for a cognitive sensory experience." *Brain*, 102-193.

———. 1985. "Unconscious cerebral initiative and the role of conscious will in voluntary action." *The Behavioral and Brain Sciences*, 8: 529-66.

LOCKWOOD, M. 1989. *Mind, Brain, and the Quantum*. Oxford, Reino Unido: Blackwell.

LONDON, F. e BAUER, E. 1983. *Em Quantum Theory and Measurement*. Org. por J. A.Wheeler e W. Zurek. Princeton: Princeton University Press.

LOWELL, J. 1989. "Mr. Eliot's guide to quantum theory." *Physics Today*, 42: 46-47.

MARCEL, A. J. 1980. "Conscious and preconscious recognition of polysemous words: Locating the selective effect of prior verbal context." Em *Attention and Performance* VIII. Org. por R. S. Nickerson. Hillsdale, N.J.: Lawrence Erlbaum.

———. 1966. *The Psychology of Science*. Nova York: Harper and Row.

———. 1968. *Towards a Psychology of Being*. Nova York: Van Nostrand Reinhold.

MASLOW, Abraham. 1970. *Motivation and Personality*. Nova York: Harper and Row.

MATTUCK, R. D. e WALKER, E. H. 1979. Em The Iceland Papers: *Experimental and Theoretical Explorations into the Relation of Consciousness and Physics*. Org. por A. Puharich. Amherst, Wisc.: Essentia Associates.

McCARTHY, K. e GOSWAMI, A. 1993. "CPU or self-reference? Discerning quantum functionalism and cognitive models of mentation." *Journal of Mind and Behavior*.

MERMIN, David. 1985. "Is the moon there when nobody looks? Reality and quantum theory." *Physics Today*, 38: 38-49.

MERRELL-WOLFF, F. 1970. Introceptualism. Phoenix, Ariz.: *Phoenix Press*.

———. 1973. *Pathways Through to Space*. Nova York: Julian Press.

MILL, J. S. 1973. "On liberty and utilitarianism." Em *The Utilitarians*. Nova York: Anchor.

MILNE, A. A. 1926. *Winnie-the-Pooh*. Nova York: Dutton.

MITCHELL, M. e GOSWAMI, A. 1992. "Quantum mechanics for observer systems." *Physics Essays*.

MONROE, Robert. 1973. *Journeys Out of the Body*. Nova York: Doubleday.

NAGEL, T. 1981. "What is it like to be a bat?" Em *The Mind's Eye*. Org. por D. R. Hofstadter e D. C. Dennett. Nova York: Basic Books.

NEUMANN, Eric. 1954. *The Origins and History of Consciousness*. Nova York: Princeton University Press. [*História da origem da consciência*. São Paulo: Cultrix, 1990.]

NIKHILANANDA, Swami, trad. 1964. *The Upanishads*. Nova York: Harper and Row.

OPPENHEIMER, J. Robert. 1954. *Science and Common Understanding*. Nova York: Simon and Schuster.

ORLOV, Y. 1987. "A quantum model of doubt." *Proceedings of the N.Y. Academy of Sciences*.

ORME-JOHNSON, D. W. e HAYNES, C. T. 1981. "EEG phase-coherence, pure consciousness, creativity and TM-siddhi experience." *Neuroscience*, 13: 211-17.

PAGELS, Heinz. 1982. *The Cosmic Code*. Nova York: Simon and Schuster.

PEARLE, P. 1984. "Dynamics of the reduction of the state vector." Em *The Wave-Particle Dualism*. Org. por S. Diner et al. Riedel: Dordrecht.

PENFIELD, Wilder. 1976. *The Mystery of Mind*. Princeton: Princeton University Press.

PENROSE, R. 1989. *The Emperor's New Mind*. Oxford, Reino Unido: Oxford University Press.

PERES, A. e ZUREK, W. H. 1982. *American Journal of Physics*, 50: 807.

PLATÃO. 1980. *Collected Dialogs*. Org. por E. Hamilton e H. Cairns. Princeton, N.J.: Princeton University Press.

POLLARD, W. G. 1984. *American Journal of Physics*, 52: 877.

POPPER, KARL e ECCLES, John. 1976. *The Self and Its Brain*. Londres: Springer-Verlag.

POSNER, M. 1980. "Mental chronometry and the problem of consciousness." Em *The Nature of Thought: Essays in Honor of D. O. Hebb.* Org. por P. Jusczyk e R. Klein.

POSNER, M.I. e KLEIN, R. 1973. "On the functions of consciousness." Em *Attention and Performance,* v. 4. Org. por S. Kornbloom. Nova York: Academic Press.

PRIGOGINE, Ilya. 1980. *From Being to Becoming.* São Francisco: Freeman. [*Do ser ao devir.* São Paulo: UNESP: USP, 2002.]

PUTHOFF, H. E. e TARG, R. 1976. "A perceptual channel for information transfer over kilometer distances: Historical perspective and recent research." *Proceedings of the IEEE,* 64: 329-54.

RAE, A. 1986. *Quantum Physics: Illusion or Reality?* Cambridge: Cambridge University Press.

RAMACHANDRAN, S. 1980. Em *Consciousness and the Physical World.* Org. por S. Ramachandran e B. Josephson. Oxford: Pergamon.

RAMANAN, V. 1978. *Nagarjuna's Philosophy.* Nova York: Samuel Weiser.

RESTAK, Richard M. 1979. *The Brain: The Last Frontier.* Nova York: Doubleday.

ROBINSON, H. J. 1984. "A theorist's philosophy of science." *Physics Today,* 37: 24-32.

ROGERS, C. 1961. *On Becoming a Person.* Boston: Houghton Mifflin. [*Tornar-se Pessoa.* São Paulo: Martins Fontes, 1995.]

RUMMELHART, D. E., MCCLELLAND, J. L. e PDP RESEARCH GROUP. 1986. *Parallel Distributed Processing: Explorations in the Microstructure of Cognition.* V. 1 e 2. Boston: The MIT Press.

RYLE, Gilbert. 1949. *The Concept of Mind.* Londres: Hutchinson University Library.

SABOM, M. B. 1982. *Recollections of Death.* Nova York: Harper and Row.

SARTRE, J. P. 1956. *Being and Nothingness.* Nova York: Philosophical Library. [*O ser e o nada.* 13. ed. Petrópolis: Vozes, 2005.]

——. 1980. "Existentialism is a humanism." Em *Ethics and the Search for Values.* Org. por L. E. Navia e E. Kelly. Nova York: Prometheus.

SCHOLEM, G. G. 1954. *Major Trends in Jewish Mysticism.* Nova York: Schoken Books.

SCHRÖDINGER, E. 1948. "The present situation in quantum mechanics." Trad. por J. D. Trimmer. *Proceedings of the American Philosophical Society,* 124: 323-38.

——. 1969. *What Is Life? and Mind and Matter.* Londres: Cambridge University Press. [*O que é vida?: o aspecto físico da célula viva; seguido de Mente e matéria e Fragmentos autobiográficos.* São Paulo: UNESP, 1997.]

SCHUMACHER, J. 1984. Em *Fundamental Questions in Quantum Mechanics.* Org. por L. M. Roth e A. Inomata. Nova York: Gordon and Breach.

SEARLE, J. 1980. "Minds, brains, and programs." *Behavioral and Brain Science,* 3: 417-24.

SELFRIDGE, O. e NEISSER, U. 1968. "Pattern recognition by machine." *Scientific American,* 203: 69-80.

SHANKARA. 1975. *Crest Jewel of Discrimination.* Hollywood, Calif.: Vedanta Press.

SHEVRIN, H. 1980. "Glimpses of the unconscious." *Psychology Today,* abril, p. 128.

SKINNER, B. F. 1962. *Walden Two.* Nova York: Macmillan.

———. 1976. *About Behaviorism.* Nova York: Vintage.

SPERRY, R. W. 1980. "Mind-brain interaction: Mentalism, yes; dualism, no." *Neuroscience,* 5: 195-206.

———. 1983. *Science and Moral Priority.* Nova York: Columbia University Press.

SQUIRES, E. J. 1986. *The Mystery of the Quantum World.* Bristol, Reino Unido: Adam Hilger Ltd.

STAPP, H. P. 1977. "Are superluminal connections necessary?" *Nuovo Cimento,* 40B: 191-99.

———. 1982. "Mind, matter, and quantum mechanics." *Foundations of Physics,* 12: 363-98.

———. 1985. "Ethics and values in the quantum universe." *Foundations of Physics,* 15:35-48.

STEVENS, Wallace. 1964. Extraído de "The man with the blue guitar." *The Collected Poems.* Nova York: Knopf.

STUART, C. I. J. M, TAKAHASHY, Y. e UMEZAWA, M. 1978. "Mixed system brain dynamics." *Foundations of Physics,* 9: 301-29.

SZILARD, L. 1929. "On the decrease of entropy in a thermodynamic system by the intervention of intelligent beings." *Zietschrift Fur Physik,* 53: 840. Em *Quantum Theory and Measurement.* Trad. e org. por J. Wheeler e W. Zurek. Princeton, N. J.: Princeton University Press.

TAGORE, R. N. 1975. *Fireflies.* Nova York: Collier.

TAIMNI, I. K. 1961. *The Science of Yoga.* Wheaton, Il.: Theosophical Publishing House. [*A ciência do yoga.* Brasília: Teosófila, 1996.]

TARG, Russell e PUTHOFF, Harold. 1977. *Mind-Reach.* Nova York: Dell. [*Extensões da mente.* Rio de Janeiro: Francisco Alves, 1978.]

TART, Charles. 1975. *The States of Consciousness.* Nova York: Dutton.

TURING, A. 1964. "Computer machinery and intelligence." Em *Minds and Machines.* Org. por A. Anderson. Englewood Cliffs, N.J.: Prentice-Hall.

UTTAL, William. 1981. *Psychobiology of the Mind.* Nova York: Wiley.

VAN GULIK, R. 1988. "A funcionalist plea for self-consciousness." *The Philosophical Review*, 97: 149-81.

VON NEUMANN, John. 1955. *The Mathematical Foundations of Quantum Mechanics*. Princeton: Princeton University Press.

VON WEIZSACKER, F. 1980. *The Unity of Nature*. Nova York: Farrar, Straus, Giroux.

WALDROP, M. 1987. *Mand-Made Minds*. Nova York: Walker.

WALKER, E. H. 1970. "The nature of consciousness." *Mathematical Biosciences*, 7: 131-78.

WALLACE, R. e BENSON, H. 1972. "The physiology of meditation." *Scientific American*. Fev., p. 84-90.

WEINBERG, S. 1979. *The First Five Minutes*. Nova York: Bantam. [*Os três primeiros minutos*. Lisboa: Gradiva, 1987.]

WHEELER, J. A. 1982. "The computer and the universe." *International Journal of Theoretical Physics*, 21: 557-72.

———. 1983. Em *Quantum Theory and Measurement*. Org. por J. Wheeler e W. Zurek. Princeton, N. J.: Princeton University Press.

———. 1986. Em *Quantum Measurement Theory*. Org. por D. M. Greenberger. Nova York: N.Y. Academy of Science.

WIGNER, E. P. 1962. Em *The Scientist Speculates*. Org. por I. J. Good. Kingswood, Surrey, Reino Unido: The Windmill Press.

———. 1967. *Symmetries and Reflections*. Bloomington: Indiana University Press.

WILBER, K. 1977. *The Spectrum of Consciousness*. Wheaton, Ill.: Theosophical Publishing House.

———. 1979. No *Boundary*. Los Angeles: Center Publications.

WITTGENSTEIN, Ludwig. 1971. *Tractatus Logico-Philosophicus*. Londres: Routledge and Kegan Paul.

WOLF, Fred Alan. 1981. *Taking the Quantum Leap*. São Francisco: Harper and Row.

———. 1984. *Starwave*. Nova York: Macmillan.

ZABOROWSKI, Z. 1987. "A Theory of internal and external self-consciousness." *Polish Psychological Bulletin*, 18: 51-61.

índice remissivo

A

abertura quântica de túnel, 201
ação quântica à distância, 27
Adorna, Catarina, 73
alegria, 271, 295, 315
  espiritual, 316-9
algoritmos, 39, 42
  no cérebro-mente, 202
Allport, Gordon, 316
alma, 224
  Descartes sobre, 183
alma de-peruda, 70
Alpert, Richard, 292
alucinação, 164, 166
americanos
  e espiritualidade, 31
  Ver também Estados Unidos da
    América.
amor, 308-9
  a Deus, 296
  e a religião, 77
  e *buddhi*, 283-4
  o *self* quântico e o, 233-4
  ponto de vista sobre o, 321
amplitude, de onda, 51-2
andróides, 42
anima, 245, 298-9

animus, 245, 298-9
antropocentrismo, 172
antropologia, 260
aprendizagem, e o cérebro-mente quântico,
  227-9
aqui-agora, 294
Aristóteles, 33, 81
arquétipo, 70
arte, e materialismo, 32
Aspect, Alain, 83, 166, 302
  e a não localidade,140, 145-9, 151-7
  e a PES, 160-1
  e o instrumentalismo, 259
Assagioli, Roberto, 242
associação, na percepção do pensamento,
  196
atenção
  e o ego, 240
  na percepção, 198-9
atman, 73, 242-3, 248
átomos, 27
  consciência e, 22
  níveis quânticos do, 47-9
  propriedades do, 55
Attneave, Fred, 230
autoconsciência
  constituição da, 223, 224

e o idealismo monista, 112

no behaviorismo,185

autopoiesis, 217

B

Banaprastha, 277

Banquete, O (Platão), 298

Bass, L., 201

Bateson, Gregory, 209, 282

Bauer, Edmond, 106

bauls, 318

behaviorismo, 22, 185

sobre o ego, 239

Bell, John, 149-55

bem, o, 78

Bentham, Jeremy, 305

Berkeley, George, filosofia idealista de, 187, 193

Berman, Morris, 30

Bhagavad Gita, 262-3, 265, 280, 284, 296, 313, 318

Bhakti yoga, 281, 286, 296-8

e a ética, 313, 314

biólogos, e cérebro-mente, 205

Blake, William, 100, 172

Blish, James, 58

Bly, Robert, 298

boa vida, 314

Bohm, David, 114, 153-5

sobre a relação ciência-realismo, 173

sobre o pensamento, 196

Bohr, Niels, 47-9, 55, 60, 63-5, 96, 105, 114-5, 207

e a metafísica quântica, 144

e Einstein, 116-7, 142-5

sobre a complementaridade, 79-80

Born, Max, 55-6, 66

Bose, Jagadish, 180

Brahmacharya, 277

Brahman, 70, 74, 285, 296

Brown, G. Spencer, 226, 268

Buda, 73, 273

buddhi

como nível de autoconsciência, 247-9

definição de, 241

despertar de, 279-300

budismo, 77

e consciência cósmica, 242

e o idealismo monista, 70

e o não ser, 73

Ver também budismo zen.

budismo mahayana, 93

budismo tântrico, 74

budismo zen, 73, 248, 273, 275, 281, 282, 294-5, 317

o conceito de *mu* no, 108

e koans, 79

C

Cabala, 70

sobre Deus, 73

Campbell, Joseph, 319

campo da mente (mental), 132

caos, e livre-arbítrio, 37-8

característica, na percepção do pensamento, 196

Carrington, Pat, 292

catolicismo, 281

Ver também cristianismo.

causalidade, e não localidade, 155

cérebro, 22

e a combinação cérebro-mente, 175

e o paradoxo de Ramachandran, 121-3

Ver também cérebro-mente.

cérebro de ligação, 191

cérebro-mente

como combinação de medição quântica, 203-10

como hierarquia entrelaçada, 217, 218, 220, 222-3

e a divisão sujeito-objeto, 240

e a emergência do ego, 226-9

e o *self* quântico, 230-5

mecanismos quânticos no, 201, 202-3

no idealismo monista, 195-201

céu, 70-1, 77, 283, 309

Chardin, Teilhard de, 321

Chuang Tzu, 283

ciência
  e ética, 301-3
  e idealismo monista, 78-9, 316-9
  e materialismo, 17, 32-3
  e misticismo, 75
  e religião, 18
  e senso comum, 113, 133
  e transcendência, 82-4
  futuro da, 255, 320-1
  Maslow sobre, 177

cientistas, caracterização de, 19

circuito de significado, 124

Clauser, John, 153

colículo superior, 136

comprimento de onda, 52

computadores, 220-1
  e a consciência, 36-42
  e a não localidade, 202-3
  limites dos, 265-6

processamento serial e paralelo nos, 197-8

Comte, Auguste, 196

comunicação
  impacto global da, 264
  não local, 159-62

concentração, e meditação, 286-7, 287-8, 291

condicionamento, e o cérebro-mente, 227

conexionismo, 197-8, 238

confiança
  e amor, 283
  e o self quântico, 227, 228

consciência
  aspectos da, 132-3
  consciência do self e, 112
  busca da, na ficção, 19-26
  como epifenômeno, 28, 67
  computadores e, 36-42
  definição da, 131-9
  e a escolha, 131-9

  e o cérebro-mente, 121-4, 203-5, 208-10
  e o ego, 239-40
  etimologia da, 42, 131
  gato de Schrödinger e, 106-7
  matemática e, 39
  nas filosofias monistas, 181
  não localidade e, 148
  realismo materialista e, 27-9
  self quântico e, 226
  visão a distância e, 159-63
  vs. materialismo, 17-8
  vs. mente, 72
  Ver também idealismo monista.

conservação da energia, lei da, 72

conservação do momentum, princípio da, 117
  e o livre-arbítrio, 243-4

constante de Planck, 57

construção de padrão, em processos mentais, 197-201

construção do self, 218

Copérnico, Nicolau, 172

cor, e frequência, 44

corpos astrais, 164

cosmologia, visão quântica da, 171-2

crianças, percepções das, 165

criatividade, 157
  computadores e, 40
  definição da, 265-6
  descontinuidade e, 196
  e não localidade, 265-6
  emergência do ego e, 228-9
  estágios da, 266-9
  ética e, 303
  experiência ahá e, 269-70
  experiências transpessoais de self e, 241
  exterior, 270-1, 276
  interior, 271-8, 294-6

Crick, Francis, 199

cristianismo, 70-1, 76, 77, 78, 283, 317
  Espírito Santo no, 242
  na consciência do indivíduo, 73

cultura ocidental
   e realização espiritual, 31-2
   fenomenologia na, 236
   idealismo monista na, 69
   misticismo em, 78
   monistas materialistas, 181
   utilitarismo na, 305-6
cultura oriental, 188
   atman e, 242
   fenomenologia na, 236
   idealismo monista na, 181
   inteligência e, 241
   misticismo na, 78

D
Dalai-lama, 242
De Broglie, Louis-Victor, 51-5, 93
democracia, 261
Demócrito, 33, 84
Derrida, Jacques, 285
Descartes, René, 28, 33-4, 35, 133, 179, 183-4
descontinuidade, 40
   no fenômeno mental, 196
   quantum e, 45-6
   questões filosóficas sobre a, 168
Desenhando-se (Escher), 217-8
d'Espagnat, Bernard, 107
desejo, na intencionalidade, 237
desenvolvimento adulto
   estágios do, 277-8
   programa para o, 279-86
desigualdades, e o teorema de Bell, 150
detector, *vs.* mecanismo de medição, 126-8
determinismo
   divergências clássico-quânticas e, 57-8
   vs. aleatoriedade, 88
determinismo causal, 34
   abandono do, 67
   livre-arbítrio e, 134
Deus, 87-8, 296

consciência e, 73, 74
   na criatividade, 241
   na filosofia de Berkeley, 187
   nas religiões, 76-7
   vs. materialismo, 17
Dharmakaya, 70
Dick, Philip K., 106
Dickinson, Emily, 81
duplo vínculo, 282
Dionísio, 70
Dirac, Paul, 91, 107
Divindade, 70
Dostoiévski, Fiodor, 301
drogas, 272
   cérebro-mente e, 205
   consciência e, 132
dualidade onda-partícula, e filosofia, 168, 169
dualismo cartesiano
   contradição fundamental do, 28
   filosofia do, 33, 183
dualistas, posição básica dos, 181
Dunn, Brenda, 202

E
Eccles, John, 41, 91, 201
ego, 180
   como nível de consciência do *self*, 246-7
   e tempo de introspecção, 230-2
   emergência do, 226-9
   na criatividade, 268-9, 274
ego puro, 240
Einstein, Albert, 35, 47, 54, 172, 196-7, 293
   e Bohr, 117
   e o princípio de localidade, 83
   sobre mecânica quântica, 140, 149
   sobre probabilidade, 87-8
Ekhart, Mestre, 74
elétrons, 79-81
   como ondas de probabilidade, 55-6
   dualidade onda-partícula de, 51-5, 59-65

e experimento da fenda dupla, 88-96

e princípio de incerteza, 56-9

e supercondutividade, 117-8

Einstein sobre, 141-2

nível quantum de, 45-9

eletricidade, na atividade do cérebro-
mente, 201

Eliot, T. S., 231

emoções. *Ver* sentimentos.

energia, e experiências mentais, 72

enigmas, e lógica, 212-3

epifenomenalismo, 238

consciência como, 108

e a mecânica quântica, 120-1, 129

e behaviorismo, 185

princípio do, 35-6

rejeição do, 67

equação de Schrödinger, 55, 59, 60-2,
81, 167

Erikson, Erik, 277

Escher, M. C., 215, 216, 217, 218

espaço-tempo, não localidade, 83-4

Espírito Santo, 73, 242

espírito, e ciência, 17-8

espiritualidade, necessidade de, 29

estados mentais puros, 240

Estados Unidos da América

e o utilitarismo,305

misticismo nos, 318

relacionamentos nos, 297-8

ética

e ciência, 301-3

e utilitarismo, 305-6

idealismo monista e, 306-8, 313-5

imperativo categórico e, 303-4

livre-arbítrio e, 158

religiões sobre a, 77, 78

solapamento da,78

eu,

experiências do, 237-46

no hinduísmo, 74

no judaísmo, 73-4

no idealismo monista, 195

Ver também self.

Everett, Hugh, 105

exaltação, 231

existencialismo, 241

experiência ahá, 269-70, 294-6

experiência de pico, 230-1, 241, 270

experiências de quase-morte (EQM), 163-4

experiências fora do corpo (EFC), 163-6

experiências transpessoais de *self*, 241,
243

experiências, e consciência, 132

experimento da escolha retardada,
96-101

experimento de fenda dupla, 88-96

F

Feinstein, Bertram, 230

felicidade, 305

fenda sináptica, 201

fenômeno de interferência, e ondas,
89-91

fenomenologia, 236

Ferguson, Marilyn, 320

Feynman, Richard, 40, 85, 202

filosofia

conceitos modernos de, 181-2

e livre-arbítrio, 186-7

mecânica quântica e, 167-9

tendências na, 78

filosofias romanas, sobre transcendência,
82-3

física

dilema atual da, 26-7

*Ver também nomes individuais e
assuntos*; física clássica; física
quântica; mecânica quântica.

física clássica

como visão de mundo ultrapassada,
85

e física quântica, 64-5

inadequação da, 43

irreversibilidade e, 127-9

mensuração e, 116

movimento na, 56-8

princípios fundamentais da, 33-5

sobre livre-arbítrio, 134, 135
teoria cérebro-mente e, 195, 203-10
transcendência e, 82-3
Ver também realismo materialista.
física newtoniana. Ver física clássica;
    realismo materialista.
física quântica
    consciência e, 24-6
    debate na ficção sobre a, 20-1, 24-6
    e a nova visão do mundo, 82-4
    e o paradoxo EPR, 140-66
    física clássica e, 64-5
    irreversibilidade e, 127-9
    livre escolha e, 139
    mensuração e, 113-5
    misticismo e, 78-9
    movimento dos elétrons e, 46
    persistente resistência à, 85
    Ver também mecânica quântica;
        não localidade.
fisicalismo, 188-9
flogístico, 169
fótons, 47
    e polarização, 126-7
    em experimento da fenda dupla, 93
    em experimento da escolha
    retardada, 96-8
    em feixe de laser, 205
Frankl, Viktor, 303
Freedman, Stuart, 153
Freedom in Meditation (Carrington),
    292
frequência, de ondas, 44, 51-3
Freud, Sigmund, 236
    sobre o id, 244
    e o inconsciente, 137
função de onda, 56
funcionalismo, 190-2, 202
funcionalismo quântico, 201-10. 232
fundamentalismo, e materialismo, 32

G
gaiolas de Faraday, 206
Galeria de Arte (Escher), 216-8

Gandhi, 293
Gandhi, Mahatma, 159, 293, 311
Garhastha, 277
gato de Schrödinger, 102-23, 134
    as nove vidas do, 130
    e a hierarquia entrelaçada, 221-3
    e a não localidade no tempo, 162
    e o paradoxo do amigo de Wigner,
        109-11
    incompleteza lógica e o, 221
    solução idealista do, 106-9
Gauss, Carl Friedrich, 196
geração "eu, primeiro", 262
Gudel, Escher, Bach: An Eternal
    Golden Braid (Hofstadter), 180,
    214-9
Gödel, Kurt, 219
Goleman, Daniel, 135
Goswami, Amit, 220-1, 251-5, 291-2
Goswami, Maggie, 252, 291
Grinberg-Zylberbaum, Jacobo, 161, 206
Guernica, 19
guerra
    causas da, 260-2
    e o Bhagavad Gita, 263
    redução dos riscos de, 257-60
gunas, 248, 265

H
harmônicas, 52-3
Harris, Sidney, 196
Hawking, Stephen, 130
    sobre o universo, 171
Heisenberg, Werner, 55, 60, 66, 80-2,
    105, 114-5, 172
    sobre o experimento de escolha
    retardada, 99
    sobre Platão, 84
Herbert, Nick, 150
hierarquia
    efeitos sociais da, 261-2
    na lógica, 214-5
hierarquia entrelaçada, 125-6, 210,
    211-23, 238-9

definição de, 214, 215
e a criatividade, 269
e a história humana, 260-2
e jnana, 285-6
e o cérebro-mente, 218-23
estrutura da, 215-8
Hillel, rabi, 276
hinduísmo, 72-3, 77, 172, 277-8, 317
  base do, 76
  sobre a consciência, 74
hipnose, 245
  e consciência, 132
Hofstadter, Douglas, 125, 180, 214-20
holismo, 189, 190
Homem do Castelo Alto, O (Dick), 106
homens, e relacionamentos, 298-300
homúnculo, 199
How to Solve It (Polya), 197
Hui-Neng, 73
humanismo, 302
Humphrey, Nick, 136
Husserl, Edmund, 240

I
Ibn al-Arabi, 73
  sobre a consciência, 75
idealismo monista
  ciência e, 78-9
  conceitos de, entre culturas, 69-71
  consenso perceptual e, 176
  e religião, 75-9
  ética do, 306-8, 313-5
  futuro do, 176
  misticismo e, 72-5
  o gato de Schrödinger e,106-9
  para objetos quânticos, 79-82
  princípios básicos do, 28-9
  reconciliação com o realismo e,
    167-77
  self e, 193, 194-5
  sobre a divisão sujeito-objeto, 238
  sobre o paradoxo do amigo de
    Wigner, 109-11
  teoria cérebro-mente e, 195-201

teoria de muitos mundos e, 169-71
visão do mundo do, 259-60
Ver também não localidade.
idealistas monistas
  posição básica dos, 181
  Ver também idealismo monista.
idealistas, e consciência, 72
identidade, e cérebro-mente, 204
igualdade racial, 262
iluminação, 295
  e religião, 77
ilusão de óptica, 164-6
imanente, 69
imperativo categórico, 303-4
inconsciente
  experiências relacionadas com o,
    244-6
  freudiano, 137
inconsciente coletivo, 157, 245
Índia, 68, 70, 179, 248
  idealismo monista na, 70
inferno, 78, 283
inseparabilidade, na mecânica
  quântica, 66
instrumentalismo, 259
inteligência artificial, 38
  e processamento paralelo, 198
intencionalidade, 237
interpretação de conjunto, 88, 104
interpretação de Copenhague, 66, 105
Irmãos Karamazov, Os (Dostoiévski),
  301
irreversibilidade
  conceito de, 126-9
  no tempo, 127-9
islã, 77
  sobre a consciência, 73, 74

J
Jahn, Robert, 202
jnana yoga, 280-6
  e ética, 313-5
jornada do herói, 319-21
judaísmo, 78

Jung, Carl, 156-7, 204, 252
   e os arquétipos mentais, 204
   sobre a "sombra", 244

K

Kant, Immanuel, 172
   e o imperativo categórico, 303-4,
      308-9
karma yoga, 280-1, 284, 286, 291-4
   e ética, 313
Keats, John, 224
Keller, Helen, 159
koans, 79, 274, 281-2
Krishnamurti, 252, 275, 280
Kuhn, Thomas, 43, 263

L

Lankavatara Sutra, 74
Lao Tzu, 74
Laplace, Pierre-Simon de, 34, 36-7
laser, como fenômeno quântico, 205
Leggett, Tony, 117, 119-20
lei alcorânica [ou talmúdica], 77
Leibniz, Gottfried, 174
   filosofia de, 184
Leon, Moisés de, 73
Leonard, George, 79, 231
liberação das mulheres, 262
Libet, Benjamin, 230
libido, 265
livre-arbítrio, 134, 158
   debate mentalista-fisicalista e, 189
   definição de, 242-4
   e o ego, 228-9, 232, 247
   escola dualista e, 183
   modelo máquina pensante e, 37-8
   teoria da identidade e, 186
   várias escolas de, 243
localidade
   e atenuação pela distância, 165-6
   paradoxo EPR e, 142-5
   princípio de, 35, 83
   rejeição da, 67
   Ver também não localidade.

lógica, e paradoxos, 211-3
London, Fritz, 106
lua, 81, 164
luz
   branca, 44
   dualidade onda-partícula da, 49-50
   Einstein e a, 47
   emissão de luz por elétrons, 47
   interior, 73
   na relatividade, 35
   polarizada, 126-7
      desigualdades de Bell e, 149-57
      e não localidade, 145-57
   negra, 44
   ultravioleta, frequência da, 44

M

macrorrealismo, 117
Magritte, René, 173
mal, 78, 310
máquina de Turing, 190-2
Marcel, Tony, 138
   experimento de, 197-201
Margenau, Henry, 62
Maslow, Abraham, 26, 202, 241, 252,
      270, 277
   sobre ciência, 177
   sobre experiências de pico, 231
   sobre necessidades, 31
matemática, e consciência, 39
matéria
   e o realismo, 27
   no dualismo, 28, 33
   Ver também realismo materialista.
materialismo
   legado negativo do, 17, 31-3
   Ver também realismo materialista.
Maya, 188, 194, 195
   explicação de, 232
mecânica quântica, 55
   cérebro-mente e, 122
   como epifenômeno, 129
   e arquétipos mentais, 201
   filosofia e, 167-9

futuro da, 176
interpretação estatística de conjuntos, 104
mensuração e, 123-5
no macronível, 205
saltos quânticos e, 60-1
teste SQUID e, 118-20
Ver também não localidade; física quântica.
mecanismo (aparelho) de medição, vs. detector, 126-8
mensuração
 pelo cérebro, 203-5
 conclusão, 113-7, 123-4
 definição de, 143-4
meditação
 coerência intersujeitos e, 206-7
 consciência e, 199-200
 definição da, 274
 e a coerência cérebro-onda, 206
 intemporalidade e, 294-6
 livre-arbítrio e, 244
 pesquisa sobre, 287-91
 tempo de introspecção e, 230-1
 tipos de, 286-7
memória
 cérebro-mente e, 195, 226-7
 de macrobjetos, 176-7
mentalismo, 188-9
mente quântica, 206
mente
 cérebro e, 22, 173,-4
 ciência e, 17-8
 como máquina, 36-42
 na mecânica quântica, 202-3
 no dualismo, 28, 33
 vs. consciência, 72
 Ver também cérebro-mente; consciência; problema mente-corpo.
Mermin, David, 81
Merrell-Wolff, Franklin, 286
metafísica, tendências históricas na, 78
microscópio de Heisenberg, 115-6

Mill, John Stuart, 305
misticismo, 158, 188, 252-5
 e religião, 76-9
 impacto histórico do, 264
mistura sujeito-objeto, 67
mitologia, 320
mitos da criação, 172
modos normais, e cérebro-mente, 203
Moksha, 74
monismo materialista, princípios do, 35, 181
Monsoor al-Halaj, 74
Moon is a Harsh Mistress, The (Heinlein), 41
moralidade, 303-4, 308-13
 livre-arbítrio e, 158-9
 Ver também ética.
Morwood, Joel, 252, 253
movimento browniano, 130
movimento, na física clássica, 56-8
mu, no budismo zen, 108
mulheres, 245, 298-9

N
Nagarjuna, 93
Nama, 70, 71
não localidade, 40, 42
 atenuação pela distância e, 165-6
 criatividade e, 265
 e experiências transpessoais, 241
 experimentos sobre, 83-116
 funcionalistas e, 201-2
 livre-arbítrio e, 158
 movimento browniano e, 130
 na ação mental, 197
 no tempo, 162-3
 ondas cerebrais e, 206
 paradoxo EPR e, 140-57
 reconciliação idealismo-realismo e, 175-6
 visão a distância e, 159-63
 Ver também idealismo místico.
não self, no budismo, 73, 242
Napoleão Bonaparte, 34

Necessidades humanas, hierarquia de, 31

Neisser, Ulric, 133

neocopenhaguismo, 105

Neumann, Eric, 225

neurocirurgia, 122

neurofisiologistas, sobre a consciência, 24-5

neurônios, na atividade do cérebro-mente, 201

neurose, 245

Newton, Sir Isaac, 33-4

Nietzsche, Friedrich, 133

Nirmanakaya, 70, 71

nível inviolado, em frase auto-referente, 217

número imaginário, 214

O

objetividade forte, 34
  rejeição da, 66
  e o idealismo monista, 107

objetividade fraca, e mecânica quântica, 107

objetos quânticos
  propriedades dos, 27
  Ver também elétrons; fótons; mecânica quântica; física quântica.

objetos, filosofias diferentes sobre, 238

observador, participação do, 172

ondas
  alfa e meditação, 288-9
  beta, 288
  cerebrais e meditação, 206, 286-9
  de matéria, 51-5
  de probabilidade, e elétrons, 55-6
  e o comportamento da luz, 49-50
  e o experimento de escolha retardada, 96-101
  e o experimento de fenda dupla, 88-96
  propriedades das, 27
  teta, 289

"ondícula", 64, 80, 88, 94, 96

Ver também partículas; ondas.

Oppenheimer, Robert, 113

órbitas, de elétrons, 47-9

Origins and History of Consciousness, The (Neumann), 225

Orlov, Yuri, 312

Oxford Engluh Dictionary, 131, 135

P

pacifismo, 263-4

Padmasambhava, 74

padrão de difração, 50-1, 54

Pagels, Heinz, 142, 148

paradoxo
  exemplos de, 211-8
  nos sistemas matemáticos, 219

paradoxo de Ramachandran, 121-3

paradoxo do amigo de Wigner, e o gato de Schrödinger, 109-11

paradoxo Einstein-Podolsky-Rosen, 140-66
  conceito do, 140-5
  e o experimento de Aspect, 145-9
  e o teorema de Bell, 149-57

paralelismo, 187

paranormal, 40, 202

parapsicologia
  e experiências transpessoais, 241
  experiências fora do corpo e, 163-6
  visão a distância e, 159-63

paroquialismo (bairrismo), e misticismo, 75

partículas
  e o experimento de escolha retardada, 96-101
  e o experimento de fenda dupla, 88-96
  Ver também elétrons; fótons.

Patanjali, 242

Pavlov, Ivan, 37

paz
  abordagem situacional da, 257-8
  requisitos para a, 263-4
  Ver também guerra.

pecado, 309
pêndulos, 203
Penfield, Wilder, 122, 320
Penrose, Roger, 39
pensar e pensamentos, 69
    e a intencionalidade, 237
    e a percepção inconsciente, 136-9
    e o materialismo, 72
    e o modelo máquina pensante, 37-40
    na consciência, 41, 132-3
    na emergência do ego, 228-9
    princípio de incerteza do, 196
percepção-consciente
    cérebro-mente e, 208
    consciência e, 123-4, 125-6
    definição da, 132
    extra-sensorial, 40-1, 160-1, 166
    inconsciente, 135
        experimentos com a, 135-9
    meditação e, 244, 286-91
persistência, no processo criativo, 268
Picasso, Pablo, 19
Planck, Max, 44-6
Platão, 69, 84, 188, 194, 201, 275, 298
Podolsky, Boris, 140-3
Poincaré, Jules-Henri, 128, 196
Polya, George, 197
Popper, Sir Karl, 191
positivismo lógico, 105
Posner, Michael, 198-9, 289
potencial de transferência, 162
potencial evocado, 162
potentia, 99
    dos elétrons, 81, 82
    e a não localidade, 144
    e o paradoxo do gato de
        Schrödinger, 105
    na cosmologia, 171-2
precognição, 162
pré-consciente, 239
princípio antrópico, 172
princípio da complementaridade, 63-4,
    67, 80

    e experimento da escolha retardada,
        96-101
princípio da correspondência, 64-5, 68
    e o processo de mensuração, 116-7
    e a filosofia, 168
princípio da incerteza, 56-8, 114
probabilidade, deterministas sobre,
    87-8
problema mente-corpo
    filosofias contemporâneas sobre o, 181
    opiniões dualistas sobre o, 182-4, 190-3
    opiniões monistas sobre o, 184-9,
        192-3
    Ver também cérebro-mente.
processamento paralelo, em funções
    mentais, 198
protestantismo, 281
psicanálise, 236
    e o id, 244
psicocinesia, 109
psicologia
    cognitiva, 23
    e a física quântica, 157-9
    sobre a consciência, 22-3, 133
    transpessoal, 249
psicopatologias, 245
psíquicos, 160-3

Q

quacres, sobre a consciência do
    homem, 73
quântica, etimologia, 45

R

raça humana
    diversidade e, 259-60
    futuro da, 264
rajas, 248, 265
Ramachandran, V. S., 121
realimentação, 215
realismo. Ver realismo materialista.
realismo científico, 36
    Ver também realismo materialista.
realismo materialista

antítese, 69
desmoronamento do, 168-9
definição do, 27-8
divisão sujeito-objeto e, 238
e consenso perceptual, 176
e o gato de Schrödinger, 102-6
influência negativa do, 29
não localidade e, 146-8
PES e, 160
principais fraquezas do, 36
princípios do, 35-6
reconciliação do, 167-77
suposições injustificadas do, 28, 66-8
visão do mundo do, 260-2
Recollections of Death (Sabom), 163
reducionismo, 190
reflectividade, 237-9
regra de ouro, 77, 306
religião
aspectos universais da, 77
e a ciência clássica, 302
e ciência, 18
e idealismo monista, 28-9, 68, 316, 317
e materialismo, 32, 35-6
e *self*, 180
futuro da, 255, 321
Kant sobre, 304
raízes místicas da, 75-9
vs. misticismo, 75-9
repressão, 245
República, A (Platão), 69
resistência, e supercondutividade, 117-8
resposta (reação) de habituação, 288
retina, 50
rio Ganges, lenda do, 179-80
Rogers, Carl, 277
Rosen, Nathan, 140-3
rupa, 70, 71
Russell, Bertrand, 134, 320
sobre idealismo vs. realismo, 174, 175
e os tipos lógicos, 219

Rutherford, Ernest, 47, 48

S

Sala Chinesa, 191
salto quântico, 27
Ver também descontinuidade.
salvação, 77
Samadhi, 242, 248
Sambhogakay, 70, 71
Sanyas, 277
Sartre, Jean-Paul, 241-2, 307
satélites, órbitas de, 47-8
Satori, 283, 295
Sattwa, 248, 265
Schrödinger, Erwin, 55-6, 59-61, 147
sobre cognição, 122
sobre consciência, 112
sobre observação, 112-3
Ver também gato de Schrödinger; equação de Schrödinger.
Schumacher, John, 115
Searle, John, 191
self
e consciência, 72
e o idealismo monista, 193
ego e, 226-9
estudo do, 180
experiência implícita do, 241-2
hierarquia entrelaçada e, 218-22, 222-3, 224
papel do, 29-30
quântico, 226
e tempo de introspecção, 230-1
Ver também consciência; ego; eu.
senda óctupla, 284, 307
senso comum (bom senso), e ciência, 113, 133
sentimentos
e o modelo máquina-pensante, 37
intencionalidade e, 237
na consciência, 41-2, 132, 133
percepção inconsciente e, 136-7
ser, e vontade, 133
sexo, 272

amor e, 233

Shankara, 74, 194, 246

Silent Pulse, The (Leonard), 79

Simak, Clifford, 257

sinais superluminosos, 148

sincronicidade, 156

   PES e, 160-1

Singer, Charles, 38

Skinner, B. E, 185, 192

sociobiologia, 258

solipsismo, 110-1

som, natureza de onda do, 51-3

sombra, na experiência do ego-*self*,
244

sonho, 132

   e *self*, 245

sono, e consciência, 135

Sperry, Roger, 189-92, 251

SQUID (Superconducting Quantum
   Interference Device), 117-20

Stapp, Henry, 83, 202

Stevens, Wallace, 229

Stuart, C. I. J. M., 202

sufistas, 73, 74, 124, 220, 283

sujeitos, diferentes filosofias sobre, 238

Sullivan, Annie, 159

supercondutores, 117-9

superposição coerente, 103-5

Swift, Jonathan, 188

Szilard, Leo, 129

T

Tagore, Rabindranath, 269, 294

Takahashy, Y., 202

tamas, 248, 265

taoístas, 70, 74, 283

Tchaikowsky, Peter, 196

telepatia, 40, 241

   Ver também visão a distância.

tempo

   e locação do elétron, 59-60

   e irreversibilidade, 128-9

   não localidade no, 162-3

tempo de introspecção, 230, 231

tendências, 209

teorema de Bell, 150-5, 157, 166, 169

teorema de Gödel, 219

teoria da aprendizagem social, 299

teoria da relatividade

   localidade e, 149-50

   não localidade e, 99, 143

teoria dos conjuntos, 134

teoria dos muitos mundos, e o
   idealismo monista, 169-72

Teresa, madre, 31, 284, 297

terra, no cristianismo, 70

Tibete, 242

timbre, do som, 53

tipos lógicos, 211-2

   teoria dos, 134

Tsogyel, Yeshe, 74

Tractos Logico-Philosophicus
   (Wittgenstein), 105

tradição judaico-cristã, 172

   dualismo da, 78

trajetória, de macro-objetos, 176

transcendência, 75

   religiosa *vs.* mística, 76-9

   e ciência, 82-4

Turing, Alan, 38, 40

U

ultravioleta, frequência da luz, 44

Umezawa, M., 202

Universo Autoconsciente, O (Goswami)

   desenvolvimento do, 251-2

   finalidade do, 59

   meta do, 29

universo, como *potentia* informe, 171-2

universos paralelos, conceito de, 105

upanishads, 72, 175, 279

uroboros, 225

utilitarismo, 305-6

V

valores, 302-3, 306-8

   solapamento de, 78

   vs. materialismo, 17

Ver também ética.

variáveis ocultas, 88, 130, 142, 150-6

vedanta, 70

velocidade, na relatividade, 35

vermelho, frequência do, 44

Viagem Fantástica, 58

vida

   extraterrestre, 172

   probabilidade da, 171

   significância plena da, 17

violência, 259

   causa da, 260-1

visão a distância, 159-63, 165-6

visão cega, 135-6

visão inconsciente, 86

Vital Lies, Simple Truths (Goleman), 135

Von Neuman, John, 86, 106, 209

   cadeia série de, 120-1, 126, 128, 199, 222

vontade, e ser, 133

W

Walker, E. Harris, 201

Way Station (Simak), 257

Weinberg, Steven, 159

Weiskrantiz, Lewis, 136

Wheeler, John, 96, 98, 105, 124, 172

Whitehead, Alfred, 219

Wiener, Norbert, 213

Wigner, Eugene Paul, 106, 109

Wilber, Ken, 246

Wittgenstein, Ludwig, 105

Wolf, Fred Alan, 201

Y

yang, 70-1

yin, 70-1

yoga, 242

   para desenvolvimento do adulto, 279-86, 291-4

   ética e, 313-5

Z

Zaborowski, Z., 239

Zaratustra, 271

Zen Rinzai, 317

Zen Soto, 317

Zohar, 70

   sobre Deus, 73

créditos

TIPOGRAFIA:
Candida [texto]
Filosofia [entretítulos]

PAPEL:
Pólen Natural 70 g/m² [miolo]
Supremo 250 g/m² [capa]

IMPRESSÃO:
Gráfica Paym [setembro de 2024]

1ª EDIÇÃO:
Março de 2007

2ª EDIÇÃO:
Maio de 2008

3ª EDIÇÃO:
Setembro de 2015 [5 reimpressões]

4ª EDIÇÃO:
Maio de 2021 [4 reimpressões]